Schriften zur Handelsforschung

Begründet von Prof. Dr. Dr. h.c. RUDOLF SEŸFFERT

Herausgegeben von Prof. Dr. LOTHAR MÜLLER-HAGEDORN,
Universität zu Köln

Band 90

D1718083

Die Schriften zur Handelsforschung enthalten Beiträge zu aktuellen Problemen aus
Handel und Distribution. Die Schriftenreihe wurde 1953 begründet und erscheint ab
Band 89 im Physica-Verlag.

Schriften zur Handelsforschung

Band 89: W. Toporowski, Logistik im Handel,
1996, ISBN 3-7908-0963-2

Malte Greune

Der Erfolg externer Diversifikation im Handel

Eine theoretische
und empirische Untersuchung

Mit 50 Abbildungen

 Springer-Verlag Berlin Heidelberg GmbH

Dr. Malte Greune
Im Heideck 35
D-65795 Hattersheim

ISBN 978-3-7908-0979-4   ISBN 978-3-662-01591-9 (eBook)
DOI 10.1007/978-3-662-01591-9

Die Deutsche Bibliothek – CIP-Einheitsaufnahme
Greune, Malte: Der Erfolg externer Diversifikation im Handel: eine theoretische und empirische
Untersuchung / Malte Greune. – Heidelberg: Physica-Verl., 1997
    (Schriften zur Handelsforschung; Bd. 90)

NE: GT

SPIN 10558623   88/2202-5 4 3 2 1 0

Geleitwort

In den vergangenen zwanzig Jahren haben sich zahlreiche Großunternehmen des deutschen Handels für eine Strategie der Diversifikation entschieden. In vielen Fällen wurden bestehende Unternehmen akquiriert. Mit der Ausdehnung ihres bisherigen Leistungsprogrammes auf angrenzende oder völlig neue Leistungsbereiche sind die Unternehmen - wie spektakuläre Mißerfolge gezeigt haben - vielfach nicht unerhebliche Risiken eingegangen.

Aufgrund der besonderen Bedeutung, die der Diversifikation im Rahmen der strategischen Unternehmensführung zukommt, hat sich auch die wirtschaftswissenschaftliche Forschung mit der Thematik beschäftigt. Bisher gewonnene Erkenntnisse beziehen sich jedoch fast ausschließlich auf Industrieunternehmen. Da sich Handelsunternehmen durch eine Reihe von Besonderheiten von Industrieunternehmen unterscheiden, sind die bislang durchgeführten Untersuchungen nur begrenzt auf die Gegebenheiten des Handels übertragbar. Hier setzt die vorliegende Arbeit an, indem sie die Frage nach der Erfolgswirkung der externen Diversifikation unter Berücksichtigung der Besonderheiten des Handels aufgreift und eine Aussage darüber trifft, inwieweit die mit den verfolgten Strategien verbundenen Erwartungen auch tatsächlich erfüllt werden konnten.

Der Verfasser geht die Frage nach dem Sinn externer Diversifikationen im Handel in drei Schritten an. Zunächst wird natürlich der Begriff der Diversifikation näher beleuchtet, und es wird über das Ausmaß der externen Diversifikation im Handel berichtet. Das ist der empirische Befund, der im weiteren einer ökonomischen Analyse unterzogen wird. Dazu wird als erstes auf jene Faktoren eingegangen, die den Erfolg externer Diversifikationen nahelegen oder in Frage stellen. Greune stellt die einzelnen theoretischen Ansätze vor, wobei er insbesondere auf die Synergie und Transaktionskosteneffekte eingeht. Im Hauptteil finden sich die Ergebnisse der eigenen empirischen Untersuchungen des Verfassers. Nach ausführlichen Erörterungen, an welchen Größen der Erfolg von Diversifkationen festgemacht werden kann, kommt er zu dem aufschlußreichen Ergebnis, daß Diversifikationen im Handel in vielen Fällen in bezug auf die kumulierte abnormale Rendite negativ beurteilt werden müssen.

Greune greift mit seiner Arbeit eine wichtige Problemstellung auf. An seiner Arbeit gefällt, daß er nicht nur auf theoretische Fundamente einer Diversifikationspolitik eingeht, sondern daß er die Verhältnisse auch empirisch untersucht.

L. Müller-Hagedorn

Vorwort

Die vorliegende Arbeit entstand während meiner Zeit als Assistent an der Universität zu Köln. Mein besonderer Dank gilt meinem Doktorvater, Herrn Prof. Dr. Lothar Müller-Hagedorn, der mich mit seiner Denkart vertraut gemacht und die Arbeit in ihren Entstehungsschritten kritisch begleitet hat. Weiterhin möchte ich mich für die während der Promotion überlassenen Freiräume sowie die umfassende, schon während meines Studiums einsetzende Förderung bedanken.

Herr Prof. Dr. Erich Frese hat das Korreferat übernommen. Auch ihm gilt für seinen Einsatz mein herzlicher Dank.

Claudia Prinz und Ines Männel danke ich für ihre Unterstützung bei der Aufbereitung der empirischen Daten und der formalen Überarbeitung der Arbeit. Für verschiedene Ratschläge möchte ich mich ferner bei meinem Kollegen Jost Adler und meiner Freundin Gabi Totschnig bedanken.

M. Greune

Inhaltsverzeichnis

Abbildungsverzeichnis

Abkürzungsverzeichnis

Abb.	Abbildung
Abs.	Absatz
AG	Aktiengesellschaft
API	Abnormal Performance Index
AR	abnormale Rendite
Aufl.	Auflage
BFuP	Betriebswirtschaftliche Forschung und Praxis
BKartA	Bundeskartellamt
bzw.	beziehungsweise
C	Gesamtkosten
ca.	circa
CAPM	Capital Asset Pricing Model
CAR	kumulierte abnormale Rendite
COBK-Index	Commerzbank-Index
D	Diversifikationsgrad
DAFOX	Deutscher Aktienforschungsindex
DAFOX-KF	Deutscher Aktienforschungsindex-Kaufhäuser
DBW	Die Betriebswirtschaft
d.h.	das heißt
DFDB	Deutsche Finanzdatenbank
Diss.	Dissertation
DL	Dienstleistungen
DM	Deutsche Mark
EG	Europäische Gemeinschaft
EH	Einzelhandel
et al.	et alii (und andere)
FAZ	Frankfurter Allgemeine Zeitung
FTC	Federal Trade Commission
GH	Großhandel
GWB	Gesetz gegen Wettbewerbsbeschränkungen
H.	Heft
HdB	Handwörterbuch der Betriebswirtschaft

HGB	Handelsgesetzbuch
Hrsg.	Herausgeber
i.d.R.	in der Regel
i.e.S.	im engen Sinne
i.S.v.	im Sinne von
i.w.S.	im weiten Sinne
Jg.	Jahrgang
JITE (ZgS)	Zeitschrift für die gesamte Staatswissenschaft, zugleich Journal of Institutional and Theoretical Economics
k	Faktorspezifität
k.A.	keine Angabe
Kap.	Kapitel
Mio.	Millionen
n	Stichprobenumfang
Nr.	Nummer
o.g.	oben genannt
o.S.	ohne Seite
o.V.	ohne Verfasser
R	Rendite
R^2	Bestimmtheitsmaß
ROI	Return on Investment
S.	Seite
SMJ	Strategic Management Journal
sog.	sogenannte
Sp.	Spalte
SR	Specialisation Ratio (Spezialisierungskennzahl)
TAK	Transaktionskosten
u.a.	und andere
v.	vom
V	Unternehmenswert
v.a.	vor allem
vgl.	vergleiche
VH	Versandhandel
WiSt	Wirtschaftswissenschaftliches Studium
Y	Absatzmenge
z.T.	zum Teil
ZfB	Zeitschrift für Betriebswirtschaft
ZfbF	Zeitschrift für betriebswirtschaftliche Forschung
Δ	Differenz
σ	Standardabweichung

Teil A

Grundlagen

Mit dem folgenden Teil A werden die Grundlagen für den theoretischen und empirischen Teil dieser Arbeit gelegt. In Kapitel 1 werden die zentrale Fragestellung und die daraus abgeleitete Vorgehensweise dargestellt. Kapitel 2 erläutert grundlegende Begriffe wie Diversifikation, Diversifikationsrichtung und -form. Kapitel 3 behandelt Stand und Entwicklung der Diversifikation im Handel. Dabei wird auf die Entwicklung der Zusammenschlüsse, die Erscheinungsformen der Diversifikation im Handel sowie auf den Diversifikationsgrad und seine Messung eingegangen.

1 Einleitung

Die Strategie des externen Unternehmenswachstums hat in Deutschland in den vergangenen Jahren erheblich an Bedeutung gewonnen. Während 1976 dem Bundeskartellamt 453 Zusammenschlüsse gemeldet worden sind, stieg die Zahl der angezeigten Übernahmen im Jahr 1993 auf 1.514 an.[1] Eine ähnliche Entwicklung kann für den Handel[2] verzeichnet werden. So verdreifachte sich im Zeitraum von 1976 bis 1993 die Zahl der Übernahmen von 36 auf 105.[3]

Diese Entwicklung hat zum einen dazu geführt, daß die Konzentration in einzelnen Branchen, gemessen an Umsatz und Einkaufsvolumen, deutlich zugenommen hat.[4] So wird davon ausgegangen, daß z.B. im Lebensmittelhandel bedeutende Marktanteilsverschiebungen fast ausschließlich durch Unternehmensübernahmen erreicht werden können.[5] Zum anderen kann beobachtet werden, daß insbesondere Großunternehmen seit Anfang der siebziger Jahre angesichts begrenzter Expansionsmöglichkeiten im angestammten Bereich zunehmend in neue Tätigkeitsfelder diversifizieren.[6] Von Bedeutung sind hierbei nicht nur herausragende Großfusionen

---

[1] Vgl. Bundeskartellamt: Berichte des Bundeskartellamts über seine Tätigkeit in verschiedenen Jahren sowie über Lage und Entwicklung auf seinem Aufgabengebiet, in: Deutscher Bundestag, Drucksache, Sachgebiet 703, S. 147 sowie mündliche Auskunft. Zur Entwicklung vgl. Kap. 3.1 dieser Arbeit.

[2] Der Begriff „Handel" wird im Rahmen dieser Arbeit im institutionellen Sinn verwendet. Vgl. Müller-Hagedorn, L.: Handelsmarketing, 2. Aufl., Stuttgart/Berlin/Köln 1993, S. 15 ff. sowie Kap. 2 und Kap. 8.2.1.

[3] Vgl. Bundeskartellamt, 1977, S. 140 f. sowie mündliche Auskunft. Vgl. Kap. 3.1.

[4] Vgl. Bundeskartellamt, 1993, S. 15 ff.

[5] Im Lebensmittelhandel ziehen einige wenige Unternehmen immer größere Umsatzanteile auf sich. So sind seit 1983 von der Gruppe der damaligen zehn größten Anbieter sechs von Wettbewerbern aufgekauft worden. Zur Konzentration im Lebensmittelhandel vgl. z.B. Monopolkommission: Die Konzentration im Lebensmittelhandel - Sondergutachten der Monopolkommission gemäß § 24 b Abs. 5 Satz 4 GWB, Baden-Baden 1985, S. 119 ff.; Müller-Hagedorn, L.: Handelskonzentration: Ein partielles Problem? oder: Irreführende Handelsstatistiken. Weitere Anmerkungen, in: ZfB, 1987, S. 200; Bundeskartellamt, 1993, S. 15 ff.

[6] Unter Diversifikation wird im folgenden eine unternehmenspolitische Strategie der gezielten Ausweitung des bisherigen Tätigkeitsbereiches eines Unternehmens auf angrenzende oder völ-

wie z.B. METRO/ASKO, sondern auch zahlreiche kleinere Zusammenschlüsse wie KAUFHOF/VOBIS oder DOUGLAS/WERDIN. Die Zusammenschlußaktivitäten haben zur Folge, daß diversifizierte Großunternehmen im deutschen Handel eher den Regelfall als die Ausnahme darstellen.[7] Unternehmen, wie z.B. die KAUFHOF HOLDING AG, kontrollieren über 100 Tochtergesellschaften, die in teilweise unverwandten Branchen mit zahlreichen Betriebsformen Geschäfte tätigen.[8]

Die zu beobachtenden Entwicklungen werfen die Frage nach der **Erfolgswirkung der externen Diversifikation** auf.[9] Einige spektakuläre Mißerfolge (z.B. KARSTADT/ NECKERMANN) zeigen, daß der Einstieg in neue Märkte und Leistungsbereiche nicht nur mit Chancen, sondern auch mit Risiken verbunden ist.[10] Für die in bezug auf Anzahl und Umsatz weniger bedeutsamen internen Diversifikationsprojekte ergibt sich sogar der Eindruck, daß in bestimmten Branchen fast die Mehrzahl der neu aufgebauten Unternehmen die Erprobungsphase am Markt nicht überstanden hat.[11]

1.1 Problemstellung

Aufgrund der besonderen Bedeutung, die der Diversifikation im Rahmen der strategischen Unternehmensführung zukommt, hat sich die Wissenschaft frühzeitig und intensiv mit dem Thema beschäftigt.[12] Die oft widersprüchliche Diskussion ist entweder aus dem Blickwinkel der Industrie oder auf Basis von branchenübergreifenden Untersuchungen geführt worden. Bisherige Erkenntnisse deuten jedoch darauf hin, daß branchenübergreifende Untersuchungen wenig aussagekräftig sind. So kommt *Schüle* im Rahmen seiner Metaanalyse, welche die empirischen Ergebnisse von 43 Studien integriert, zu keinen konsistenten, generalisierbaren Aussagen über

---

lig neue Leistungsbereiche verstanden. Zur Bestimmung der Definition vgl. Kap. 2.1.

[7]   Zum Diversifikationsgrad deutscher Handelsunternehmen vgl. Kap. 3.3.

[8]   Vgl. Kaufhof Holding AG: Geschäftsbericht der Kaufhof Holding AG, Köln 1993, S. 59 ff.

[9]   Diversifikationsstrategien können sowohl extern mittels Unternehmenszukauf als auch intern durch Eigenentwicklung durchgeführt werden. Zur Realisationsform vgl. z.B. Gebert, F.: Diversifikation und Organisation - Die organisatorische Eingliederung von Diversifikationen, Frankfurt a.M./Bern/ New York 1983, S. 35 ff. sowie Kap. 2.3.

[10] Vgl. Cornelßen, I.: Karstadt: Zwei und ein Halleluja, in: Manager Magazin, 1987, H. 10, S. 104 ff.; Dobler, B./Jacobs, S.: Ziele, Formen und Erfolge einer Diversifikationsstrategie im Handel, Arbeitspapier Nr. 76 des Instituts für Marketing, Universität Mannheim, Mannheim 1989, S. 30 ff.

[11] Vgl. hierzu Kap. 2.3.

[12] Vgl. Schwalbach, J.: Diversifizierung, Risiko und Erfolg industrieller Unternehmen, Habilitationsschrift, Koblenz 1987, S. 12. Zu einem ausführlichen Überblick über das Forschungsgebiet vgl. z.B. Ramanujam, V./Varadarajan, P.: Research on Corporate Diversification: A Synthesis, in: Strategic Management Journal, 10. Jg., 1989, S. 523 ff.

die Erfolgswirkung von Diversifikation. Er leitet daraus die Forderung ab, daß der Brancheneinfluß stärker kontrolliert werden sollte.[13] Auch *Bühner* weist darauf hin, daß das Ergebnis branchenübergreifender Untersuchungen u.a. durch strukturelle Unterschiede (z.B. die im Handel auftretende Problematik regionaler Märkte), abweichende staatliche Regelungen (z.B. Gebietsschutz bei Energieversorgern) oder Subventionierungen (z.B. in der Stahlindustrie) verzerrt wird.[14] Da Handelsunternehmen sich durch eine Reihe von Besonderheiten von Industrieunternehmen unterscheiden[15] und zum Diversifikationserfolg von Handelsunternehmen bisher nur eine explorative Befragung von *Dobler/Jacobs*[16] vorliegt, kann angenommen werden, daß das Thema sowohl für die Theorie als auch für die Praxis von besonderer Relevanz ist.[17]

Ziel des Forschungsvorhabens ist die Untersuchung des Zusammenhangs zwischen **externer Diversifikation und Erfolg im Handel**. Die Analyse der Beziehung zwischen Diversifikation und Erfolg wird gemäß der Zielsetzung zweifach eingeschränkt. Zum einen werden nur Unternehmen mit Tätigkeitsschwerpunkt im Handel untersucht. Zum anderen beschränkt sich die Analyse auf die externe Diversifikationsform, da beim internen Aufbau neuer Geschäfte andere erfolgbestimmende Einflußfaktoren vorliegen.[18]

---

13 Vgl. Schüle, F.M.: Diversifikation und Unternehmenserfolg - Eine Analyse empirischer Forschungsergebnisse, Wiesbaden 1992, S. 143 ff. und 162 f. Vgl. hierzu auch Witte, E.H.: Zur Entwicklung der Entscheidungsforschung in der Betriebswirtschaftslehre, in: Wunderer, R. (Hrsg.): Betriebswirtschaftslehre als Management- und Führungslehre, Stuttgart 1985, S. 194.

14 Um Brancheneinflüsse auszuschalten, beschränkt Bühner seine Untersuchung auf das verarbeitende Gewerbe. Vgl. Bühner, R.: Erfolg von Unternehmenszusammenschlüssen in der Bundesrepublik Deutschland, Stuttgart 1990c, S. 24.

15 Vgl. Barrenstein, P./Kaas, P.: The Universal Challenge: Reaching for Excellence in Retailing. Observations and Developments in Germany and France, in: National Retail Merchants Association/Gottlieb Duttweiler Institut (Hrsg.): 10. Weltkonferenz des Einzelhandels, Tagungsband, New York/Rüschlikon 1986, S. 282.

16 Vgl. Dobler, B./Jacobs, S., 1989, S. 30 ff.

17 Die handelswissenschaftliche Literatur setzt sich nur am Rande mit Problemen der Diversifikation, meist im Rahmen von Gesamtdarstellungen, auseinander. Eine Arbeit zur Diversifikation des Automobilhandels in den Finanzdienstleistungsbereich wird von Dyckhoff vorgelegt. Er untersucht schwerpunktmäßig Aspekte der Analyse, Planung, Durchführung und Kontrolle einer Diversifikation. Vgl. Dyckhoff, B.: Diversifikation von Handelsunternehmen in den Finanzdienstleistungsbereich, Frankfurt a.M. u.a. 1993.

18 Während bei der externen Diversifikation z.B. Gesichtspunkte wie Wertfindung, Integration und Synergieerzielung von besonderer Bedeutung sind, stehen bei der internen Diversifikation Aspekte wie Ideensuche, Konzeptentwicklung, Umsetzung und Etablierung am Markt im Vordergrund. Vgl. zur internen Diversifikation z.B. Burgelman, R.A.: A Process Model of Internal Corporate Venturing in the Diversified Major Firm, in: Administrative Science Quarterly, 1983, Juni, S. 223-244; Burgelman, R.A.: Managing the Internal Corporate Venturing Process, in: Sloan Management Review, 1984, Winter, S. 33-48; Burgelman, R.A.: Managing the New Venture Division: Research Findings and Implication for Strategic Management, in: Strategic Management Journal, 1985, H. 6, S. 39-54; Servatius, H.-G.: New Venture Management: Erfolgreiche Lösung von Innovationsproblemen für Technologie-Unternehmen,

Aus dem Anliegen der Untersuchung können vier Fragenkomplexe abgeleitet werden, die den Gang der Untersuchung bestimmen:

(1) Wie kann Diversifikation theoretisch erklärt werden? In der wissenschaftlichen Literatur stehen Effizienztheorien, die auf die Erzielung von Synergieeffekten abstellen, im Vordergrund. Es wird aber auch untersucht, welchen Erklärungsbeitrag z.B. der industrieökonomische Ansatz oder die „Neue Institutionenökonomik" leisten.

(2) Wie kann der Diversifikationserfolg operationalisiert und im Rahmen einer Untersuchungskonzeption gemessen werden? In der Literatur finden sich verschiedene Möglichkeiten. Mit der Entscheidung für eine kapitalmarktorientierte Untersuchung verfolgt die vorliegende Arbeit das Ziel, die in der amerikanischen Forschung verbreitete und in Deutschland nur auf Industrieunternehmen angewandte Forschungsmethodik auf die Verhältnisse im deutschen Handel zu übertragen. Einzugehen ist dabei auf Aspekte wie die Wahl des Analysemodells, die Datierung des Ereignisses oder die Länge des Untersuchungszeitraumes.

(3) Welchen Erfolg erzielen Handelsunternehmen mit der Strategie der externen Diversifikation? In amerikanischen und britischen Untersuchungen werden sowohl positive als auch negative Ergebnisse festgestellt.[19] Für inländische Zusammenschlüsse deutscher Industrieunternehmen ermittelt *Bühner* in der Summe negative Markteffekte.[20] Es stellt sich die Frage, inwieweit die Höhe des Ergebnisses durch die Wahl des Analysemodells und des zugrundegelegten Aktienindexes beeinflußt wird.

(4) Welchen Einfluß haben einzelne Drittvariablen auf den Diversifikationserfolg? Zum einen sollen Hypothesen auf der Basis der theoretischen Ansätze formuliert und überprüft werden. Zum anderen sollen Anhaltspunkte für die Erfolgs- bzw. Mißerfolgsursachen gewonnen werden.

Um die aufgeworfenen Fragen zu beantworten, wurde die im folgenden dargestellte Vorgehensweise gewählt.

Wiesbaden 1988; Müller-Stewens, G.: Strategische Suchfeldanalyse: Die Identifikation neuer Geschäfte zur Überwindung struktureller Stagnation, 2. Aufl., Wiesbaden 1990; Bühner, R.: Produktdiversifikation auf der Basis eigenen technologischen Know-hows, in: ZfB, 61. Jg., 1991b, H. 12, S. 1395-1412.

19 Vgl. für viele Lubatkin, M.: Merger Strategies and Stockholder Value, in: Strategic Management Journal, 8. Jg., 1987, S. 39-53; Shelton, L.M.: Strategic Business Fits and Corporate Acquisition: Empirical Evidence, in: Strategic Management Journal, 9. Jg., 1988, S. 279-287; Franks, J.R./Harris, R.S.: Shareholder Wealth Effects of Corporate Takeovers - The U.K. Experience 1955-1985, in: Journal of Financial Economics, 23. Jg., 1989, S. 225-249; Seth, A.: Value Creation in Acquisitions: A Reexamination of Performance Issues, in: Strategic Management Journal, 11. Jg., 1990, S. 99-115; Nayyar, P.R.: Stock Market Reactions to Related Diversification Moves by Service Firms Seeking Benefits from Information Asymmetry and Economies of Scope, in: Strategic Management Journal, 14. Jg., 1993, S. 569-591.

20 Vgl. Bühner, R.: Reaktionen des Aktienmarktes auf Unternehmenszusammenschlüsse - Eine empirische Untersuchung, in: ZfbF, 42. Jg., 1990d, H. 4, S. 300 ff.

1.2 Vorgehensweise

Wie in Abbildung 1-1 dargestellt, unterteilt sich die vorliegende Arbeit in drei zentrale Bereiche. Teil A dient der Einführung in die Problemstellung und umfaßt drei Kapitel. Im Anschluß an das einleitende erste Kapitel, welches die zentrale Fragestellung definiert, behandelt das zweite Kapitel grundlegende Aspekte der Diversifikation. Zunächst wird der Begriff der Diversifikation untersucht, wobei auf Abgrenzungsprobleme und Besonderheiten im Handel eingegangen wird. Weiterhin beinhaltet das Kapitel eine Diskussion der verschiedenen Klassifikationsmöglichkeiten auf Basis der Diversifikationsrichtung. Abschließend wird auf die Realisationsform und die strategische Orientierung von Unternehmen eingegangen.

In Kapitel 3 wird zunächst die Entwicklung der Unternehmenszusammenschlüsse und der externen Diversifikation deutscher Unternehmen analysiert. Der zweite Abschnitt geht auf die Erscheinungs- und Realisationsformen im Handel ein. Der dritte Abschnitt behandelt die unterschiedlichen Methoden zur Messung des Diversifikationsgrades.

Teil B beinhaltet eine Darstellung der Erklärungsansätze zur Existenz und Vorteilhaftigkeit von Diversifikation. Im vierten Kapitel werden die theoretischen Ansätze in strukturelle und strategische sowie die Neue Institutionenökonomik betreffende Ansätze eingeteilt. Zu den Ansätzen, die zur Erklärung von Diversifikation externe bzw. **strukturelle** Faktoren heranziehen, werden z.B. die Störungshypothese von *Gort* und der industrieökonomische Ansatz gerechnet. Demgegenüber gehen die Marktmachthypothese und die Portfoliotheorie davon aus, daß **strategische** bzw. unternehmensspezifische Faktoren als wesentliche Auslöser einer Diversifikation zu betrachten sind. Während die bisher genannten Ansätze unterstellen, daß Diversifikation zur Steigerung des Aktionärsvermögens beiträgt, liefern die Ansätze der dritten Kategorie eine Erklärung dafür, daß mit einer Vielzahl von Diversifikationen keine Wertsteigerung verbunden ist. Diese Ansätze greifen u.a. auf die **Agency-Theorie** zurück.

Das fünfte Kapitel setzt sich mit den im Rahmen von Diversifikationen zu erzielenden Synergieeffekten auseinander. Nach einer Definition von „Synergie" wird auf **Skaleneffekte** und **Verbundvorteile** als zentrale theoretische Ansätze zur Begründung von Synergie eingegangen. Darüber hinaus wird das Konzept der Wertkette von *Porter* als methodischer Rahmen für die Erfassung von Synergiepotentialen anhand von zwei Beispielen vorgestellt. Nach einer Beurteilung des Ansatzes wird dargelegt, warum die Entstehung von Mehr-produktunternehmen unter den strengen und realitätsfernen Annahmen der neoklassischen Theorie nicht erklärt werden kann.

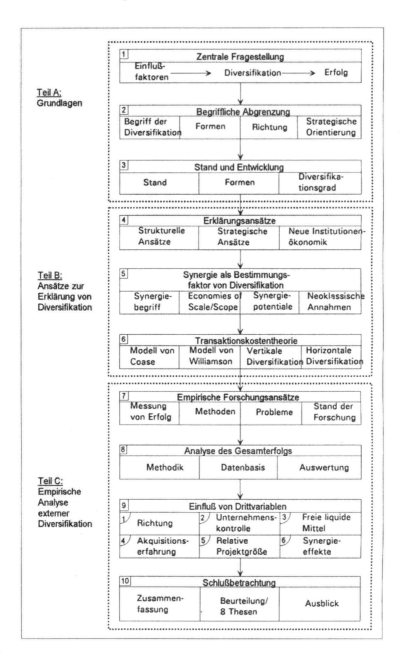

Abb. 1-1: Aufbau der Arbeit

Das sechste Kapitel erweitert die Perspektive der Synergiediskussion, indem die Existenz von transaktionsbedingten Koordinations- und Abstimmungskosten berücksichtigt wird. Nach einer Darlegung der grundlegenden Begriffe wie Transaktionskosten und -dimensionen wird das heuristische Modell von *Williamson* zur Erklärung **vertikaler** Diversifikation (Integration) behandelt. Weiterhin wird auf die Behauptung von *Teece* eingegangen, daß eine **horizontale** Diversifikation in Form einer Internalisierung von Markttransaktionen aus ökonomischer Sicht erst dann sinnvoll wird, wenn eine marktliche Umsetzung der Synergiepotentiale mit Transaktionskosten verbunden ist.

Im Mittelpunkt von Teil C, der vier Kapitel umfaßt, steht die empirische Messung des externen Diversifikationserfolges deutscher Handelsunternehmen. Kapitel 7 beinhaltet die Ableitung des empirischen Forschungskonzeptes. Im ersten Abschnitt werden verschiedene Methoden zur Messung und Operationalisierung des Diversifikationserfolges dargestellt und beurteilt. Für die vorliegende Arbeit wird ein kapitalmarktorientierter Ansatz ausgewählt, der auch als **Ereignisstudie** bezeichnet wird. Der zweite Abschnitt legt hierzu die Grundlagen, indem Annahmen, Aufbau und Analysemodelle behandelt werden. Die Aussagekraft von Ereignisstudien und die mit ihrer Anwendung verbundenen Probleme sind Gegenstand des dritten Abschnitts. Weiterhin wird ein Überblick über den Stand der Forschung gegeben. Abschließend wird exemplarisch die von *Bühner* in seinen Studien gewählte Methodik diskutiert, um zu zeigen, welche Probleme bei der Durchführung einer Ereignisstudie zu berücksichtigen sind.

In den ersten beiden Abschnitten des achten Kapitels werden die geeigneten Analysemodelle, die verschiedenen Parameter der Ereignisstudie und die Datenbasis festgelegt. Im dritten Abschnitt wird der Erfolg der in der Gesamtstichprobe enthaltenen 44 Zusammenschlüsse mit Hilfe von **drei Analysemodellen** und **drei Marktindizes** in Form einer kumulierten abnormalen Rendite empirisch ermittelt und kritisch diskutiert.

Im neunten Kapitel wird der Zusammenhang zwischen verschiedenen Drittvariablen und dem Diversifikationserfolg untersucht. Hierzu werden auf der Basis der theoretischen Erklärungsansätze **sieben Hypothesen** abgeleitet. Die ersten drei Abschnitte behandeln Aspekte der Diversifikationsentscheidung. Diesbezüglich wird der Einfluß der Diversifikationsrichtung, der Unternehmenskontrolle und der freien liquiden Mittel untersucht. Die Abschnitte 4 und 5 gehen auf die Bedeutung der Akquisitionserfahrung und des Größenverhältnisses zwischen den am Zusammenschluß beteiligten Unternehmen ein. Im sechsten Abschnitt wird der Synergieeffekt der Diversifikation in seiner Gesamtwirkung analysiert. Der Einfluß auf den Diversifikationserfolg wird in einem ersten Schritt mit Hilfe von Teilstichproben empirisch ermittelt. In einem zweiten Schritt werden einzelne Zusammenschlüsse näher untersucht, um Hinweise auf potentielle Erfolgs- bzw. Mißerfolgsursachen zu erlangen.

Das abschließende Kapitel 10 beinhaltet im ersten Abschnitt eine Zusammenfassung der Ergebnisse. Der zweite Abschnitt enthält eine Einschätzung der Befunde aus methodischer Sicht. Darüber hinaus werden unter Berücksichtigung der dargestellten Theorien und der in dieser Arbeit gewonnenen Erkenntnisse **acht Thesen** zur erfolgreichen Gestaltung von Diversifikationsstrategien abgeleitet. Die Arbeit schließt mit einem Ausblick auf offen gebliebene Probleme und zukünftig zu bearbeitende Aspekte.

2 Abgrenzung zentraler Begriffe

Mit dem Begriff „Diversifikation" verbinden sich in der Literatur unterschiedliche Inhalte. Der erste Abschnitt gibt daher zunächst einen Überblick über die verschiedenen Definitionsansätze. Anschließend wird auf Basis der diskutierten konstitutiven Merkmale eine für das vorliegende Forschungsvorhaben geeignete Arbeitsdefinition abgeleitet. Im Mittelpunkt des zweiten Abschnittes steht die Ableitung einer Typologie zur Klassifikation der Diversifikationsrichtung. Die beiden folgenden Abschnitte behandeln Aspekte der Realisationsform und der strategischen Orientierung. Im letzten Abschnitt wird der Untersuchungsgegenstand präzisiert. Für die vorliegende Arbeit sind auch die Begriffe „Diversifikationserfolg" und „Handel" von großer Relevanz. Der Erfolgsbegriff wird im Zusammenhang mit den verschiedenen Verfahren zur Erfolgsmessung in Kapitel 7 behandelt. Der Begriff „Handel" wird im Rahmen der vorliegenden Arbeit im institutionellen Sinne verwendet.[1] Ein Handelsunternehmen liegt demnach vor, wenn ein Betrieb ausschließlich oder überwiegend Waren beschafft und austauscht, um sie ohne Be- oder Verarbeitung (von handelsüblichen Manipulationen abgesehen) weiter zu veräußern, und dies gegebenenfalls mit dem Angebot von Dienstleistungen verbindet. Auf die der empirischen Untersuchung zugrundegelegte Unternehmensbasis wird in Kapitel 8 eingegangen.

2.1 Der Begriff der Diversifikation

Die etymologischen Wurzeln des Begriffs „Diversifikation" lassen sich auf die lateinischen Wörter „diversus" und „facere" zurückführen, was mit „Verschiedenartiges machen" übersetzt werden könnte.[2] In der wissenschaftlichen Literatur

---

[1] Vgl. Müller-Hagedorn, L., 1993, S. 15 ff.

[2] Der Begriff hat sich innerhalb der gesamten romanischen Sprachfamilie etabliert. Zur Herleitung vgl. Löbler, H.: Diversifikation und Unternehmenserfolg: Diversifikationserfolge und

taucht der Begriff der Unternehmensdiversifikation[3] erstmals 1951 bei *Andrews*
auf.[4] Der Begriff hat sich etwa Ende der fünfziger Jahre mit den Arbeiten von
Staudt, Ansoff, Penrose und *Gort* zunächst im anglo-amerikanischen Sprachraum[5]
und ca. zehn Jahre später auch im deutschen Sprachraum etabliert.[6] Ein Vergleich
der in Abbildung 2-1 zusammengestellten Definitionen vielzitierter Autoren zeigt
zum einen, daß in der Literatur bisher noch kein Konsens bezüglich einer allgemein-
gültigen Definition gefunden worden ist.[7] Zum anderen kann als gemeinsames
Merkmal der Definitionen festgestellt werden, daß unter Diversifikation die Ausdehnung der bisherigen Unternehmensaktivitäten auf einen **neuen Tätigkeitsbereich** verstanden wird. Dabei sind zwei Aspekte zu unterscheiden:
1) Mit Hilfe welcher Merkmale wird bestimmt, ob ein neuer Tätigkeitsbereich vorliegt?
2) Wie wird der Neuigkeitsgrad des Tätigkeitsbereiches festgelegt?
Zur Charakterisierung der unterschiedlichen Definitionsansätze können im wesentlichen drei konstitutive Merkmale herangezogen werden: die Produkt-, Markt- und
Ressourcen-/Technologiedimension.

Unter den Definitionen nimmt der Ansatz von *Penrose*, in dem der Produktionsprozeß bzw. die Technologie als drittes charakterisierendes Merkmal betont wird,
eine Sonderstellung ein.[8] Dieses Merkmals erscheint für das mit der vorliegenden
Arbeit verfolgte Anliegen aber wenig hilfreich, da der technologischen Dimension
im Handel eine vergleichsweise untergeordnete Rolle zukommt.[9]

-risiken bei unterschiedlichen Marktstrukturen und Wettbewerb, Wiesbaden 1988, S. 7.

[3]   Der hier interessierende Begriff der Unternehmensdiversifikation ist abzugrenzen vom fi-
nanzwirtschaftlichen Diversifikationsbegriff. Der von Markowitz geprägte Ausdruck der
Portefeuillediversifikation bezieht sich auf die Wertpapierstreuung eines Kapitalanlegers. Vgl.
Markowitz, H.M.: Portfolio Selection, in: Journal of Finance, 7. Jg., 1952, S. 77-92 sowie
hierzu z.B. Perridon, L./Steiner, M.: Finanzwirtschaft der Unternehmung, München 1993,
S. 240 ff.

[4]   Vgl. Andrews, K.R.: Product Diversification and the Public Interest, in: Harvard Business
Review, 29. Jg., 1951, H. 4, S. 91.

[5]   Vgl. Staudt, Th.A.: Program for Product Diversification, in: Harvard Business Review,
32. Jg., 1954, H. 6, S. 121; Ansoff, H.I.: Strategies for Diversification, in: Harvard Business
Review, 35. Jg., 1957, H. 9/10, S. 113; Penrose, E.T.: The Theory of the Growth of the Firm,
Oxford 1959, S. 110; Gort, M.: Diversification and Integration in American Industry, Princeton (N.J.) 1962, S. 8.

[6]   Vgl. z.B. Bartels, G.: Diversifizierung. Die gezielte Ausweitung des Leistungsprogramms der
Unternehmung, Stuttgart 1966, S. 18 f.; Borschberg, E.: Die Diversifikation als Wachstumsform der industriellen Unternehmung, Bern/Stuttgart 1969, S. 50.

[7]   Vgl. hierzu z.B. Ramanujam, V./Varadarajan, P., 1989, S. 524 f.

[8]   Vgl. Penrose, E.T., 1959, S. 110 ff.

[9]   Die Ressourcen-/Technologie-Dimension wird von anderen Autoren hauptsächlich zur Unterscheidung einzelner Diversifikationsarten (z.B. verwandte und unverwandte Diversifikation)
herangezogen. Vgl. z.B. Thorp, W.L.: The Integration of Industrial Operations, U.S. Bureau
of the Census, o.O. 1924, S. 159 ff.; Ansoff, H.I.: Corporate Strategy. Business Policy for
Growth and Expansion, New York et al. 1965, S. 108 ff.; Rumelt, R.P.: Strategy, Structure,
and Economic Performance, Cambridge/Mass. 1986, S. 10 ff.

Autor, Jahr, Seite	Definition	Dimen-sionen[a]		
		M	P	R
Ansoff, H.I., 1957, S. 113 f.	„There are four basic growth alternatives open to a business. It can grow through increased market penetration, through market development, through product development, or through diversification." „Diversification calls for a simultaneous departure from the present product line and the present market structure."	x	x	
Penrose, E.T., 1959, S. 110	„... a departure from the firm's existing areas may be one of three kinds: 1)the entry into new markets with new products using the same production base; 2) expansion in the same market with new products based in a different area of technology; and 3) entry into new markets with new products based in a different area of technology."	x	x	x
Chandler, A.D., 1962, S. 14	„ ... the move into new functions will be referred to as a strategy of vertical integration and that of the development of new products as a strategy of diversification."		x	
Gort, M., 1962, S. 8 f.	„Increase of the heterogeneity of output from the point of view of the number of markets served by that output. Two products may be specified as belonging to separate markets if their crosselasticities of demand are low and if, in the short run, the necessary resources employed in the production and distribution cannot readily be shifted to the other."	x		
Bartels, G., 1966, S. 18 f.	„Ausweitung auf solche Leistungsbereiche, die zwar grundsätzlich neu für die Unternehmung sind, die aber dennoch in irgendeiner Art und Weise mit dem bisherigen Leistungsprogramm verbunden sind."		x	
Borschberg, E., 1969, S. 50	„... das Ausbrechen der Unternehmung aus dem Rahmen ihrer Haupt-(Schwerpunkt-)industrie in angrenzende oder völlig neue, nicht aber zur vertikalen Erweiterung zählende Tätigkeitsgebiete ..."		x	
Arbeitskreis Diversifi-zierung der Schmalen-bachges., 1973, S. 298	- Das Vorliegen einer Leistung, die für das jeweilige Unternehmen so neuartig ist, daß sie einen neuen Markt begründet oder -die Erschließung eines Marktes, der für das jeweilige Unternehmen so neuartig ist, daß er zu einer neuen Leistung führt, -wobei die Absicht einer dauerhaften Fortführung sowohl des Kern-programmes als auch des neuen Leistungsbereiches besteht."	x	x	
Nieschlag, R./ Dichtl, E./ Hörschgen, H., 1991, S. 840	„Unter ... Diversifikation versteht man die Aufnahme bedarfsverwandter oder sonstiger Produkte und Leistungen, die in keinem direkten Zusammenhang mit dem bisherigen Betätigungsfeld der Unternehmung stehen. Bei dieser gezielten Ausdehnung des Leistungsangebots geht es um eine Erweiterung der Produktionsprogramme und Handelssortimente durch die Betätigung auf für die Unternehmen neuen Märkten."	x	x	
Jacobs, S., 1992, S. 7	„... eine unternehmenspolitische Strategie der planmäßigen Ausdehnung der bisherigen Schwerpunkttätigkeit eines Unternehmens auf angrenzende oder völlig neue Märkte und Leistungsbereiche."	x	x	
Bühner, R., 1993, S. 23	Diversifikation umfaßt „den Fall einer Produktdiversifikation (auf vertrauten Märkten) wie den Fall einer geographischen (Auslands-)Diversifi- kation (mit bestehenden Produkten) oder den Fall einer vertikalen Diversifikation durch Vorwärts- oder Rückwärtsintegration von neuen Produkten (Komponenten) und/oder Märkten ..."	x	x	

a) M = Marktdimension; P = Produkt-/Leistungsdimension; R = Ressourcen-/Technologiedimension

Abb. 2-1: Ausgewählte Diversifikationsbegriffe und ihre Definitionsbestandteile

In empirischen Untersuchungen kommt der Gruppe der eindimensionalen, meist **produktorientierten** Definitionsansätze ein beachtliches Gewicht zu. Verschiedene Verfasser definieren Diversifikation als strukturelle Ausweitung des Produktionsprogrammes.[10] Aus empirischer Sicht liegt der Vorteil dieser Ansätze darin, daß die Abgrenzung der von den Unternehmen angebotenen Produkte als weitgehend unproblematisch angesehen wird. So wird die Produktzuordnung überwiegend auf Basis von standardisierten, systematischen Warenverzeichnissen vorgenommen (z.B. Systematik der Wirtschaftszweige des Statistischen Bundesamtes).[11] Andererseits wird kritisiert, daß Abgrenzungsprobleme zur Strategie der Produktdifferenzierung bestehen. Eine Ausnahme unter den eindimensionalen Ansätzen stellt der Diversifikationsbegriff von *Gort* dar, der auf die Marktdimension abstellt.[12]

In der theoretischen Literatur dominiert die Gruppe der zweidimensionalen Ansätze, die zur Definition von Diversifikation neben der Produkt- auch die Marktdimension berücksichtigt. Ein solcher vor allem für Industrieunternehmen geeigneter Ansatz wurde erstmals von *Ansoff* vorgeschlagen, der auf Basis der Produkt/Markt-Matrix vier Wege unternehmerischen Wachstums unterscheidet (vgl. Abb. 2-2):

1) Bei der **Marktdurchdringung** strebt das Unternehmen eine Absatzsteigerung an, ohne von der ursprünglichen Produkt/Markt-Strategie abzuweichen.

2) Eine Strategie der **Produktentwicklung** wird verfolgt, wenn das Leistungsprogramm um neue Produkte erweitert und in bisherigen Märkten vertrieben wird.

3) Unter **Marktentwicklung** versteht *Ansoff*, daß ein Unternehmen mit dem vorhandenen Produktprogramm in neue geographische Märkte eintritt oder neue Zielgruppen anspricht.

4) Ziel der **Diversifikationsstrategie** ist es, für neu in das Programm aufgenommene Produkte neue Absatzmärkte zu finden.[13]

Wie ist der Ansatz von *Ansoff* zu **beurteilen**, und inwieweit ist der vorgeschlagene Diversifikationsbegriff auf den Handel übertragbar? Die Vierfelder-Matrix stellt für Industrieunternehmen eine brauchbare Grundlage für die Abgrenzung der Diversifikationsstrategie von anderen Marktfeldstrategien dar.[14]

---

[10] Eine erste Klassifikation wurde bereits in den zwanziger Jahren von Thorp vorgelegt. Vgl. Thorp, W.L., 1924, S. 124 ff. Zu weiteren eindimensionalen und produktorientierten Definitionsansätzen vgl. z.B. Becker, H.: Ursachen und gesamtwirtschaftliche Wirkungen der Diversifikation industrieller Unternehmen, Dissertation, München 1977, S. 16; Wrigley, L.: Divisional Autonomy and Diversification, unveröffentlichte Dissertation, Harvard Business School, Boston 1970, S. 6 ff.; Rumelt, R.P., 1986, S. 45.

[11] Vgl. Löbler, H., 1988, S. 11.

[12] Vgl. Gort, M., 1962, S. 8 ff.

[13] Vgl. Ansoff, H.I., 1957, S. 114; Ansoff, H.I., 1965, S. 109.

[14] Zum Begriff der Marktfeldstrategien vgl. Becker, J.: Marketing-Konzeption: Grundlagen des strategischen Marketing-Managements, 3. Aufl., München 1990, S. 123 ff.

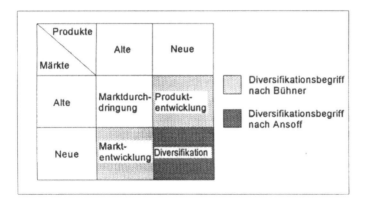

Abb. 2-2: Die Produkt/Markt-Matrix; Quelle: Ansoff, H.I., 1957, S. 114, Ansoff, H.I., 1966, S. 132; Bühner, R., 1993, S. 23.

Vorteilhaft wirkt hier, daß im Gegensatz zu eindimensionalen Ansätzen eine Abgrenzung zur Produktdifferenzierung erreicht wird. Bei einer Übertragung auf den Handel sind aber verschiedene Einwände zu beachten:

1) Da eine inhaltliche Konkretisierung des Angebots für den Handel nicht über die Produktdimension erfolgen kann, bietet es sich an, die Dimension „Produkt" durch „Leistung" zu ersetzen.[15] Diese Erweiterung ermöglicht es, daß auch die im Handel häufig zu beobachtenden Diversifikationen in neue Sortimente, in neue Betriebsformen oder in verschiedene Dienstleistungsbereiche in das Klassifikationsschema integriert werden können.[16]

2) Bei der Erschließung neuer Märkte bestehen im Handel zwei Ansatzpunkte: Zum einen kann ein zielgruppenbezogener und zum anderen ein geographischer Marktbegriff (z.B. unbearbeitete Inlandsregionen, Ausland) zugrundegelegt werden.[17] Zu bedenken ist jedoch, daß die in der Industrie vergleichsweise einfach zu bestimmenden Zielgruppen (z.B. Segmentierung nach Abnehmergruppen) im Handel nur unter großem Aufwand zu identifizieren sind. So hat beispielsweise das Management eines Warenhausunternehmens Schwierigkeiten, eine einheitliche Zielgruppe zu bestimmen.[18] Einfacher zu operationalisieren ist hingegen der geographische Marktbegriff. Hier stellt sich wiederum die Frage, ob bei einer regionalen marktlichen Ausdehnung bereits das Kriterium der

---

[15] Vgl. Arbeitskreis „Diversifizierung" der Schmalenbach-Gesellschaft: Diversifizierungsprojekte - Betriebswirtschaftliche Probleme ihrer Planung, Organisation und Kontrolle, in: ZfbF, 25. Jg., 1973, Nr. 5, S. 298 f.

[16] Vgl. Dobler, B./Jacobs, S., 1989, S. 6.

[17] Zu einer handelsbezogenen Wachstumstypologie auf Basis geographischer Kriterien vgl. Pellegrini, L.: Alternatives for Growth and Internationalization in Retailing, in: The International Review of Retail, Distribution and Consumer Research, 4. Jg., 1994, H. 2, S. 123 ff.

[18] Laut Vortrag von Dr. Klaus Eierhoff, Vorstand für Logistik, Karstadt AG, am 6.7.1994 an der Universität zu Köln.

relativen Neuheit erfüllt ist. Während Betriebsformen im Ausland zumindest teilweise an lokale Gegebenheiten angepaßt werden müssen, ergibt sich diese Notwendigkeit z.B. bei der nationalen Expansion eines Verbrauchermarktunternehmens nur sehr begrenzt.[19]

3) *Bühner* kritisiert, daß *Ansoff* nur dann von Diversifikation spricht, wenn das Unternehmen neue Produkte in sein Leistungsprogramm aufnimmt und diese darüber hinaus in neuen, noch nicht bedienten Märkten anbietet. Da deutsche Großunternehmen überwiegend vorsichtigere Wachstumsstrategien verfolgen (z.B. die Bearbeitung neuer Märkte mit einer leicht modifizierten Angebotspalette), wäre in Deutschland die Diversifikation im *Ansoff'schen* Sinne ohne große praktische Bedeutung.[20] Er schlägt daher einen erweiterten Diversifikationsbegriff vor, der sowohl die Strategie der Markterweiterung als auch der Produktentwicklung umfaßt (vgl. Abb. 2-2).

4) Als unbefriedigend wird auch die scharfe Trennung zwischen alten und neuen Produkten bzw. Märkten angesehen, da sie suggeriert, daß die Unternehmenstätigkeiten exakt zugeordnet werden können.[21] Eine Beurteilung, ab wann es sich aus Sicht der Handelsunternehmen um neue Märkte und Leistungen handelt, fällt insofern nicht leicht, als daß der Begriff „neu" - im Sinne von „andersartig" - sehr dehnbar ist.[22]

Der letzte Kritikpunkt führt zu der eingangs aufgeworfenen Frage, wie „neu" der hinzugekommene Leistungsbereich aus Sicht des Handelsunternehmens sein muß, damit eine Diversifikation vorliegt. In der Literatur werden verschiedene Lösungsansätze vorgeschlagen. So wird z.B. auf die Mobilität der eingesetzten Ressourcen, die Kreuzpreiselastizität der Nachfrage[23] oder unternehmensspezifische Faktoren wie den Vertrautheitsgrad des Unternehmens mit seinen Produkten und Märkten zurückgegriffen.[24] Den unterschiedlichen Ansätzen ist jedoch gemein, daß gewisse subjektive Ermessensspielräume verbleiben und es somit im Einzelfall immer wieder zu Beurteilungsproblemen kommen kann. *Penrose* kommt zu der Erkenntnis, daß eine allgemeingültige Begriffsfestlegung weder möglich noch erstrebenswert ist. Je

---

[19] Demgegenüber wird angenommen, daß der Einstieg in ausländische Märkte (Internationalisierungsstrategie) wegen der notwendigen Anpassung an lokale Gegebenheiten eine Variante der Diversifikation darstellt. Zu dieser Ansicht vgl. Böhnke, R.: Diversifizierte Unternehmen, Wettbewerb und konglomerate Interdependenz, Dissertation, Berlin 1976b, S. 42; Becker, H., 1977, S. 158; Bühner, R.: Strategie und Organisation; Analyse und Planung der Unternehmensdiversifikation mit Fallbeispielen, 2. Aufl., Wiesbaden 1993, S. 23 und für den Handel Knee, D./Walters, D.: Strategy in Retailing, Oxford, 1988, S. 146 f.; Barth, K.: Betriebswirtschaftslehre des Handels, 2. Aufl., Wiesbaden 1993, S. 144 ff. Eine abweichende Meinung vertritt Dobler, B./Jacobs, S., 1989, S. 7.

[20] Vgl. Bühner, R., 1993, S. 23.

[21] Zur Kritik vgl. z.B. Hainzl, M.: Strategie der Stärke. Unternehmenspotentialorientierte Diversifikation, Diss., Wien 1987, S. 20.

[22] Vgl. Dobler, B./Jacobs, S., 1989, S. 4 f.

[23] Vgl. z.B. Gort, M., 1962, S. 8 f.

[24] Vgl. Schüle, F.M., 1992, S. 9.

nach Forschungszweck und -umfeld ist daher ein eigener Begriffsumfang festzulegen.[25] Im Rahmen der vorliegenden Arbeit wird eine eindimensionale Begriffsauf-
fassung als Arbeitsdefinition gewählt: **Diversifikation** stellt eine unternehmenspolitische Strategie der planmäßigen Ausdehnung des bisherigen Leistungsprogrammes
eines Unternehmens auf angrenzende oder völlig neue Leistungsbereiche dar.

Gegenstand der Arbeit ist somit nicht die kundengruppenorientierte oder regionale
Expansion, sondern eine signifikante Ausweitung des Leistungsprogrammes von
Handelsunternehmen. Für diese Definition sprechen folgende Gründe:

Im Handel wird der Erweiterung des Leistungsprogrammes eine hohe unternehmerische Bedeutung zugemessen. Weiterhin stellen die Sortimentsausweitung über
bisherige Branchengrenzen hinaus (z.B. Fotofachhändler übernimmt Schuhfach-
händler) und die Betriebsformendiversifikation (z.B. Warenhaus steigt ins Versandgeschäft ein) vergleichsweise objektive Ansatzpunkte für eine Diversifikationstypologie dar.

Demgegenüber ist ein auf der Marktdimension beruhender definitorischer Ansatz
mit verschiedenen Problemen verbunden. Eine Abgrenzung mit Hilfe von Zielgruppen ist schwer zu operationalisieren und bei der inländischen geographischen Ausdehnung des Marktgebietes (Filialisierung, Erschließung neuer Standorte) liegen aus
Sicht des Unternehmens i.d.R. keine andersartigen Sachverhalte vor.

Zur Untersuchung spezieller Fragestellungen hat die Literatur verschiedene Di-
versifikationstypologien entwickelt, die auf einzelne Dimensionen des Diversifika-
tionsbegriffs zurückgreifen.[26] In den beiden folgenden Abschnitten wird daher zunächst auf die Diversifikationsrichtung und anschließend auf Aspekte der Realisationsform und der Art der Durchführung eingegangen.

2.2 Richtungen der Diversifikation

Im Handel hat sich bisher noch kein einheitlicher Ansatz zur Klassifikation der Erscheinungsformen durchgesetzt. Nachfolgend wird wiederum ein auf *Ansoff* zurück-
gehender Ansatz vorgestellt und an die Besonderheiten des Handels angepaßt. Anschließend werden alternative Ansätze zur Klassifikation der Diversifikationsrichtung diskutiert.

Die **Diversifikationsrichtung** wird u.a. nach folgenden Ausprägungen unterschieden:

- horizontale, vertikale, (konzentrische) und konglomerate Diversifikation,[27]

---

[25] Vgl. Penrose, E.T., 1959, S. 107.

[26] Vgl. Schüle, F.M., 1992, S. 10.

[27] In der von Ansoff ursprünglich entwickelten Typologie wird zwischen horizontaler, vertikaler
    und konglomerater Diversifikation unterschieden. Aufgegriffen wurde dieser Ansatz u.a. in
    den Arbeiten von Böckel, J.J.: Die Auswahl der Planungsmethoden bei industriellen Diversifi-

- verwandte und unverwandte Diversifikation sowie
- Inlands- und Auslandsdiversifikation.

Der von *Ansoff* vorgeschlagene und in Abbildung 2-3 dargestellte Klassifikationsansatz stellt eine in konzeptionellen Arbeiten häufig zitierte Einteilung dar.[28] Eine horizontale Diversifikation liegt dem Ansatz zufolge vor, wenn durch neue Produkte neue Bedarfe der bestehenden Kunden des Unternehmens befriedigt werden.[29] Die vertikale Diversifikation ist dadurch gekennzeichnet, daß der Tätigkeitsbereich des Unternehmens auf vor- oder nachgelagerte Produktions- oder Absatzstufen ausgedehnt wird. Von konzentrischer Diversifikation spricht *Ansoff*, wenn zwischen den Produkt/Markt-Bereichen ein marketingbezogener und/oder technologischer Zusammenhang besteht. Sind keine oder kaum Ähnlichkeiten zum Stammgeschäft eines Unternehmens vorhanden, wird vom Vorliegen konglomerater Diversifikation ausgegangen.[30]

Bei der Übertragung der Klassifikation auf den Handel treten wiederum verschiedene **Probleme** auf. Als Schwäche kann zunächst die unzureichende Abgrenzung der horizontalen von der konglomeraten Diversifikation gesehen werden. So kritisiert *Jacobs*, daß in Abhängigkeit von den zugrundegelegten Kriterien verschiedene Projekte entweder als horizontale oder eher als konglomerate Diversifikation aufgefaßt werden können.[31] Im Handel läßt sich beispielsweise in vielen Fällen nur schwer objektiv bestimmen, ob mit einem übernommenen Unternehmen gleiche oder neue Kundenbedürfnisse angesprochen werden. Die erst in den sechziger Jahren von *Ansoff* als Unterfall der konglomeraten Diversifikation eingeführte konzentrische Diversifikation erhöht die Zuordnungsprobleme zusätzlich. Weiterhin ist für Handelsunternehmen die Unterscheidung zwischen verwandter und unverwandter Technologie nur begrenzt aussagekräftig.[32]

---

kationen durch Unternehmenserwerb, Dissertation, München 1971, S. 17 ff.; Fricker, R.: Diversifikation als Aufgabe der Unternehmung - mit besonderer Berücksichtigung der Methoden zur Bestimmung neuer Aktivitätsfelder, Dissertation, Basel 1974, S. 9 ff.; Dworak, K./Weber, H.K.: Diversifikation, in: Grochla, E./Wittmann, W. (Hrsg.), Handwörterbuch der Betriebswirtschaft, 4. Aufl., Stuttgart 1974, Sp. 1181; Weyand, R.: Diversifikation - unternehmenspolitische Aspekte, Baden-Baden/Bad Homburg 1975, S. 9 f.; Gebert, F., 1983, S. 24 ff.; Hainzl, M., 1987, S. 19; Döhmen, P.: Anlässe, Ziele und Methodik der Diversifikation, Bergisch Gladbach 1991, S. 141 ff.; Bühner, R., 1993, S. 36. Demgegenüber berücksichtigen Agthe, K.: Strategie und Wachstum der Unternehmung, Baden-Baden/Bad Homburg 1972, S. 193; Borschberg, E.: Diversifikation, in: Tietz, B. (Hrsg.): Handwörterbuch der Absatzwirtschaft (HWA), Stuttgart 1974b, Sp. 480; Wittek, B.F.: Strategische Unternehmensführung bei Diversifikation, Berlin/New York 1980, S. 51 und Jacobs, S.: Strategische Erfolgsfaktoren der Diversifikation, Wiesbaden 1992, S. 10 ff. zusätzlich die strukturelle bzw. konzentrische Diversifikation.

[28] Vgl. Ansoff, H.I., 1965, S. 132; Ansoff, H.I.: Management-Strategie, München 1966, S. 152.

[29] Vgl. Schüle, F.M., 1992, S. 10.

[30] Der Begriff „konglomerat" wird in der Literatur teilweise synonym zum Begriff „lateral" verwendet. Vgl. z.B. Gebert, F., 1983, S. 31 f.; Bühner, R., 1993, S. 36.

[31] Vgl. Jacobs, S., 1992, S. 12.

[32] In empirischen Studien hat die von Ansoff vorgeschlagene Einteilung aufgrund der auftreten-

Kunden \ Produkte		Neue Produkte	
		verwandte	unverwandte
		Technologie	
	Gleiche Gruppe	Horizontale Diversifikation	
Neue Kunden-bedarfe	Unter-nehmen ist sein eigener Kunde	Vertikale Integration/ Diversifikation	
	Ähnlicher Typ	Konzentrische Diversifikation	
	Neuer Typ		Konglomerate Diversifikation

Abb. 2-3: Diversifikationsrichtungen nach Ansoff; Quelle: Ansoff, I.H., 1965, S. 132.

Angesichts der Zuordnungsschwierigkeiten, die bei Anwendung des *Ansoff'schen* Ansatzes auftreten, sind in der Handelsliteratur von *Drexel, Hansen, Dobler/ Jacobs, Köhler, Barth* und *Dyckhoff* verschiedene auf den Handel zugeschnittene Ansätze entwickelt worden.[33] Mit Ausnahme des Gruppierungsansatzes von *Dobler/ Jacobs* ist den Ansätzen gemein, daß die Diversifikationsstrategien nach Art und Ausmaß der Abweichung vom bestehenden Leistungsprogramm als horizontal, vertikal und konglomerat eingestuft werden. Die Ansätze von *Hansen* und *Barth* bleiben in bezug auf relevante Abgrenzungskriterien zu unspezifisch, als daß sie die Vielzahl der empirisch beobachtbaren Erscheinungsformen klassifizieren könnten. Von den verbleibenden Ansätzen wählt *Köhler* mit dem Grad der Abweichung von der Einzel- bzw. Großhandelsebene und dem Vorliegen einer durchgängigen Distri-butions-(Handels-)kette[34] zwei relativ einfach zu operationalisierende Abgrenzungs-kriterien. Dieser Ansatz wird den folgenden Ausführungen in leicht modifizierter Form zugrundegelegt (vgl. Abb. 2-4).[35]

---

den Abgrenzungsprobleme nur eine begrenzte Verbreitung gefunden. Vgl. Schüle, F.M., 1992, S. 10.

[33] Vgl. zu den handelsspezifischen Ansätzen Drexel, G.: Strategische Unternehmensführung im Handel, Berlin/New York 1981, S. 186 ff.; Dobler, B./Jacobs, S., 1989, S. 10 ff.; Hansen, U.: Absatz- und Beschaffungsmarketing des Einzelhandels, 2. Aufl., Göttingen 1990, S. 563 ff.; Köhler, F.W.: Handelsstrategien im systematischen Überblick, in: Trommsdorff, V.: Handels-forschung 1991, Wiesbaden 1992, S. 124 f.; Barth, K., 1993, S. 144 ff.; Dyckhoff, B., 1993, S. 18 ff.

[34] Mit der Stellung in der Distributionskette legt ein Unternehmen in einer arbeitsteiligen Wirt-schaft seine Position gegenüber den Absatz- und Beschaffungsmärkten fest. In der Literatur wird auch von Handels- bzw. Wertschöpfungskette gesprochen. Zum Begriff Handelskette vgl. z.B. Seyffert, R.: Wirtschaftslehre des Handels, 5. Aufl., Opladen 1971, S. 628.

[35] Vgl. Köhler, F.W., 1992, S. 124 f.

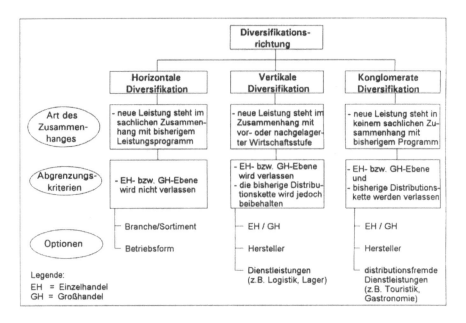

Abb. 2-4: Diversifikationsrichtungen von Handelsunternehmen; Quelle: in Anlehnung an Köhler, F.W., 1992, S. 125.

Im Handel wird vom Vorliegen einer **horizontalen** Diversifikation ausgegangen, wenn die neue vom Unternehmen zu erbringende Handelstätigkeit mit dem bisherigen Leistungsprogramm insoweit in sachlichem Zusammenhang steht, als daß vorhandene Unternehmenspotentiale (z.B. ähnliche Lieferanten oder Zielgruppen) noch genutzt werden können.[36] Dabei lassen sich für ein Einzelhandelsunternehmen folgende zwei Optionen unterscheiden:

1) die Diversifikation in neue Branchen bzw. Sortimente auf der Einzelhandelsebene (z.B. DOUGLAS übernimmt UHREN-WEISS) und
2) die Angliederung neuer Betriebsformen des Einzelhandels (z.B. Verbrauchermarktunternehmen eröffnet Discountfilialen).[37]

Analog liegt für ein Großhandelsunternehmen eine horizontale Diversifikation vor, wenn in neue Großhandelssortimente diversifiziert wird bzw. neue Betriebsformen angegliedert werden (z.B. Cash-and-Carry-Großhandlung erwirbt Sortimentsgroßhandlung).[38]

---

[36] Vgl. Hansen, U., 1990, S. 565.

[37] Z.B. Tengelmann/Plus.

[38] Z.B. Metro (C+C-Betriebe)/BLV-Witwe Bolte (Zustellgroßhandel). Zu den verschiedenen Betriebsformen des Großhandels vgl. z.B. Müller-Hagedorn, L., 1993, S. 24 f.; Ausschuß für Begriffsdefinitionen aus der Handels- und Absatzwirtschaft (im Druck): Katalog E - Begriffsdefinitionen aus der Handels- und Absatzwirtschaft, Köln.

Im Rahmen einer **vertikalen** Diversifikation wird der Tätigkeitsbereich des Unternehmens auf vor- oder nachgelagerte Wirtschaftsstufen ausgeweitet. Einzelhandelsunternehmen behalten bei vertikalen Diversifikationsstrategien die Distributionskette bei und dehnen ihre Aktivitäten auf die Großhandelsebene[39] oder auf die Produktionsstufe aus. Für Großhandelsunternehmen bestehen analoge Optionen, indem sie die Großhandelsebene verlassen und in den nachgelagerten Einzelhandels- oder den vorgelagerten Produktionsbereich diversifizieren. Die vertikale Diversifikation umfaßt darüber hinaus auch die Tätigkeitsbereiche derjenigen Distributionshilfsbetriebe, die innerhalb der Distributionskette unmittelbar unterstützend wirken (z.B. Speditions- und Transportbereich).[40]

In der Literatur wird teilweise zwischen vertikaler Integration und vertikaler Diversifikation differenziert.[41] Bei vertikaler Integration wird davon ausgegangen, daß die vom angegliederten Unternehmen bzw. Tätigkeitsbereich erbrachten Leistungen nur für den Eigenbedarf bestimmt sind, während diese Leistungen bei vertikaler Diversifikation auch dritten Unternehmen angeboten werden. Im Rahmen dieser Arbeit wird von einer Unterscheidung abgesehen und der Auffassung von *Hansen* gefolgt, die beide Sachverhalte als vertikale Diversifikation bezeichnet.[42]

Die **konglomerate Diversifikation** ist dadurch gekennzeichnet, daß das Handelsunternehmen seine Geschäftstätigkeit auf völlig neue, mit dem bisherigen Leistungsprogramm in keinem unmittelbaren Zusammenhang stehende Bereiche ausweitet. Vom Vorliegen einer konglomeraten Diversifikation eines Einzelhandelsunternehmens wird gesprochen, wenn sowohl die Einzelhandelsebene als auch die bisherige Distributionskette verlassen werden. Die Diversifikationsmöglichkeiten umfassen die Angliederung von Produzenten und von Großhändlern einer fremden Distributionskette (z.B. Lebensmittelhändler gliedert Textilgroßhandel an). Darüber hinaus besteht die Option, in distributionsfremde Dienstleistungsbereiche zu diversifizieren (z.B. Gastronomie, Versicherungen, Touristik). Für den Großhändler gelten diese Möglichkeiten analog, vorausgesetzt die bisherige Distributionskette und die Großhandelsebene werden verlassen.

Drexel unterscheidet diesbezüglich zwischen distributionsfremden Dienstleistungen (mit geringer Nähe zum Handelsbereich) und angebotsdifferenzierenden Dienstleistungen, die noch an die Waren gebunden sind (z.B. technischer Kundendienst) und somit eher der horizontalen Diversikationsform zugeordnet werden können.[43] Aufgrund der entstehenden Abgrenzungsprobleme (z.B. bei Bankdienstleistungen) soll dieser Auffassung jedoch nicht gefolgt werden.

Wie ist das Klassifikationsschema zu **beurteilen**? Der Hauptnutzen der Einteilung liegt in der weitgehend intersubjektiv nachvollziehbaren Zuordnung der Diversifika-

---

[39] Z.B. Sono-Centra (Importgroßhandel) als Kooperation von Hertie/Horten/Kaufring.

[40] Z.B. Otto Versand (Versandhandel)/Hermes Versand Service (Transportdienstleistungen). Zur Einordnung des Logistikbereichs in die Kategorie der vertikalen Diversifikation vgl. Dyckhoff, B., 1993, S. 20.

[41] Vgl. Gebert, F., 1983, S. 29.

[42] Vgl. Hansen, U., 1990, S. 564.

[43] Vgl. Drexel, G., 1981, S. 212.

tionsprojekte zu einer Richtungskategorie. Wie jede Typologie vereinfacht allerdings auch die vorgestellte Klassifikation die Realität, so daß in Einzelfällen Zuordnungsprobleme (z.B. interne Sortimentsentwicklung versus -diversifikation) denkbar sind.

In der Literatur findet sich neben der diskutierten Einteilung in horizontale, vertikale und konglomerate Diversifikation auch die Unterscheidung in **verwandte** und **unverwandte Diversifikation**.[44] Um den Verwandtschaftsgrad zu bestimmen, ist das Ausmaß der Verflechtungen zwischen dem bisherigen und dem neuen Leistungsprogramm zu untersuchen. Gemeinsamkeiten können dabei z.B. in der Nutzung ähnlicher oder identischer Ressourcen (z.B. Standorte, Fachhandels-Knowhow) bestehen.[45] Die zwei unterschiedlichen Ansätze zur Klassifikation der Diversifikationsrichtung schließen sich jedoch nicht aus. So können die horizontalen und vertikalen Fälle der verwandten Diversifikation und die als konglomerat eingestuften Projekte der unverwandten Diversifikation zugerechnet werden. Von einer Untersuchung der Diversifikationsprojekte auf Basis des Verwandtschaftsgrades kann daher im Rahmen der vorliegenden Arbeit abgesehen werden.

Weiterhin wird in einigen Untersuchungen eine Klassifikation der Diversifikationsstrategien auf Basis geographischer Kriterien vorgenommen.[46] Der überwiegende Teil der Arbeiten unterscheidet dabei in **Inlands- und Auslandsdiversifikation**.[47] Verschiedene empirische Studien deuten jedoch darauf hin, daß bei einer Auslandsdiversifikation andersartige Erfolgsvoraussetzungen als bei einer Inlandsdiversifikation vorliegen.[48] Um eine möglichst gleichartige Untersuchungsstichprobe zu erhalten, wird im folgenden auf die Analyse von ausländischen Diversifikationsprojekten verzichtet.[49]

---

[44] Vgl. z.B. Chatterjee, S.: Types of Synergy and Economic Value: The Impact of Acquisitions on Merging and Rival Firms, in: Strategic Management Journal, 7. Jg., 1986, H. 2, S. 119 ff.; Seth, A., 1990, S. 99 ff.; Bühner, R.: Grenzüberschreitende Zusammenschlüsse deutscher Unternehmen, Stuttgart 1991a, S. 74 ff.

[45] Zur Problematik dieser Einteilung vgl. z.B. Bartels, G., 1966, S. 40.

[46] Zu einer handelsspezifischen Untersuchung auf Basis einer regionalen Einteilung vgl. z.B. Pellegrini, L., 1994, S. 121.

[47] Vgl. z.B. Bühner, R., 1991a, S. 58 ff.

[48] Vgl. z.B. Bühner, R., 1991a, S. 58 ff.; Bühner, R.: Aktionärsbeurteilung grenzüberschreitender Zusammenschlüsse, in: ZfbF, 44. Jg., 1992, H. 12, S. 445 ff. und die dort zitierte Literatur.

[49] Aspekte der länderübergreifenden Diversifikation werden auch in verwandten Problemkreisen diskutiert (z.B. Internationalisierung). Für den Handel vgl. z.B. Kacker, M.P.: Transatlantic Trends in Retailing - Takeovers and Flow of Know-how, Westport/London 1985; George, G./Diller, H.: Internationalisierung als Wachstumsstrategie des Einzelhandels, in: Trommsdorff, V. (Hrsg.): Handelsforschung 1992/93, Wiesbaden 1993, S. 165. Für einen Überblick vgl. Dichtl, E./Lingenfelder, M./Müller, St.: Die Internationalisierung des institutionellen Handels im Spiegel der Literatur, in: ZfbF, 43. Jg., 1991, H. 12, S. 1023 ff.

2.3 Realisationsformen

Unter dem Begriff „Realisationsform" wird im folgenden die Art der Durchführung einer Diversifikation verstanden.[50] In der Literatur wird grundsätzlich zwischen interner und externer Diversifikation unterschieden.[51] Die **interne** Diversifikation umfaßt dabei alle Realisationformen, bei denen die Ausweitung des Leistungsprogrammes mit Hilfe unternehmenseigener Ressourcen erfolgt. Bei der **externen** Diversifikation vollzieht sich die Leistungsausweitung i.d.R. durch (Teil-) Übernahme bereits am Markt bestehender Unternehmen oder durch Kooperation mit anderen Unternehmen.[52]

Wesentliches Merkmal der **internen Entwicklung** ist der Einsatz eigener Ressourcen und Fähigkeiten. Dabei besteht die Möglichkeit, den Aufbau des neuen Leistungsbereiches im Unternehmen oder auf dem Wege der Gründung von Tochtergesellschaften, das sind neue, abgrenzbare Wirtschaftseinheiten, zu realisieren. Eine besondere Bedeutung kommt dabei den internen Diversifikationsprozessen zu (z.B. Konzeptentwicklung, Umsetzung, Etablierung am Markt).[53] Wie in Abbildung 2-5 dargestellt, stehen dem Vorteil der effizienten Nutzung interner Ressourcen (z.B. von Managementkapazität) auch Nachteile gegenüber. Als Probleme werden z.B. bürokratische Hemmnisse beim Aufbau des neuen Geschäftsbereiches, das Fehlen geeigneter Standorte, mangelnde Vertrautheit mit dem neuen Leistungsbereich, Anlaufverluste und ein erheblicher Zeitverzug bei der Strategieumsetzung[54] genannt. Mit welchen Schwierigkeiten die interne Entwicklung neuer Leistungsbereiche verbunden ist, kann z.B. an den zahlreichen schon nach kurzer Erprobungsphase beendeten Diversifikationsprojekten deutscher Warenhäuser abgelesen werden.[55]

---

[50] Anstelle von Realisationsformen spricht Drexel von „strukturpolitischen Alternativen" vgl. Drexel, G., 1981, S. 190 ff.

[51] Diese Unterteilung wird in der Literatur überwiegend verwendet. Vgl. hierzu z.B. Wittek, B.F., 1980, S. 181 f.; Gebert, F., 1983, S. 35 ff.; Döhmen, P., 1991, S. 221.

[52] Zu den verschiedenen Realisationsformen vgl. z.B. Becker, H., 1977, S. 175 ff.; Drexel, G., 1981, S. 190 ff.; Gebert, F., 1983, S. 35 ff.; Müller-Stewens, G.: Entwicklung von Strategien für den Eintritt in neue Geschäfte, in: Henzler, H.A. (Hrsg.): Handbuch Strategische Führung, Wiesbaden 1988, S. 219 ff.; Sontheimer, B.: Die Marktanalyse als Basis der externen Diversifikationsentscheidung, München 1989, S. 13 ff.; Müller-Stewens, G., 1990, S. 134 ff.; Gomez, P./Ganz, M.: Diversifikation mit Konzept - den Unternehmenswert steigern, in: Harvard Manager, 14. Jg., 1992, H. 1, S. 44 ff.; Dyckhoff, B., 1993, S. 133 ff.

[53] Zum internen Diversifikationsprozeß vgl. z.B. Burgelman, R.A., 1983; Burgelman, R.A., 1984; Servatius, H.-G., 1988; Bühner, R., 1991b.

[54] Der interne Aufbau eines Finanzdienstleistungsbereiches dauert nach Expertenansicht 2 bis 5 Jahre. Vgl. Dyckhoff, B., 1993, S. 134.

[55] Z.B. wurden die internen Diversifikationsprojekte Joy, Papetik und Pico Bello von Karstadt sowie Gemini und Mauricius Moden von Kaufhof nach einer kurzen Markterprobungsphase beendet. Die Hertie-Projekte Sports World, Wir Kinder, Funny Paper und Hot Socks gelten aus Sicht des Unternehmens als wenig erfolgreich. Vgl. Geschäftsberichte von Hertie, Kar-

Akquisition, **Fusion** und **Beteiligung** richten sich auf die Übernahme vorhandener Unternehmen durch kapitalmäßige Zusammenfassung.[56] Als Vorteile einer solchen Diversifikationsstrategie sind der schnelle Markteintritt, die mögliche Umgehung hoher Eintrittsbarrieren und die niedrigen Aufbaukosten zu nennen.[57] Der Zusammenschluß mit anderen am Markt bereits bestehenden Unternehmen stellt häufig die einzige Möglichkeit dar, um auf gesättigten Märkten einen ausreichenden Marktanteil zu erzielen.[58] Bedeutende Nachteile sind in den erheblichen finanziellen und personellen Anforderungen zu sehen, die nach einem Zusammenschluß bewältigt werden müssen.[59] So treten aufgrund von unterschiedlichen Traditionen, Führungsstilen und Unternehmensstrukturen Identifikations- und Führungsprobleme auf, die auch im Stammunternehmen zu beträchtlichen Effizienzeinbußen führen können.[60] Darüber hinaus ist die Wertfindung mit Schwierigkeiten verbunden.[61] *Drexel* weist diesbezüglich auf die Gefahr hin, daß insbesondere „kranke" Unternehmen zum Kauf angeboten werden (z.B. VAMOS, OPPERMANN).[62]

Realisations-form	Merkmale	Wesentliche Vorteile	Wesentliche Nachteile
Interne Entwicklung	- Markteintritt auf Basis eigener Stärken und Fähigkeiten	- effiziente Ressourcennutzung - kontinuierliches Wachstum	- erheblicher Zeitverzug - Fehlen geeigneter Standorte - problematisch bei hohen Eintrittsbarrieren - Unsicherheit bezüglich des Finanzbedarfs
Akquisition, Fusion, Beteiligung	- Übernahme oder Beteiligung an einem bereits etablierten Unternehmen	- schneller Eintritt - Überwindung hoher Eintrittsbarrieren - niedrige Aufbaukosten	- Integrationsprobleme - fehlende Marktkenntnis - hohe Übernahmeprämien - rechtliche Probleme (z.B. Kartellgesetz)
Kooperation	- Ausprägungen mit unterschiedlicher Bindungsintensität (vertragliche Kooperation, Joint Venture, Franchising, Verbundgruppe, strategische Allianzen)	- Risikostreuung - niedriger Kapitaleinsatz	- hohes Konfliktpotential - unterschiedlicher Stellenwert des Projektes bei Partnern - potentieller Know-how-Transfer (Geschäftsgeheimnisse)

Abb. 2-5: Wesentliche Vor- und Nachteile alternativer Realisationsformen der Diversifikation

---

stadt und Kaufhof (verschiedene Jahre) und Jensen, S.: Hertie - Krügers teure Töchter, in: Manager Magazin, 1990, H. 5, S. 82 ff.

[56] Vgl. Hansen, U., 1990, S. 566.

[57] Vgl. Müller-Stewens, G., 1988, S. 219 ff.

[58] Vgl. Bühner, R., 1993, S. 38.

[59] Vgl. hierzu z.B. Creusen, U./Halbe, P.: Fusion als unternehmerische Chance - Das Fallbeispiel Bräutigam-Obi, Wiesbaden 1993, S. 9 ff.

[60] Vgl. Gomez, P./Ganz, M., 1992, S. 45.

[61] Vgl. hierzu auch Sieben, G./Diedrich, R.: Aspekte der Wertfindung bei strategisch motivierten Unternehmensakquisitionen, in: ZfbF, 42. Jg., 1990, H. 9, S. 794 ff.

[62] Vgl. Drexel, G., 1981, S. 194.

Eine weitere externe Diversifikationsform stellt die **Kooperation** dar, die in der Literatur in verschiedene Unter- und Zwischenformen unterteilt wird (z.B. vertragliche Kooperation, Joint Venture, Verbundgruppe).[63] Die Kooperation stellt eine freiwillige, vertraglich geregelte Zusammenarbeit zweier oder mehrerer rechtlich und wirtschaftlich selbständiger Unternehmen dar, die sich in ihren jeweiligen Stärken sinnvoll ergänzen.[64] Zu den Vorteilen einer Kooperation zählen der begrenzte Kapitaleinsatz, die Risikoteilung und der geringe zeitliche Aufwand zur Durchführung der Diversifikation.[65] Als grundlegende Probleme einer Kooperation sind die Auswahl der geeigneten Partner, die Entwicklung eines funktionierenden Anreiz-Beitrags-Systems und rechtliche Beschränkungen zu sehen. Zu den Nachteilen wird zudem das hohe Konfliktpotential gezählt, das z.B. entsteht, wenn die Kooperationspartner dem Diversifikationsprojekt einen unterschiedlichen Stellenwert beimessen.[66]

Bei der Betrachtung der Realisationsformen wird zumindest ansatzweise deutlich, daß hier unterschiedliche Erfolgsvoraussetzungen und Wirkungsmechanismen vorliegen. Während beispielsweise bei der internen Entwicklung organisatorische Prozesse und bei der Kooperation die Entwicklung eines geeigneten Anreizsystems im Vordergrund stehen, kommt bei der Akquisition der Bewertung und Integration des Übernahmekandidaten eine besondere Bedeutung zu. Weiterhin fällt auf, daß die Realisationsformen idealtypisch dargestellt sind. So können im Handel auch Mischformen beobachtet werden. Beispielsweise hat KAUFHOF mit RENO, VOBIS und MEDIA-MARKT erfolgversprechende mittelständische Unternehmen übernommen (Akquisition), denen anschließend die erforderlichen finanziellen Ressourcen für eine nationale Expansion zur Verfügung gestellt wurden (internes Wachstum).[67]

In der wissenschaftlichen Literatur steht die Auseinandersetzung mit der externen Diversifikation im Vordergrund. Studien zur internen Diversifikation und empirische Untersuchungen, in denen verschiedene Diversifikationsformen gegenübergestellt werden,[68] finden sich vergleichsweise selten.

---

[63] Vgl. z.B. Olesch, G.: Die Kooperationen des Handels, Köln 1991, S. 8 f. Zur Diversifikation auf Basis von strategischen Allianzen vgl. Bühner, R., 1993, S. 374 ff.

[64] Zur Definition von Kooperation vgl. Ausschuß für Begriffsdefinitionen aus der Handels- und Absatzwirtschaft (im Druck).

[65] Vgl. Müller-Stewens, G., 1988, S. 288 ff.

[66] Vgl. Gomez, P./Ganz, M., 1992, S. 45.

[67] Vgl. Vierbuchen, R.: Warenhauskonzerne - Am Ende der Suche nach neuen Profilen steht die Hochzeit mit dem Konkurrenten, in: Handelsblatt, Nr. 68, 8./9.4.1994, S. 30.

[68] Vgl. hierzu z.B. Simmonds, P.G.: The Combined Diversification Breadth and Mode Dimensions and the Performance of Large Diversified Firms, in: Strategic Management Journal, 11. Jg., 1990, S. 399 ff. Konzeptionelle Überlegungen zur Wahl der Markteintrittsform und ihrer situativen Bestimmungsfaktoren finden sich z.B. bei Roberts, E.B.: New Ventures for Corporate Growth; in: Tushman, M.L./Moore, W.L. (Hrsg.), Readings in the Management of Innovation, Boston u.a. 1982, S. 583 ff.; Yip, G.S.: Gateways to Entry, in: Harvard Business Review, 1982b, H. 9/10, S. 85 ff.; Roberts, E.B./Berry, C.A.: Entering New Business: Selecting Strategies for Success, in: Sloan Management Review, Spring 1985, S. 5 ff.; Remmerbach, K.-U.: Markteintrittsentscheidungen - Eine Untersuchung im Rahmen der strategischen

2.4 Der strategische Rang von Diversifikationsstrategien

Eine weitere Diversifikationstypologie legt als Abgrenzungskriterium die grundsätzliche strategische Orientierung des Unternehmens zugrunde, wobei zwischen offensiven und defensiven Diversifikationsstrategien unterschieden wird.[69] Im Rahmen einer **offensiven** Strategie sucht das Unternehmen aktiv nach Diversifikationsmöglichkeiten (z.B. MIGROS in den siebziger Jahren), um sich auf der Basis von neuen Betätigungsfeldern Wettbewerbsvorteile gegenüber seinen Konkurrenten zu verschaffen.[70] Demgegenüber liegt eine **defensive** Diversifikationsstrategie vor, wenn ein Unternehmen mit dem Aufbau eines neuen Tätigkeitsbereiches versucht, Erfolgsdefizite im traditionellen Stammgeschäft auszugleichen. Das Diversifikationsziel besteht demnach vorrangig in der Stabilisierung der Erfolgslage des Unternehmens und nicht in einer Verbesserung der strategischen Ausgangsposition.[71]

Die Unterscheidung in offensive und defensive Diversifikation wird in verschiedenen empirischen Untersuchungen zur Interpretation der Ergebnisse herangezogen.[72] Konkrete Operationalisierungsvorschläge, die die Messung der strategischen Orientierung von Diversifikationsstrategien zum Inhalt haben, liegen in der Literatur jedoch nicht vor. Insgesamt ergibt sich daher der Eindruck, daß hier eine konzeptionell interessante, aber theoretisch noch nicht ausgereifte Typologie vorliegt.[73]

Marketingplanung unter besonderer Berücksichtigung des Zeitaspektes, Wiesbaden 1988, S. 111 ff.; Perillieux, R.: Einstieg bei technischen Innovationen: früh oder spät?, in: ZfO, 1989, H. 1, S. 23 ff.; Remmerbach, K.-U., 1988, S. 173 ff.; Müller-Stevens, G., 1990, S. 134 ff.; Bitzer, M.: Intrapreneurship - Unternehmertum in der Unternehmung, Stuttgart/Zürich 1991, S. 33.

[69] Vgl. Bühner, R., 1993, S. 32 f.

[70] Vgl. Borschberg, E.: Diversifikations-Strategien in der Distribution, in: Blümle, E.B./Ulrich, U.: Perspektiven des Marketing im Handel, Freiburg (Schweiz) 1974, S. 90 ff.

[71] Vgl. Schüle, F.M., 1992, S. 12.

[72] Vgl. z.B. Weston, F.J./Mansinghka, S.K.: Tests of the Efficiency Performance of Conglomerate Firms, in: Journal of Finance, 26. Jg., 1971, S. 928; Christensen, H.K./Montgomery, C.A.: Corporate Economic Performance: Diversification Strategy versus Market Structure, in: Strategic Management Journal, H. 2, 1981, S. 33; Bühner, R.: Portfolio-Risikoanalyse der Unternehmensdiversifikation von Industrieaktiengesellschaften, in: ZfB, 53. Jg., 1983, H. 11, S. 1033; Bühner, R., 1990d, S. 302.

[73] Vgl. hierzu z.B. Becker, H., 1977, S. 107.

2.5 Ableitung des Untersuchungsgegenstandes

Anhand der vorangegangenen Ausführungen kann der Untersuchungsgegenstand weiter konkretisiert werden:

- Im Mittelpunkt der vorliegenden Arbeit steht die Analyse des Wirkungszusammenhanges zwischen den Diversifikationsstrategien deutscher Handelsunternehmen und ihrem Erfolg. Dabei wird unter **Diversifikation** eine unternehmenspolitische Strategie der planmäßigen Ausdehnung des bisherigen Leistungsprogrammes auf angrenzende oder völlig neue Leistungsbereiche verstanden.
- Die **Diversifikationsrichtung** der Projekte wird im folgenden mit Hilfe von zwei Abgrenzungskriterien (Verlassen der Handelsebene, Durchgängigkeit der Distributionskette) operationalisiert. Bei der empirischen Erfolgsmessung wird der Einfluß der horizontalen, vertikalen und konglomeraten Form berücksichtigt.
- Um den Kreis der untersuchten Zusammenschlüsse möglichst gleichartig zu halten, werden nur **Inlandszusammenschlüsse** untersucht.
- Es wird weiterhin angenommen, daß bei unterschiedlichen Realisationsformen andersartige Erfolgsvoraussetzungen und Wirkungsmechanismen vorliegen, so daß keine direkte Vergleichbarkeit gegeben ist. Die Untersuchungsstichprobe wird daher auf **externe Diversifikationsprojekte** beschränkt.
- Aufgrund fehlender Operationalisierungsmöglichkeiten bleibt die Unterscheidung zwischen offensiver und defensiver Diversifikation unberücksichtigt.

3 Entwicklung und Ausmaß der Diversifikation

Historische Untersuchungen dokumentieren, daß es sich bei der Diversifikation um eine bereits zum Ende des 19. Jahrhunderts verbreitete Erscheinung handelt.[1] Für die Zeit nach dem zweiten Weltkrieg wurden umfangreiche Dokumentationen der Verbreitung diversifizierter Unternehmen von einer Forschergruppe der Harvard Business School vorgelegt.[2] Sie stellten für die Zeit von 1950 bis 1970 in allen bedeutenden Industrieländern einen eindeutigen Trend zur Diversifikation fest. Während 1950 in den einzelnen Ländern noch jeweils 30-40 % der Großunternehmen diversifiziert waren, stieg dieser Anteil bis 1970 auf 55-60 %. In den USA, Großbritannien und Japan konnte ein besonders tiefgreifender Wandel beobachtet werden. Demgegenüber zeichnete sich für Deutschland im gleichen Zeitraum eine geringere Zuwachsrate ab. *Schwalbach* stellt für Deutschland jedoch fest, daß sich die Entwicklung in der nachfolgenden Periode von 1970 bis 1980 noch weiter fortgesetzt hat.[3] Angesichts der großen Bedeutung und langen Tradition diversifizierter

---

[1] Vgl. Kocka, J./Siegrist, H.: Die hundert größten deutschen Industrieunternehmen im späten 19. und frühen 20. Jahrhundert, in: Horn, N./Kocka, J. (Hrsg.): Recht und Entwicklung von Großunternehmen im 19. und frühen 20. Jahrhundert, Göttingen 1979, S. 80 ff. Sie untersuchten den Diversifikationsgrad der 100 größten deutschen Industrieunternehmen zwischen 1887 und 1907.

[2] Die internationale Forschergruppe bestand aus Rumelt (USA), Channon (Großbritannien), Dyas/Thanheiser (Frankreich und Deutschland), Pavan (Italien) und Suzuki (Japan). Vgl. Pavan, R.D.J.: The Strategy and Structure of Italian Enterprise, unveröffentlichte Dissertation, Harvard Business School, Boston 1972, S. IV-23; Channon, D.F.: The Strategy and Structure of British Enterprise, London 1973, S. 67; Dyas, G.P./Thanheiser, H.T.: The emerging European Enterprise - Strategy and Structure in French and German Industry, London/Basingstoke 1976, S. 72 und S. 191; Suzuki, Y.: The Strategy and Structure of Top 100 Japanese Industrial Enterprises 1950-1970, in: Strategic Management Journal, 1. Jg., 1980, S. 265 ff.; Rumelt, R.P., 1986, S. 51. Chandler kritisiert, daß die Vergleichbarkeit der Untersuchungsergebnisse trotz einheitlicher Methodik nicht immer gegeben ist. Vgl. Chandler, A.D.: Economies of Scope, The Dynamics of Industrial Capitalism, Cambridge/Mass. 1990, S. 618.

[3] Vgl. Schwalbach, J., 1987, S. 90 ff.

Unternehmen wird das anhaltende betriebswirtschaftliche Interesse an der Diversifikation und an der Erforschung ihrer Erfolgswirkung verständlich.

Im folgenden Abschnitt wird zunächst die Entwicklung der Unternehmenszusammenschlüsse und der externen Diversifikation deutscher Unternehmen untersucht. Der zweite Abschnitt behandelt die Erscheinungs- und Realisationsformen der Diversifikation im Handel. Der dritte Abschnitt geht auf den Diversifikationsgrad deutscher Handelsunternehmen ein.

3.1 Zusammenschlüsse und externe Diversifikation

Die Zusammenschlußtätigkeit deutscher Unternehmen wird seit Inkrafttreten des Gesetzes gegen Wettbewerbsbeschränkungen (GWB) im Jahre 1957 und der damit einhergehenden Anzeigepflicht für Unternehmenszusammenschlüsse nach § 23 GWB vom Bundeskartellamt aufgezeichnet.[4] Gemäß GWB unterliegen Zusammenschlüsse der Anzeigepflicht, wenn
- ein Marktanteil von mehr als 20 % vorliegt bzw. durch den Zusammenschluß erreicht wird,
- die beteiligten Unternehmen zusammen mehr als 10.000 Beschäftigte aufweisen oder
- mehr als 500 Mill. DM Jahresumsatz erzielen.[5]

Die Entwicklung der Zusammenschlüsse deutscher Unternehmen[6] zwischen 1976 und 1993 ist in Abbildung 3-1 dargestellt.[7] In diesem Zeitraum wurden insgesamt 16.887 Zusammenschlüsse gemeldet, von denen 2.018 (12 %) auf den Handel entfielen.[8] Eine nähere Betrachtung zeigt, daß **drei Phasen** voneinander abgegrenzt werden können.

In der ersten Phase, die den Zeitraum von 1976 bis 1983 umfaßt, wurden pro Jahr für alle Wirtschaftsbereiche zwischen 453 und 635 und für den Handel zwischen 36 und 102 Zusammenschlüsse gemeldet. Es fällt auf, daß 1983 mit dem Rückgang des Wirtschaftswachstums auch die Zahl der Zusammenschlüsse relativ stark abgenommen hat. Es ist zu vermuten, daß in Krisenzeiten die Bewältigung interner Probleme im Vordergrund steht. Der von 1982 auf 1983 für die Handelsunter-

---

4   Vgl. Bühner, R.: Unternehmenszusammenschlüsse - Ergebnisse empirischer Analysen, Stuttgart 1990e, S. 1.
5   Vgl. § 23 Abs. 1 GWB.
6   Die im folgenden genannten Zahlen beziehen sich nur auf Zusammenschlüsse, die dem Bundeskartellamt angezeigt worden sind.
7   Der gewählte Zeitraum orientiert sich an der nachfolgenden empirischen Analyse. Vgl. hierzu Kap. 8.2.
8   Die vom Bundeskartellamt vergebene Branchenkennziffer (71) schließt neben dem Handel das Handelshilfsgewerbe mit ein.

nehmen zu verzeichnende Rückgang der Übernahmerate (um 42 %) dürfte auch die Ursache für den gleichzeitigen Rückgang in der Gesamtkurve sein.

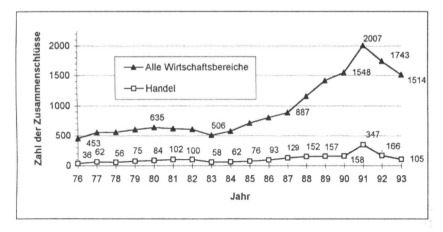

Abb. 3-1: Entwicklung der Zusammenschlüsse im Handel und in allen Wirtschaftsbereichen (1976-1993); Quelle: Tätigkeitsberichte des Bundeskartellamtes von 1976 bis 1992 sowie mündliche Auskunft für 1993

Die zweite Phase (1984-1989) ist durch einen steilen Anstieg beider Kurven gekennzeichnet. Für den Handel bedeutet der Anstieg der Übernahmen von 62 auf 157 eine Zunahme von über 150 %. Eine Erklärung könnte in den besonders expansiven Bestrebungen einzelner Branchen (z.B. dem institutionellen Lebensmitteleinzelhandel) liegen, in denen einzelne Unternehmen ihre Marktanteile zunehmend durch die Strategie des externen Unternehmenswachstums erhöht haben.

Die dritte Phase (1990-1993) wird durch die Sonderentwicklung der deutschen Einheit beeinflußt. So enthalten die Zahlen von 1990 bis 1992 über 1400 Fälle (ca. 27 %), in denen Unternehmen oder Betriebsteile in den neuen Bundesländern übernommen bzw. Anteile an solchen Unternehmen erworben wurden.[9] Ohne die auf die Privatisierung der ostdeutschen Wirtschaft zurückgehende Sonderentwicklung hätte die Zahl der Zusammenschlüsse insgesamt deutlich niedriger gelegen, wäre aber immer noch auf dem hohen Niveau stabil geblieben, das Ende der 80er Jahre erreicht worden war.[10]

Der Handel verzeichnete 1991 mit insgesamt 347 Zusammenschlüssen einen Höhepunkt. Eine Analyse einzelner Handelsunternehmen deutet darauf hin, daß die überwiegende Zahl der Großunternehmen an dieser Entwicklung beteiligt gewesen ist. Der 1993 eingetretene überproportional starke Rückgang im Handel könnte ein Indiz dafür sein, daß sich die Unternehmen angesichts der wirtschaftlichen Rezession wieder verstärkt der Konsolidierung des bestehenden Geschäftes zuwenden.

Die angezeigten Handelszusammenschlüsse enthalten nur wenige Großfusionen

---

9   Vgl. Bundeskartellamt, 1993, S. 7 f.
10   Vgl. Bundeskartellamt, 1993, S. 8.

mit mehr als 2 Mrd. DM Umsatz (z.B. ASKO/COOP, METRO/ASKO). Der größte Teil der Zusammenschlüsse betraf die Übernahme kleiner und kleinster Unternehmen durch Großunternehmen. Aufgrund des geringen Einflusses dieser Übernahmen auf die wirtschaftliche Entwicklung von Großunternehmen kann von den insgesamt über 2.000 den Handel betreffenden Zusammenschlüssen (1976-1993) nur eine kleine Anzahl in die Untersuchungsstichprobe des empirischen Teils aufgenommen werden.[11]

Die dem Bundeskartellamt gemeldeten Zusammenschlüsse aller Wirtschaftsbereiche werden in Abbildung 3-2 nach der Diversifikationsrichtung unterschieden.[12] Es zeigt sich, daß im Untersuchungszeitraum (1976-1993) 57,2 % aller Zusammenschlüsse der Kategorie „horizontaler Zusammenschluß ohne Produktausweitung"[13] zugeordnet worden sind und nur 42,8 % der Zusammenschlüsse eine Diversifikation im eigentlichen Sinne darstellen. Von diesen Zusammenschlüssen entfallen 16,3 % auf die horizontale, 16,1 % auf die konglomerate und 10,4 % auf die vertikale Diversifikation. Der Sondereinfluß der deutschen Einheit hat zu einem starken Anstieg von Zusammenschlüssen geführt, die der Strategie der Marktdurchdringung zugeordnet werden können. Auffällig ist weiterhin, daß seit 1981 die Bedeutung der konglomeraten gegenüber der vertikalen Diversifikation gestiegen ist. Anhaltspunkte auf die Frage, inwieweit diese für alle Wirtschaftsbereiche zutreffende Entwicklung auch auf den Handel übertragbar ist, gibt der folgende Abschnitt, der die Zielbranchen der übernehmenden Handelsunternehmen untersucht.

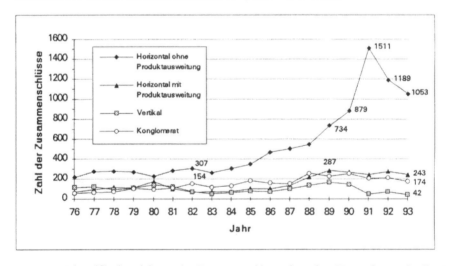

Abb. 3-2: Diversifikationsrichtung der Zusammenschlüsse deutscher Unternehmen; Quelle: Berechnung auf Basis der Tätigkeitsberichte des Bundeskartellamtes

---

[11] Zu den Stichprobenkriterien vgl. Kap. 8.2.2.
[12] Die Zuordnung der angezeigten Zusammenschlüsse nach der Diversifikationsrichtung wird vom Bundeskartellamt nur in Form einer alle Wirtschaftsbereiche betreffenden Gesamtauswertung vorgenommen. Vgl. z.B. Bundeskartellamt, 1993, S. 163.
[13] Zu den Diversifikationskategorien vgl. Bundeskartellamt, 1993, S. 163.

3.2 Erscheinungsformen der Diversifikation im Handel

Abbildung 3-3 enthält die nach Zielbranchen gruppierten Zusammenschlüsse deutscher Handelsunternehmen. Eine Betrachtung der zwischen 1976 und 1993 angezeigten Zusammenschlüsse verdeutlicht, daß sich Handelsunternehmen in durchschnittlich 80 % der Fälle mit Unternehmen der eigenen Branche zusammenschließen. Bei einer Betrachtung der nur den Handel betreffenden Zusammenschlüsse fällt weiterhin auf, daß ihr Anteil bis 1985 unter 80 % geblieben ist und ab 1986 oberhalb von 80 % liegt. Dies könnte als ein Hinweis darauf interpretiert werden, daß bei Diversifikationsstrategien die Verwandtschaft mit dem Stammgeschäft eine zunehmend wichtigere Rolle spielt. Bezüglich der Diversifikationsrichtung wird angenommen, daß es sich überwiegend um horizontale Zusammenschlüsse handelt. Zu bedenken ist jedoch, daß in der Statistik zumindest teilweise auch Zusammenschlüsse zwischen Groß- und Einzelhandelsunternehmen enthalten sein werden. In diesen Fällen handelt es sich um vertikale oder, falls die bisherige Distributionskette verlassen wird, sogar um konglomerate Diversifikationen.[14]

Branche des Erworbenen	Jahr																		Σ	
	76	77	78	79	80	81	82	83	84	85	86	87	88	89	90	91	92	93		
Mineralöl und Kohle (22)	0	0	1	1	2	0	0	0	1	0	0	0	0	1	0	1	3	0	10	0,5
Steine und Erden (25)	2	2	4	4	1	0	2	6	4	5	1	2	3	2	4	4	1	0	47	2,3
Maschinenbau (32)	0	0	1	0	0	3	2	0	2	0	0	1	2	2	0	2	0	1	16	0,8
Elektrotechn. Erzeugn. (36)	0	0	0	3	2	0	2	0	0	1	2	0	0	0	0	0	1	0	11	0,5
Chem. Erzeugnisse (40)	1	0	0	0	1	1	1	0	1	1	1	3	0	0	0	2	3	0	15	0,7
Ernährungsindustrie (68)	1	0	3	4	3	3	6	3	2	1	6	3	4	6	2	11	3	3	64	3,2
Bauwirtschaft (70)	0	1	1	1	2	6	2	1	1	2	2	1	4	1	6	11	2	3	47	2,3
Handel (71)	20	46	39	54	61	76	72	43	38	57	76	109	129	131	130	300	144	86	1611	79,8
Sonstige Dienstleistg. (76)	7	2	3	1	4	6	3	3	7	2	2	5	2	7	11	7	2	9	83	4,1
Verkehrswirtschaft (79)	1	2	0	0	4	1	4	1	2	3	0	1	1	0	0	3	0	0	23	1,1
Geld-/Bankwesen (80)	3	1	3	1	0	0	2	0	1	0	0	0	2	1	2	0	1	1	18	0,9
Andere Branchen	1	8	1	6	4	6	4	1	3	4	3	4	5	6	3	6	6	2	73	3,6
Gesamt	36	62	56	75	84	102	100	58	62	76	93	129	152	157	158	347	166	105	2018	100
davon: Anteil Handel	56	74	70	72	73	75	72	74	61	75	82	85	85	83	82	87	87	82	79,8	

Abb. 3-3: Zielbranchen bei Zusammenschlüssen von Handelsunternehmen (1976-1993); Quelle: Zusammenstellung auf Basis der Tätigkeitsberichte des Bundeskartellamtes

---

[14] Zum Begriff der Diversifikationsrichtung vgl. Kap. 2.2.

Lediglich auf zwei weitere Branchen entfallen im Betrachtungszeitraum (1976-1993) mehr als 60 Zusammenschlüsse. Mit 83 Zusammenschlüssen (4,1 %) kommt der Übernahme von sonstigen **Dienstleistungsunternehmen** eine besondere Bedeutung zu. Bei diesen Übernahmen handelt es sich jeweils um eine konglomerate Diversifikation. Dem Erwerb von Unternehmen der **Ernährungsindustrie** kommt mit 64 Zusammenschlüssen (3,2 %) ebenfalls eine größere Bedeutung zu. Wenn der übernommene Hersteller auch für die nachgelagerte Handelstufe produziert (z.B. Produktion von Wurst- und Fleischwaren), stellen diese Zusammenschlüsse vertikale Diversifikationen dar. Liegt diese Verbindung nicht vor, handelt es sich um eine konglomerate Diversifikation.

Wie sind die auf Basis der Statistik des Bundeskartellamtes gewonnenen Aussagen zu **beurteilen**? Einerseits kann angenommen werden, daß es sich aufgrund der Anzeigepflicht nach § 23 GWB um eine relativ zuverlässige Statistik in bezug auf die absolute Höhe der Zusammenschlüsse handelt.[15] Andererseits kann jedoch eingewendet werden, daß aus den nur in aggregierter Form vorliegenden Gesamtstatistiken nur in begrenzter Form Aussagen über die Diversifikationsstrategien einzelner Unternehmensgruppen (z.B. Warenhäuser) abgeleitet werden können. Weiterhin werden Zusammenschlüsse berücksichtigt, die ohne strategische Bedeutung sind (z.B. Übernahme von Betriebsvermögen). Ferner kann kritisiert werden, daß die interne Diversifikation von den Statistiken nicht erfaßt wird.

Abbildung 3-4 systematisiert 151 interne und externe Diversifikationsprojekte von 16 Großunternehmen des Einzelhandels nach ihren Erscheinungsformen.[16] Bei den untersuchten Unternehmen handelt es sich um vier Warenhäuser[17], neun Lebensmittelfilialisten[18] und drei Versandhandelsunternehmen[19]. *Dobler/Jacobs* unterscheiden zwischen Diversifikation auf der Handelsstufe, Diversifikation in den Dienstleistungsbereich und Diversifikation in die Produktion.

Die Diversifikation auf der **Handelsstufe** stellt mit zwei Dritteln der insgesamt erfaßten Projekte die von allen drei Unternehmensgruppen bevorzugte Zielrichtung dar. Die auf der Handelsstufe vollzogenen Diversifikationsstrategien werden in Abbildung 3-4 zusätzlich in die Sortiments- und die Betriebsformendiversifikation unterschieden. Die überwiegende Zahl der Projekte entfällt auf die Betriebsformen des stationären Einzelhandels. Bevorzugt werden dabei filialisierbare Sortimente und Betriebsformen des Facheinzelhandels.[20] Die 100 Projekte können mit Aus-

---

[15] Einige Zusammenschlüsse unterliegen der EG-Fusionskontrollverordnung und sind nicht in den oben aufgeführten Zahlen enthalten. Es dürfte sich für alle Wirtschaftsbereiche um ca. 100 Fälle handeln. Vgl. Bundeskartellamt, 1993, S. 8.

[16] Vgl. hierzu Dobler, B./Jacobs, S., 1989, S. 13 ff.

[17] Die untersuchten Warenhausunternehmen sind Hertie, Horten, Karstadt und Kaufhof.

[18] Als Lebensmittelfilialisten wurden Allkauf, Asko, Ava, Coop, Coop Dortmund-Kassel, Massa, Metro, Rewe und Tengelmann berücksichtigt.

[19] Von den Versandhandelsunternehmen wurden die Diversifikationsprojekte von Neckermann, Otto und Quelle ausgewertet.

[20] Vgl. Dobler, B./Jacobs, S., 1989, S. 17.

nahme der vertikalen Diversifikation in den Großhandel (4 Projekte) der **horizontalen Diversifikationsrichtung** zugeordnet werden.

Ungefähr ein Viertel der neu erschlossenen Tätigkeitsbereiche entfallen auf den **Dienstleistungsbereich**. Eine Systematisierung der Strategien nach verschiedenen Branchen zeigt, daß der überwiegende Teil der Projekte die Bereiche Gastronomie (9 Projekte), Touristik (9 Projekte) sowie den das Versicherungs- und Bankwesen einschließenden Finanzdienstleistungsbereich (11 Projekte) betrifft. Mit Ausnahme der Diversifikation in den Speditionsbereich (2 Projekte), stellt der Aufbau oder die Übernahme eines Dienstleistungsunternehmens eine **konglomerate Diversifikation** dar.

Unternehmen (n = 16)	Diversifikationsprojekte (n = 151)											Pro-duktion
	Handel				Dienstleistungen							
	Sortiment	Betriebsformen			Gastronomie	Touristik	Transport	Immobilien	Versicherung	Bankwesen	Sonstige	
		GH[a]	VH[a]	stat. EH[a]								
Warenhäuser (n=4)	0 (1)[b]	3	6	22	5	3	2	2	3	1	1	0
Lebensmittelfilialisten (n=9)	9 (11)[b]	0	1	45	3	4	0	0	2	0	0	13
Versandhäuser (n=3)	2	1	0	11	1	2	0	0	3	2	2	2
Summe	14	4	7	78	9	9	2	2	8	3	3	
	100 (103)[b]				36							15

a) GH = Großhandel; VH = Versandhandel; stat. EH = stationärer Einzelhandel
b) Drei Projekte wurden sowohl als Sortiments- als auch als Betriebsformendiversifikation eingestuft

Abb. 3-4: Diversifikationsprojekte von sechzehn Einzelhandelsunternehmen (Stand: 1988); Quelle: Zusammenstellung nach Dobler, B./Jacobs, S., 1989, S. 14, 16 und 19.

Von den fünfzehn die **Produktion** betreffenden Diversifikationsprojekten wurden 13 Projekte von Lebensmittelfilialisten und zwei Projekte von Versandhäusern durchgeführt. Bevorzugte Tätigkeitsbereiche waren die Herstellung von Wurst- und Fleichwaren bzw. von Bekleidung. Diese Projekte sind als **vertikale Diversifikation** einzustufen. Gemessen am erzielten Umsatz kommt der Mehrzahl der Projekte eine eher untergeordnete Bedeutung zu.[21]

Eine Analyse der **Realisationsform** der Diversifikationsprojekte (nur Handel und Dienstleistungen) ergibt, daß von 136 untersuchten Projekten 86 (63 %) der internen Diversifikation und 50 (37 %) der externen Diversifikation zugeordnet werden können.[22] Eine unternehmensspezifische Betrachtung zeigt, daß einige Unternehmen eine der beiden Realisationsformen bevorzugen. So diversifizierten AVA, MASSA, ALLKAUF und QUELLE überwiegend mittels Eigenentwicklung, während ASKO,

---

[21] Der überwiegende Teil der Gesellschaften erzielte 1988 Umsätze, die deutlich unter 100 Mio. DM lagen.
[22] Vgl. Dobler, B./Jacobs, S., 1989, S. 14.

COOP und OTTO weitgehend die externe Wachstumsstrategie wählten.[23] Für den Lebensmittelhandel zeichnet sich ab, daß mit zunehmender Größe extern diversifiziert wird. Bemerkenswert ist ferner, daß in Ostdeutschland - anders als in den alten Bundesländern - zahlreiche Marktzutritte durch internes Wachstum erfolgt sind.[24]

Ein Problem der Auswertung von Fallzahlen ist die mangelnde Berücksichtigung der Bedeutung (Größe, strategische Relevanz) einzelner Projekte. So kann die reine Zählung von Diversifikationsprojekten dazu führen, daß die Diversifikationsstrategie eines Unternehmens falsch eingeschätzt wird. Im folgenden wird daher auf Diversifikationsmaße eingegangen, die die relative Bedeutung der einzelnen Projekte berücksichtigen.

3.3 Zur Messung des Diversifikationsgrades

Bei der Messung von Diversifikation werden quantitative und diskret-kategoriale Maße unterschieden. Bei **quantitativen** Diversifikationsmaßen wird durch Zählen der Segmente eines Unternehmens (z.B. Sortimente, Betriebsformen, Regionen) oder durch Feststellung der relativen Bedeutung der einzelnen Segmente die Unternehmensdiversifikation gemessen.[25] Bei **diskret-kategorialen** Ansätzen hingegen werden außer den rein quantitativen Aspekten auch qualitative Gesichtspunkte erfaßt. Da hierzu auch die Verarbeitung von 'strategischen', subjektiven Informationen notwendig ist, eignen sich diese Maße insbesondere zur unternehmensinternen Beurteilung der Diversifikation.[26] Vertikale Maße, die den Integrationsgrad eines Unternehmens z.B. mit Hilfe der Wertschöpfungsquote messen, werden im folgenden aus der Betrachtung ausgeklammert.[27]

Einen Überblick über verschiedene Diversifikationsmaße gibt Abbildung 3-5. Das einfachste **quantitative Meßkonzept** stellt die Segmentzählmethode ('business count approach') dar. Im Handel könnte z.B. die Anzahl der Betriebsformen oder der geführten Sortimente als Grundlage für die Ableitung eines Diversifikationsmaßes dienen. Dabei ergeben sich jedoch verschiedene Probleme:
- Die Anzahl der Segmente gibt keinen Hinweis auf ihre Bedeutung für Umsatz und

---

[23] Vgl. hierzu auch Tietz, B.: Systemdynamik und Konzentration im Handel, Vortrag anläßlich der wissenschaftlichen Jahrestagung 1994 des Verbandes der Hochschullehrer für Betriebswirtschaftslehre e.V. an der Universität in Passau am 27. Mai 1994, Saarbrücken 1994, S. 28.

[24] Vgl. Bundeskartellamt, 1993, S. 16.

[25] Vgl. Ganz, M.: Die Erhöhung des Unternehmenswertes durch die Strategie der externen Diversifikation, 1991, S. 46.

[26] Vgl. Pitts, R.A./Hopkins, H.D.: Firm Diversity: Conceptualization and Measurement, in: Academy of Management Review, 7. Jg., 1982, S. 620 ff.; Bühner, R., 1993, S. 107.

[27] Vgl. z.B. Burgess, A.R.: Vertical Integration Profitable?, in: Harvard Business Review, 61. Jg., 1983, H. 1/2, S. 56 ff.; Monopolkommission (Hrsg.): Hauptgutachten 1980/1981. Fortschritte bei der Konzentrationserfassung, Baden-Baden 1983, S. 247 ff.

Ertrag eines Unternehmens.

- Die Abgrenzung von verschiedenen Segmenten ist teilweise schwierig und nicht eindeutig vorzunehmen (z.B. bei Warenhaussortimenten).
- Die Zählmethode sagt nichts über die Verwandtschaft der Segmente aus (z.B. bei Verbrauchermarkt und SB-Warenhaus).

Maß	Beschreibung	Beurteilung
Segmentzählmethode: $D_{Seg} = n$	- quantitatives Maß - Anzahl der Segmente (z.B. Sortimente, Branchen)	- keine Berücksichtigung der relativen Bedeutung eines Segmentes für das Unternehmen
Gort-Index 1: $D_{G1} = 1 - (U_H/U_{GES})$	- quantitatives Maß - je größer der Umsatzanteil des Kerngeschäftes, desto kleiner der Indexwert und desto niedriger der Diversifikationsgrad	- relative Bedeutung des wichtigsten Segmentes wird erfaßt - zu undifferenzierte Betrachtung - Gefahr der Überbewertung
Gort-Index 2: $D_{G2} = 1 - ((U_H + U_{H'})/U_{GES})$	- quantitatives Maß - zusätzlich zum Umsatz des Kerngeschäftes wird der Umsatz des zweitwichtigsten Tätigkeitsbereiches berücksichtigt - ansonsten wie D_{G1}	- relative Bedeutung der zwei wichtigsten Segmente wird erfaßt - Betrachtung der beiden wichtigsten Segmente noch zu undifferenziert - Gefahr der Überbewertung
Gort-Index 4: $D_{G4} = 1 - (B_{HZ}/B_{GES})$	- quantitatives Maß - je größer der Personalanteil des Kerngeschäftes, desto geringer der Indexwert und desto kleiner der Diversifikationsgrad	- relative Bedeutung des wichtigsten Segmentes wird erfaßt - zu undifferenzierte Betrachtung - Gefahr der Überbewertung
Berry-Index: $D_B = 1 - \sum_{i=1}^{n} p_i^2$ mit: $0 \leq D_B \leq 1$	- quantitatives Maß - $D_B = 0$, wenn Unternehmung nur in einem Segment tätig ist; $D_B = 1$, wenn Aktivitäten gleichmäßig über alle Segmente verteilt sind	- hohe empirische Korrelation mit Gort-Indizes - geographische Diversifikation ist analog meßbar
Wrigley-'Specialization Ratio': $\dfrac{\text{Umsatz der größten Produktgruppe}}{\text{Gesamtumsatz}}$	- diskret-kategoriales Maß - Unternehmen werden auf der Grundlage des SR-Maßes und der Diversifikationsart in vier Kategorien eingeteilt: 1) 'Single Product', 2) 'Dominant Product', 3) 'Related Product' und 4) 'Unrelated Product'	- mittels Konzeptverfeinerung sind Produkt- und geographische Diversifikation gemeinsam erfaßbar - subjektive Einschätzung der Diversifikationsart

Legende:
B_{HZ} = Beschäftigte in der Hauptbranche
B_{GES} = Gesamtzahl der Beschäftigten
n = Anzahl der Segmente (z.B. Sortimente, Betriebsformen, Branchen)
p_i = relativer Umsatz der Branche i ($1 \leq i \leq n$)
U_H = Umsatz Hauptbranche bzw. Umsatz der wichtigsten Region
U_{GES} = Gesamtumsatz
$U_{H'}$ = Umsatz der zweitbedeutendsten Branchenaktivität bzw. Umsatz der zweitwichtigsten Region

Abb. 3-5: Maße zur Bestimmung des Diversifikationsgrades

Da eine reine Addition von Segmenten zu einer falschen Einschätzung führen kann, hat *Gort* sieben Indizes entwickelt, die die relative Bedeutung des Stammgeschäftes zumindest im Ansatz mit einbeziehen. Beispielsweise berücksichtigt der *Gort*-Index D_{G2} sowohl die relative Bedeutung des 'wichtigsten' als auch die des 'zweitwichtigsten' Tätigkeitsbereiches eines Unternehmens.[28]

Aber auch bei der Verwendung von *Gort*-Indizes besteht die Gefahr, daß die Diversifikation eines Unternehmens überbewertet wird. So zeigen *Gort*-Indizes z.B. keine Unterschiede, wenn zwei Unternehmen außerhalb ihrer Hauptbranchen unterschiedliche Diversifikationsgrade aufweisen. *Berry* vermeidet dieses Problem, indem er einen Maßstab entwickelt, der die relativen Umsatzanteile aller Unternehmensbereiche berücksichtigt.[29]

Während die quantitativen Meßkonzepte vor allem auf die Reliabilität[30] der Messung abzielen und sich überwiegend an offiziellen Industriestatistiken[31] (z.B. der Wirtschaftszweigeinteilung des statistischen Bundesamtes)[32] anlehnen, versuchen die diskret-kategorialen Ansätze Art und Umfang der Diversifikation - zumindest teilweise - mit Hilfe von subjektiven Informationen zu bestimmen. Viele Arbeiten legen diesbezüglich die vierstufige Klassifikation von *Wrigley* zugrunde, derzufolge die Diversifikation nach

- der Dominanz einer bestimmten Produktgruppe und
- dem Beziehungsgrad der Produktgruppen untereinander bestimmt wird.

Die Einteilung in eine der vier Kategorien erfolgt zunächst aufgrund einer Spezialisierungskennzahl (SR-Maß), welche sich aus dem Verhältnis des Umsatzes der größten Produktgruppe zum Gesamtumsatz berechnet (vgl. Abb. 3-6). Ein Einproduktunternehmen ('single product') liegt vor, wenn mit einem Produktbereich mindestens 95 % des Umsatzes erzielt wird. Liegt das SR-Maß zwischen 70 % und 95 %, dann geht *Wrigley* von einem Unternehmen mit einem Hauptprodukt ('dominant product') aus. Bei Unternehmen, die weniger als 70 % mit einem Produkt erzielen, wird zusätzlich nach der Art der Diversifikation unterschieden. Steht das Leistungsprogramm in einem engen Beziehungszusammenhang, dann wird das Unternehmen der Kategorie 'verwandtes Produkt' ('related product') zugeordnet. Fehlt hingegen ein markt- oder technologiebezogener Zusammenhang, dann wird das Unternehmen in die Kategorie der nicht-verwandten Diversifikation eingeordnet ('unrelated product').

---

[28] Vgl. Gort, M., 1962, S. 23 ff.

[29] Vgl. Berry, C.H.: Corporate Growth and Diversification, in: The Journal of Law and Economics, 14. Jg., 1971, S. 371 ff. Zur Anwendung vgl. auch Bühner, R., 1983, S. 1025 f.

[30] Zum Begriff der Reliabilität vgl. z.B. Böhler, H.: Marktforschung, Stuttgart et al. 1985, S. 98.

[31] Im angelsächsischen Raum wird meist der Standard Industrial Classification Code (SIC) verwendet. Zur SIC-Klassifikation vgl. z.B. Böhnke, R.: Diversifizierte Unternehmen, in: Volkswirtschaftliche Schriften, 1976b, Heft 252, S. 65 ff.; Montgomery, C.A.: The Measurement of Firm Diversification: Some new empirical Evidence, in: Academy of Management Journal, 25. Jg., 1982, S. 299 ff.

[32] Zu einer deutschen Anwendung vgl. z.B. Schwalbach, J.: Diversifizierung von Unternehmen und Betrieben im verarbeitenden Gewerbe, in: ZfbF, 37. Jg., 1985, S. 567 ff.

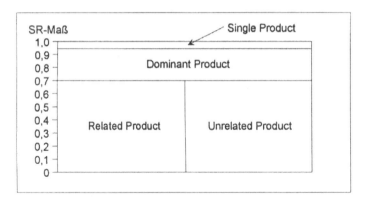

Abb. 3-6: Kategorien der diskret-kategorialen Diversifikationsmessung nach Wrigley; Quelle: Wrigley, L., 1970, S. 9 ff.

In Abbildung 3-7 ist beispielhaft der Diversifikationsgrad von verschiedenen Handelsunternehmen mit Hilfe der Segmentzählmethode, den *Gort*-Indizes D_{G1} und D_{G4} sowie dem Meßkonzept von *Wrigley* bestimmt worden. Umsatz und Beschäftigungszahlen konnten den Geschäftsberichten der analysierten Unternehmen entnommen werden. Die Zahl der 'Vertriebslinien'[33] wurde auf Basis einer Zusammenstellung der Lebensmittelzeitung bestimmt.[34] Der Verwandtschaftsgrad des Leistungsprogramms (verwandt, unverwandt) wurde subjektiv zugeordnet. Bei der Interpretation ist zu beachten, daß bei den quantitativen Indizes ein kleiner Indexwert auf einen niedrigen Diversifikationsgrad hinweist.

Bei einer Betrachtung der Meßergebnisse fällt zunächst auf, daß die *Gort*-Indizes in hohem Maße miteinander korreliert sind (90,7 % nach *Bravais-Pearson*).[35] Da das Kategorien-Schema von *Wrigley* zur Bildung des SR-Maßes die Kennziffern 'Umsatz des Kerngeschäftes' und 'Gesamtumsatz' einbezieht, sind die zugeordneten Kategorien im Prinzip mit den Ergebnissen des *Gort*-Indexes D_{G1} vergleichbar. Bei Anwendung der Segmentzählmethode ergibt sich für einige Unternehmen ein neuer Rangplatz (z.B. für MASSA). Gleichzeitig kann beobachtet werden, daß für einige Unternehmen unabhängig vom Meßansatz ähnliche Rangplätze ermittelt

---

[33] Der von der Lebensmittelzeitung verwendete Begriff 'Vertriebslinie' erfaßt auch einzelne Unterarten einer Betriebsform. So betreibt der Kaufhof Unternehmen mit der Betriebsform Fachmarkt und verfügt dabei über die Vertriebslinien Media-Markt (Elektrofachmarkt) und Vobis (Computerfachmarkt). Zur Definition der Vertriebslinie vgl. Lebensmittelzeitung (Hrsg.): Die marktbedeutenden Handelsunternehmen - Wer gehört wohin? Die Strukturen der Top 50 im deutschen LEH, Frankfurt/Main 1993, S. 10. Zur Definition von Betriebsform vgl. z.B. Woratschek, H.: Betriebsform, Markt und Strategie, Wiesbaden 1992, S. 5 ff.; Böhler, J.: Betriebsform, Wachstum und Wettbewerb, Wiesbaden 1993, S. 5 ff.; Müller-Hagedorn, L., 1993, S. 23 ff.

[34] Vgl. Lebensmittelzeitung (Hrsg.), 1993, S. 12 ff.

[35] Zum Korrelationskoeffizient nach Bravais-Pearson vgl. z.B. Bleymüller, J./Gellert, G./Gülicher, H.: Statistik für Wirtschaftswissenschaftler, 6. Aufl., München 1991, S. 145.

werden. So werden dem „Einprodukt"-Unternehmen ALDI und dem „Warenhaus-dominierten" Unternehmen HORTEN durchgehend die ersten beiden Plätze zugewiesen. Die stark diversifizierten Unternehmen DOUGLAS, ASKO und KAUFHOF erhalten dagegen ausnahmslos hintere Plätze.

Unternehmen (Basisjahr 1993)	Diversifikationsmaß			
	$D_{Seg} = n$	$D_{G1} =$ $1 - (U_H/U_{GES})$	$D_{G4} =$ $1 - (B_{HZ}/B_{GES})$	Kategorien nach Wrigley
Aldi	1	0,00*	0,00*	'Single Product'
Horten	3	0,06	0,05	'Dominant Product'
Hertie	7	0,27	0,24	'Dominant Product'
Karstadt	5	0,36	0,16	'Related Product'
Ava	8	0,43	0,53	'Related Product'
Wünsche	k.A.	0,48	0,65	'Unrelated Product'
Massa (92)	4	0,58	-	'Related Product'
Douglas	10	0,58	0,55	'Related Product'
Asko (92/93)	11	0,58	0,60	'Unrelated Product'
Baywa	k.A.	0,63	-	'Related Product'
Kaufhof	16	0,70	0,58	'Related Product'
Legende: U_H =Umsatz im Kerngeschäft U_{GES} =Gesamtumsatz B_{HZ} =Beschäftigte im Kerngeschäft		B_{GES} =Beschäftigte insgesamt n =Zahl der Vertriebslinien (ohne Dienst-* geschätzt		

Abb. 3-7: Diversifikationsgrad ausgewählter deutscher Handelsunternehmen (1993); Quelle: Geschäftsberichte, Zusammenstellung der Lebensmittelzeitung

Wie sind die vorgestellten Meßansätze zu **bewerten**?
- Bei der Anwendung der Segmentzählmethode wird deutlich, daß der Diversifikationsstatus eines Unternehmens leicht überbewertet werden kann. So erhöhen 5 relativ kleine Diversifikationsprojekte den Diversifikationsgrad von HERTIE auf 7, obwohl der Umsatzanteil der neuen Vertriebslinien vergleichsweise gering ist.
- Der Hauptnachteil der *Gort*-Indizes ist darin zu sehen, daß unterschiedliche Diversifikationsgrade außerhalb des Kerngeschäftes nicht berücksichtigt werden.
- *Wrigleys* Kategorien-Schema kann dahingehend kritisiert werden, daß die Unterscheidung zwischen verbundenem und unverbundenem Leistungsprogramm auf subjektiver Basis vorgenommen wird.[36]
- Weiterhin stellt sich bezüglich der Kategorienbildung die Frage, ob nicht handelsspezifische Besonderheiten berücksichtigt werden sollten. Da die Mehrzahl der Handelsunternehmen diversifiziert ist, wäre eine weitere Unterteilung der Fallkategorien 'verwandtes' und 'unverwandtes Leistungsprogramm' sinnvoll.[37]

---

[36] Zur generellen Kritik an diskret-kategorialen Meßkonzepten vgl. Pitts, R.A./Hopkins, H.D.: Firm Diversity: Conceptualization and Measurement, in: Academy of Management Review, 7. Jg., 1982, S. 620 ff.; Montgomery, C.A., 1982, S. 299 ff.
[37] Zur Weiterentwicklung der Klassifikation von Wrigley vgl. Rumelt, R.P., 1986, S. 4 ff.

Neben den vorgestellten Konzepten liegen in der Literatur noch zahlreiche weitere Meßansätze vor.[38] Hauptproblem dieser Ansätze ist, daß die ihnen zugrundegelegten Kennziffern in der Regel nicht öffentlich verfügbar sind. Darüber hinaus wird teilweise ein hoher Kenntnisstand über die Diversifikationspolitik des zu klassifizierenden Unternehmens vorausgesetzt. Der sich daraus ergebende subjektive Spielraum ist vielfach zu groß, um Diversifikation zuverlässig und intersubjektiv eindeutig messen zu können.[39]

3.4 Zusammenfassung

Welche Ergebnisse konnten im Rahmen der empirischen Bestandsaufnahme gewonnen werden?

1) Die branchenübergreifende Analyse der Zusammenschlußaktivitäten deutscher Unternehmen hat gezeigt, daß die Anzahl der Übernahmen im Zeitraum zwischen 1983 und 1993 deutlich angestiegen ist. Diese Entwicklung konnte in gleicher Form für den Handel beobachtet werden.

2) Handelsunternehmen schließen sich in 80 % der Fälle mit Unternehmen der eigenen Branche zusammen. Eine Analyse der Diversifikationsstrategien der Großunternehmen zeigt, daß bei der Diversifikation in außerhalb des Stammgeschäftes liegende Bereiche den Dienstleistungssektoren Touristik, Bank-/Versicherungswesen und Gastronomie eine besondere Rolle zukommt.

3) Die Analyse des Diversifikationsgrades großer Handelsunternehmen verdeutlicht, daß 1993 nicht-diversifizierte Unternehmen wie ALDI eher die Ausnahme als die Regel darstellen. Die insgesamt zu beobachtende Dynamik wirft daher die Frage auf, wie der Trend zur Diversifikation im Handel theoretisch erklärt werden kann und mit welcher Erfolgswirkung die zu beobachtenden Diversifikationsstrategien verbunden sind.

---

[38] Vgl. z.B. Jacquemin, A.P./Berry, C.H.: Entropy Measure of Diversification and Corporate Growth, in: Journal of Industrial Economics, 27. Jg., 1979, S. 359 ff.; Rumelt, R.P., 1986, S. 14 ff.; Varadarajan, P.R./Ramanujam, V.: Diversification and Performance: A Reexamination Using a New Two-Dimensional Conceptualization of Diversity in Firms, in: Academy of Management Journal, 30. Jg., 1987, S. 380 ff. Für den Handel vgl. Söhnholz, D.: Diversifikation in Finanzdienstleistungsmärkte: Marktpotentiale und Erfolgsfaktoren, Wiesbaden 1992, S. 234.

[39] Vgl. Bühner, R., 1993, S. 117.

Teil B

Zur Erklärung der Diversifikation

Der drei Kapitel umfassende Teil B dieser Arbeit setzt sich mit den theoretischen Ansätzen zur Erklärung der Diversifikation auseinander. Kapitel 4 gibt einen Überblick über verschiedene Theorien, die in Abhängigkeit von den gewählten Erklärungsvariablen in strukturelle, strategische sowie der Neuen Institutionenökonomik zuzurechnenden Ansätze eingeteilt worden sind. Kapitel 5 setzt sich mit der Erklärung von Synergieeffekten auseinander, die als das dominierende Motiv zur Erklärung von Diversifikation angesehen werden. Kapitel 6 geht auf die Transaktionskostentheorie ein und erweitert die Perspektive der häufig unter neoklassischen Annahmen geführten Synergiediskussion, indem die Existenz von transaktionsbedingten Koordinations- und Abstimmungskosten berücksichtigt wird.

4 Diversifikationstheorien im Überblick

Im folgenden wird auf verschiedene theoretische Ansätze zur Erklärung von Diversifikation eingegangen. Dabei zeigt sich, daß Diversifikation auf unterschiedlichen Ursachen bzw. Motiven beruht, die einzeln oder in verschiedenen Kombinationen maßgebend sein können. Abbildung 4-1 ordnet die im folgenden zu behandelnden Ansätze drei Kategorien zu.[1]

Kategorie	Erklärungsansatz	Merkmale
Strukturelle Faktoren	„Economic-Disturbance"-Theorie von Gort	- Einfluß von technologischen Veränderungen und Krisen
	Industrieökonomischer Ansatz	- strukturelle Marktveränderungen
	Wachstumstheorie von Penrose	- Ressourcenüberschüsse - Stellung im Lebenszyklus
Strategische Faktoren	Marktmachthypothese	- Steigerung der Marktmacht
	Portfoliotheorie	- Risikoreduktion
	Effizienztheorien	- Economies of Scale - Economies of Scope
Neue Institutionenökonomik	Prinzipal-Agenten-Theorie	- Verfolgen von Managementinteressen
	Hybris-Theorie von Roll	- Selbstüberschätzung
	Transaktionskostenansatz	- Minimierung von Koordinationskosten

▨ = in Kap. 5 und Kap. 6 dargestellte Ansätze

Abb. 4-1: Erklärungsansätze der Diversifikation

---

[1] Die zugrundegelegte Klassifikation stellt nur eine von mehreren Möglichkeiten dar. So unterteilt Bühner die Erklärungsansätze nach realen, spekulativen und managementorientierten Motiven. Jacobs/ Dobler differenzieren interne und externe Faktoren. Stein unterscheidet auf Basis der Akquisitionsrichtung horizontale, vertikale und konglomerate Erklärungsansätze. Vgl. Jacobs, S./Dobler, B.: Determinanten des Diversifikationserfolgs von Handelsunternehmen, Arbeitspapier Nr. 77 des Instituts für Marketing, Universität Mannheim, Mannheim 1989, S. 9 f.; Bühner, R., 1990c, S. 6 ff.; Stein, I.: Motive für internationale Unternehmensakquisition, Wiesbaden 1992, S. 46 ff.

Die **strukturellen** Ansätze betrachten externe, „quasi automatisch wirkende"[2] Faktoren wie Marktwachstum, Wettbewerbssituation oder technologische Umbrüche als Auslöser von Diversifikationsprozessen. Demgegenüber stehen bei **strategischen** Ansätzen unternehmensspezifische Motive wie die Erzielung von Marktmacht, die Realisierung von Synergiepotentialen oder die Reduktion von Risiko im Vordergrund. Die dritte Kategorie beinhaltet Ansätze, die der **Neuen Institutionenökonomik** zugerechnet werden können. Zum einen werden Erkärungsansätze aus dem Bereich der Prinzipal-Agenten-Theorie vorgestellt. Sie betrachten das Verfolgen von persönlichen Interessen als Auslöser von Diversifikationsprozessen. Zum anderen wird untersucht, welchen Beitrag die Transaktionskostentheorie zur ökonomischen Erklärung vertikaler und horizontaler Diversifikation leistet.

4.1 Die 'Economic Disturbance'-Theorie von Gort

Gort stellt im Rahmen seiner Theorie der wirtschaftlichen Störungen folgende Hypothese auf:

„... forces which generate discrepancies in valuation are decisive in determining variations in merger rates both among industries and over time." (Gort, M., 1969, S. 624)

Wie in Abbildung 4-2 dargestellt, impliziert die Hypothese zwei Zusammenhänge. *Gort* unterstellt, daß **Bewertungsunterschiede** ('discrepancies in valuation') zwischen den potentiellen Käufern und Verkäufern das Zustandekommen von Unternehmensübernahmen beeinflussen (A). Nach dem Erklärungsansatz werden Zusammenschlüsse entweder bei steigenden oder bei fallenden Aktienkursen durchgeführt. Möglicherweise verfügt der Käufer bei steigenden Aktienkursen über Informationen, die den Anteilseignern nicht zugänglich sind. Der Käufer ist daher bereit, die Anteile auch zu einem über dem Marktwert liegenden Preis zu übernehmen. Demgegenüber sind die Anteilseigner bei fallenden Aktienkursen eventuell im Besitz von internen Informationen, die auf eine schlechte zukünftige Wertentwicklung hindeuten, und bieten das Unternehmen zu einem scheinbar attraktiven Preis an. Unternehmensübernahmen kommen demnach zustande, wenn die Käufer dem zu übernehmenden Unternehmen einen höheren Wert beimessen als die Anteilseigner.[3]

Die zu beobachtenden Bewertungsunterschiede führt *Gort* auf **wirtschaftliche Störungen** zurück (B).[4] Diese 'economic disturbances' führen dazu, daß die in der Vergangenheit eingesetzten Preisbildungsmodelle für die Prognosen zukünftiger Entwicklungen weniger zuverlässig erscheinen.

---

[2] Ganz, M., 1991, S. 70.

[3] Vgl. Gort, M.: Diversification and Integration in American Industrie, Princeton (N.J.) 1969, S. 626.

[4] Vgl. Gort, M., 1969, S. 627.

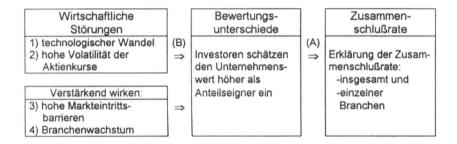

Abb. 4-2: „Economic Disturbance"-Hypothese von Gort

Die Bewertung der Unternehmen wird daher unsicherer und die Varianz alternativer individueller Erfolgseinschätzungen nimmt zu. Für grundlegende Bewertungsänderungen nennt *Gort* zwei Anlässe:[5]

1) Das unerwartete Aufkommen **neuer Technologien**: Die Einführung neuer Produkte und Dienstleistungen erschwert die Extrapolation der Nachfrage, der Kosten und der zu erzielenden Preise aus Vergangenheitsdaten.

2) Eine hohe **Volatilität der Aktienkurse**[6]: Auch rasche Änderungen der Marktpreise erhöhen die Wahrscheinlichkeit, daß die zukünftige Entwicklung des Unternehmens zumindest von einem Teil der potentiellen Käufer optimistischer als von seinen Anteilseignern eingeschätzt wird.

Der Einfluß der unerwarteten Diskontinuitäten kann durch zwei Faktoren verstärkt werden. Zum einen führen hohe **Markteintrittsbarrieren** zu steigenden Bewertungsspielräumen, da zukünftige Erträge i.d.R. erheblich über den Kosten liegen, die Gewinne jedoch i.d.R. schlechter als die Kosten prognostiziert werden können. Zum anderen kann die Akquisitionstätigkeit auch durch das **Branchenwachstum** beeinflußt werden. *Gort* argumentiert, daß in Wachstumsphasen die Akquisition die günstigere und schnellere Expansionsmethode darstellt, so daß sich mit steigender Nachfrage auf dem „Markt für Unternehmen" die Bewertungsunterschiede in einem breiteren Band bewegen.[7]

Wie ist die „Störungs"-Hypothese zu **beurteilen**? Vorteilhaft wirkt, daß sich *Gort* nicht auf die Beschreibung und Überprüfung wichtiger Variablen beschränkt, sondern auch einen umfassenden Erklärungsansatz liefert. Weiterhin finden sich bei einer explorativen Untersuchung des Zusammenhangs schwache, aber in der Richtung bestätigende Hinweise für das Vorliegen seiner These. In Abbildung 4-3 wird der Untersuchungszeitraum (1976-1989)[8] in zwei Perioden mit unterschiedlicher,

---

5 Vgl. Gort, M., 1969, S. 627 f.

6 Unter Volatilität wird die Streuung der Aktienkurse um ihren Mittelwert verstanden. Sie wird entweder durch die Standardabweichung σ oder die Varianz σ^2 gemessen. Vgl. Perridon, L./Steiner, M., 1993, S. 172.

7 Vgl. Gort, M., 1969, S. 628.

8 Wegen der auf die deutsche Einheit zurückgehenden Sonderentwicklung der Zusammenschlußaktivität wurden die Jahre 1990 bis 1993 nicht berücksichtigt.

auf Basis von Aktienindizes gemessener Volatilität unterteilt. Dabei ergibt sich, daß in der Periode von 1983 bis 1989 mit einer deutlich höheren Volatilität σ der Aktienindizes auch eine gestiegene Zusammenschlußaktivität einhergeht. Im Rahmen einer zusätzlich durchgeführten Regressionsanalyse (vgl. Abb. 4-4), die die auf Jahresbasis gemessene Volatilität σ eines handelsspezifischen Index als erklärende Variable und die Anzahl der den Handel betreffenden Zusammenschlüsse als abhängige Variable zugrundelegt, ergibt sich für den Zeitraum von 1976 bis 1989 ein insgesamt schwacher Zusammenhang ($R^2 = 33,4$ %).[9] Obwohl eine in dieser Form vereinfachte Messung zu unpräzise ist, um eine wissenschaftlich fundierte Aussage über die Störungshypothese zu treffen, deutet das Ergebnis an, daß sich für den Handel zumindest bestätigende Anhaltspunkte finden lassen.

Branche	Periode 1976-1982				Periode 1983-1989				
	Anzahl der	Aktienindex (Basis: 100)				Anzahl der	Aktienindex (Basis: 100)			
	Zusammen-schlüsse	Jan. 1976	Dez. 1982	Δ	σ	Zusammen-schlüsse	Jan. 1983	Dez. 1989	Δ	σ
Alle Wirt-schaftsbereiche	4.023	141 [a]	189 [a]	48 [a]	13 [a]	6.052	189 [a]	612 [a]	423 [a]	124 [a]
Handel	515	158 [b]	110 [b]	-48 [b]	18 [b]	727	109 [b]	346 [b]	237 [b]	69 [b]
Legende: Δ = Differenz zwischen Anfangs- und Endstand σ = Standardabweichung					a) Deutscher Aktienforschungsindex (DAFOX) b) DAFOX-Kaufhäuser; beide Indizes wurden auf Basis von monatlichen Daten berechnet					

Abb. 4-3: Entwicklung der Zusammenschlußaktivitäten (alle Wirtschaftsbereiche und Handel) und Aktienindizes in zwei Untersuchungszeiträumen; Quelle: Statistik des Bundeskartellamtes; Analyse von Aktienindizes

Gegenüber der Hypothese können verschiedene **Einwände** vorgebracht werden. So nimmt *Gort* an, daß der Marktpreis eines Unternehmens nicht dem realen Wert des Kaufobjektes entspricht und steht damit im Widerspruch zur Annahme eines informationseffizienten Kapitalmarktes.[10] Auch bleibt zu fragen, inwieweit Übernahmeaktivitäten erklärt werden können, wenn keine Diskontinuitäten vorliegen. Weiterhin ist zu fragen, ob nicht Drittvariablen die eigentlichen Einflußgrößen darstellen und ihre Wirkung nicht fälschlicherweise den Störungsvariablen zugeschrieben werden (Scheinkorrelation). Ferner wird aus Sicht der Industrieökonomik kritisiert, daß die Störungshypothese - abgesehen von den verstärkend wirkenden Variablen - als monokausaler Erklärungsansatz aufgefaßt werden kann, der wichtige Variablen nicht berücksichtigt.

---

9   Zur Regressionsanalyse vgl. Backhaus, K./Erichson, B./Plinke, W./Weiber, R.: Multivariate Analysemethoden, Eine Anwendungsorientierte Einführung, Berlin et al. 1994, S. 56 ff.

10   Zu den verschiedenen Formen eines informationseffizienten Kapitalmarktes vgl. Franke, G./Hax, H.: Finanzwirtschaft des Unternehmens und Kapitalmarkt, Berlin/Heidelberg/New York 1990, S. 316 f.; Perridon, L./Steiner, M., 1993, S. 248 sowie Kap. 7.2.1.

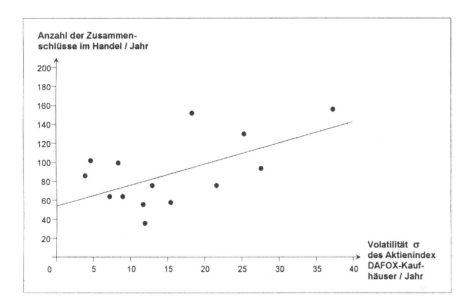

Abb. 4-4: Zusammenhang zwischen der Entwicklung der Zusammenschlußaktivitäten im Handel und der Volatilität des Branchenindex DAFOX-Kaufhäuser; Quelle: Statistik des Bundeskartellamtes; Analyse des DAFOX-Kaufhäuser (Aktienindex)

4.2 Der industrieökonomische Ansatz

Der industrieökonomische Forschungsansatz wurde in den 30er Jahren von *Mason* begründet und später von *Bain* entscheidend weiterentwickelt.[11] Die Leitidee dieses Ansatzes besteht in der Annahme eines kausalen Zusammenhanges zwischen der Marktstruktur, dem Marktverhalten und dem Marktergebnis ('structure-conduct-performance'-Paradigma).[12] In seiner richtungweisenden Arbeit bestimmt *Bain* die **Marktstruktur** mit Hilfe von vier Variablen (Anbieterkonzentration, Nachfragerkonzentration, Grad der Produktdifferenzierung, Eintrittsbedingungen) und nimmt diesbezüglich an, daß diese das Verhalten von Unternehmen innerhalb einer Branche maßgeblich beeinflussen. Unter **Marktverhalten** versteht *Bain* dabei „the pattern of behavior that enterprises follow in adapting or adjusting to the markets in

---

[11] Vgl. Mason, E.S.: Economic Concentration and the Monopoly Problem, Cambridge (Mass.) 1957, S. 55 f.; Bain, J.S.: Industrial Organisation, New York/London/Sydney 1968.

[12] Zum traditionellen Ansatz von Bain/Mason und der Weiterentwicklung durch Porter vgl. Porter, M.E.: The Contributions of Industrial Organization to Strategic Management, in: Academy of Management Review, 6. Jg., 1981, H. 4, S. 609 ff.

which they sell (or buy)."[13] Weiterhin unterstellt er, daß es aufgrund der für die Unternehmen ähnlichen Rahmenbedingungen zu gruppenspezifischen Reaktionen kommt, die wiederum in hohem Maße das Marktergebnis[14] bestimmen. *Bain* stellt daher die Hypothese auf, daß die Branchenstruktur auch als Einflußgröße des **Marktergebnisses** angesehen werden kann:

> „... the market structure of an industry determines or strongly influences the crucial aspects of its market conduct and thus indirectly determines certain strategic dimensions of its market performance." (Bain, J.S., 1968, S. 430)

Empirische Untersuchungen zur Überprüfung des Struktur-Ergebnis-Zusammenhanges ergaben zumeist einen hohen Anteil an nicht erklärter Restvarianz. *Kaufer* kommt daher zu dem Schluß, „daß Markterfolg ein sehr firmenspezifisches Phänomen ist, das sich nicht durch die Manipulation einiger marktstruktureller 'Daten' herbeizaubern läßt."[15] Der Ansatz von *Bain/Mason* wird auch von *Porter* kritisiert, der sich dabei insbesondere auf folgende drei Annahmen bezieht:

1) *Bain/Mason* betrachten die Branche[16] als homogene Einheit, obwohl die Unternehmen innerhalb einer Branche aufgrund ihrer unterschiedlichen Fähigkeiten („distinctive competences") eine Vielzahl von Strategien verfolgen.[17]

2) Verhalten und Ergebnis werden vollständig durch die exogen vorgegebene Struktur der Branche determiniert. In der Realität sind Unternehmen jedoch durch die Wahl ihrer Strategien in der Lage, die Strukturen einer Branche zu verändern (vgl. Erweiterung in Abb. 4-5).[18]

3) Die Unternehmen betätigen sich nur in einer Branche. In der Realität existieren jedoch auch diversifizierte Unternehmen, die mit unterschiedlichen Unternehmenseinheiten in verschiedenen Branchen agieren. Die Verhaltensweisen sind dabei oftmals von gesamtunternehmensbezogenen Entscheidungen geprägt.[19]

Die ursprüngliche Zielsetzung des industrieökonomischen Ansatzes bestand in der Ableitung von ordnungspolitischen Maßnahmen für die Wirtschafts- und Wettbewerbspolitik. Die Grenzen des traditionellen Ansatzes führten zu einer auf die strategische Unternehmensführung ausgerichteten Weiterentwicklung.[20]

---

[13] Bain, J.S., 1968, S. 9-10.

[14] Zur Messung des Marktergebnisses schlägt Bain verschiedene Dimensionen vor: a) technischer Fortschritt, b) Preis/Grenzkosten der Produktion, c) tatsächlicher Output/möglicher Output, d) Verkaufsförderungs-/ Produktionskosten, e) Produkteigenschaften, f) Fortschritt. Vgl. Bain, J.S., 1968, S. 11.

[15] Kaufer, E.: Industrieökonomik. Eine Einführung in die Wettbewerbstheorie, München 1980, S. 573.

[16] Die Begriffe Branche und Markt werden in der Literatur zur Industrieökonomik häufig synonym verwendet.

[17] Vgl. Porter, M.E., 1981, S. 612.

[18] Zu den möglichen Rückwirkungen vgl. auch Löbler, H., 1988, S. 38-39.

[19] Vgl. Porter, M.E., 1981, S. 612 f.

[20] Vgl. Wahle, P.: Erfolgsdeterminanten im Einzelhandel. Eine theoriegestützte, empirische Analyse strategischer Erfolgsdeterminanten - unter besonderer Berücksichtigung des Radio- und Fernsehfacheinzelhandels, Frankfurt a.M. et al. 1991, S. 33 f.

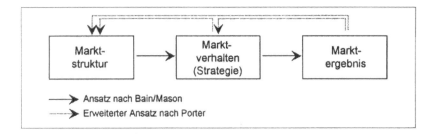

Abb. 4-5: Industrieökonomisches Grundmodell; Quelle: in Anlehnung an Porter, M.E., 1981, S. 611 u. 616.

Hier setzen auch die Arbeiten an, die das Konzept der „Industrial Organization" auf den Sachverhalt der Diversifikation übertragen.[21] Im Mittelpunkt stehen somit die Fragen nach dem Zusammenhang von:
1) branchenspezifischen Marktstrukturvariablen,
2) dem Diversifikationsverhalten und
3) dem Diversifikationserfolg.

Die in der industrieökonomischen Literatur verfolgten Forschungsansätze beinhalten eine große Anzahl an unterschiedlichen Hypothesen.[22] Untersucht werden z.B. die Auswirkungen von Konzentrationsgraden, Verbundvorteilen und Markteintrittsbarrieren auf den Wettbewerb. Ein Strukturierungsansatz, der diese „Triebkräfte" des Wettbewerbs ordnet, wird von *Porter* vorgeschlagen.[23] Mit seiner Analyse der strukturellen Merkmale einer Branche verfolgt er das Anliegen, die Wettbewerbssituation und darauf aufbauend die Rentabilität der Branche zu bestimmen. Branche wird dabei definiert als „... Gruppe von Unternehmen, die Produkte herstellen, die sich gegenseitig nahezu ersetzen können."[24] Jede Branche setzt sich dabei aus mehreren strategischen Gruppen zusammen, d.h. Unternehmen, die in bezug auf bedeutende unternehmenspolitische Variablen Ähnlichkeiten aufweisen.

Nach *Porter* läßt sich die Wettbewerbssituation einer Branche auf das Zusammenwirken von fünf Bestimmungsfaktoren zurückführen (Wettbewerbskräfte).[25]

---

[21] Vgl. hierzu z.B. Christensen, H.K./Montgomery, C.A., 1981; Rumelt, P.: Diversification Strategy and Profitability, in: Strategic Management Journal, 3. Jg., 1982, H. 4, S. 359-369; Montgomery, C.A./Singh, H.: Diversification Strategy and Systematic Risk, in: Strategic Management Journal, 5. Jg., 1984, H. 2, S. 181-191; Wernerfeld, B./Montgomery, C.: What is an Attractive Industry?, in: Management Science, 32. Jg., 1986, H. 10, S. 1223-1230; Löbler, H., 1988.

[22] Vgl. Kaufer, E., 1980, S. 9.

[23] Zum Stellenwert des Ansatzes vgl. z.B. Frese, E.: Unternehmungsführung, Landsberg am Lech 1986, S. 149 ff.

[24] Porter, M.E.: Wettbewerbsstrategie. Methoden zur Analyse von Branchen und Konkurrenten, Frankfurt a.M. 1983, S. 27.

[25] Meffert zerlegt Porters fünf Determinanten des Wettbewerbs in insgesamt sieben Dimensionen. Vgl. Meffert, H.: Strategische Unternehmensführung und Marketing - Beiträge zur

Diese beeinflussen wiederum die Diversifikationsentscheidungen der Unternehmen als eine Form des Marktverhaltens. In Abbildung 4-6 werden beispielhaft einige Zusammenhänge dargestellt, wobei die Marktstrukturvariablen an die Gegebenheiten des Handels angepaßt worden sind.[26]

Markteintrittsbarrieren können die Diversifikationsstrategien auf verschiedene Weise beeinflussen. Eine niedrige Anbieterkonzentration innerhalb einer Branche (z.B. 1970 im Parfümeriefachhandel) fördert tendenziell den Zutritt von branchenfremden Unternehmen. Bei verschiedenen staatlichen Regelungen konnte der Einfluß auf Diversifikationsentscheidungen sogar nachgewiesen werden. So erschwerte in den USA u.a. der *Cellar-Kefauver*-Act von 1950 die horizontale und vertikale Diversifikation. Als Folge konnte ein starker Anstieg der konglomeraten Diversifikation beobachtet werden.[27] In Deutschland kann wiederum angenommen werden, daß juristische Schranken (z.B. GWB, Baurecht)[28], die einer weiteren Expansion im Stammgeschäft entgegenstehen (z.B. im Lebensmittelfilialbereich), horizontale Diversifikationen in verwandte Branchen auslösen.[29]

Das **Wettbewerbsverhalten** in einer Branche gestattet Rückschlüsse auf das zu erwartende Diversifikationsverhalten. Anbieter mit einer aggressiven Preispolitik oder einer innovativen Kombination der absatzpolitischen Instrumente (z.B. Toys 'R' Us im Spielwarensegment) können eine grundlegende Neubewertung des Stammgeschäftes notwendig machen und eine defensive Diversifikation begünstigen: „Defensive diversification may be defined as diversification to avoid adverse effects on profitability from developments taking place in the firm's traditional product market areas."[30]

Eine Bedrohung des Stammgeschäftes kann auch von **Betriebsformeninnovationen** (z.B. Teleshopping) und neuen Dienstleistungen ausgehen. Darüber hinaus kann eine starke Verhandlungsposition der **Lieferanten** die Entstehung von Einkaufsgesellschaften (vertikale Diversifikation) fördern. Auch Beschaffungsmarktrisiken können durch vertikale Diversifikation reduziert werden (z.B. Lebensmittelfilialist beteiligt sich an Wurst- und Fleischwarenhersteller).[31] Ferner können Kaufverhaltensänderungen der **Nachfrager** (z.B. durch Verschiebung der Haushalts-/Altersstruktur, Wertewandel)[32] horizontale Diversifikationen begünstigen.

---

marktorientierten Unternehmensführung, Wiesbaden 1988, S. 38 f.

[26] Zur Übertragung der Branchenstrukturanalyse auf den Handel vgl. Müller-Hagedorn, L: Handelsmarketing, in: Bruhn, M. (Hrsg.): Handbuch des Marketing. Anforderungen an Marketingkonzeptionen aus Wissenschaft und Praxis, München 1990, S. 726 ff.

[27] Vgl. Ganz, M., 1991, S. 101.

[28] Vgl. hierzu Müller-Hagedorn, L., 1989, S. 729.

[29] Zur industrieökonomischen Analyse des deutschen Lebensmittelhandel vgl. Oberender, P.: Lebensmittelhandel, in: Oberender, P. (Hrsg.): Marktökonomie - Marktstruktur und Wettbewerb in ausgewählten Branchen der Bundesrepublik Deutschland, München 1989, S. 297 ff.

[30] Vgl. Weston, F.J./Mansinghka, S.K., 1971, S. 919.

[31] Vgl. Bühner, R., 1990c, S. 13 sowie Kap. 6 dieser Arbeit.

[32] Vgl. z.B. Müller-Hagedorn, L.: Zur Erklärung der Vielfalt und Dynamik der Vertriebsformen, in: ZfbF, 42. Jg., 1990, H. 6, S. 731 f.

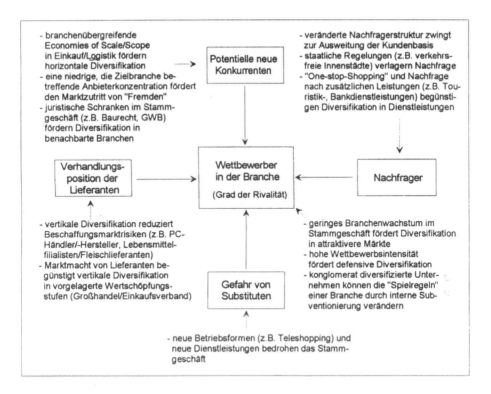

- branchenübergreifende
  Economies of Scale/Scope
  in Einkauf/Logistik fördern
  horizontale Diversifikation
- eine niedrige, die Zielbranche betreffende Anbieterkonzentration fördert
  den Marktzutritt von "Fremden"
- juristische Schranken im Stammgeschäft (z.B. Baurecht, GWB)
  fördern Diversifikation in
  benachbarte Branchen

Potentielle neue Konkurrenten

- veränderte Nachfragerstruktur zwingt
  zur Ausweitung der Kundenbasis
- staatliche Regelungen (z.B. verkehrs-
  freie Innenstädte) verlagern Nachfrage
- "One-stop-Shopping" und Nachfrage
  nach zusätzlichen Leistungen (z.B. Tou-
  ristik-, Bankdienstleistungen) begünstigen Diversifikation in Dienstleistungen

Verhandlungs-position der Lieferanten

Wettbewerber in der Branche (Grad der Rivalität)

Nachfrager

- vertikale Diversifikation reduziert
  Beschaffungsmarktrisiken (z.B. PC-
  Händler/-Hersteller, Lebensmittel-
  filialisten/Fleischlieferanten)
- Marktmacht von Lieferanten begünstigt vertikale Diversifikation
  in vorgelagerte Wertschöpfungsstufen (Großhandel/Einkaufsverband)

Gefahr von Substituten

- geringes Branchenwachstum im
  Stammgeschäft fördert Diversifikation
  in attraktivere Märkte
- hohe Wettbewerbsintensität
  fördert defensive Diversifikation
- konglomerat diversifizierte Unternehmen können die "Spielregeln"
  einer Branche durch interne Subventionierung verändern

- neue Betriebsformen (z.B. Teleshopping) und
  neue Dienstleistungen bedrohen das Stammgeschäft

Abb. 4-6: Strukturvariablen mit Einfluß auf das Diversifikationsverhalten von Handelsunternehmen; Quelle: in Anlehnung an Porter, M.E., 1983, S. 26; Müller-Hagedorn, L.,
1989, S. 728 ff.

Im Rahmen der Industrieökonomik wird Unternehmensdiversifikation demnach als
eine Strategie verstanden, mit der ein Unternehmen verschiedene Märkte mit unterschiedlichen Strukturen verbindet. Durch Abstimmung des Verhaltens auf diesen
Märkten und durch Interaktionen (z.B. interne Subventionierung, Gegenseitigkeits-
geschäfte, Verbundvorteile) entstehen Vorteile für das Gesamtergebnis des Unternehmens.[33]

Wie ist die Relevanz des industrieökonomischen Ansatzes zur Erklärung von
Diversifikation zu **beurteilen**? Das Konzept von *Bain/Mason* und die Weiterentwicklung von *Porter* haben die Theorie und Praxis der strategischen Unternehmensführung stark beeinflußt. Der aus den fünf Wettbewerbskräften entwickelte
Bezugsrahmen ermöglicht eine strukturelle Analyse der Wettbewerbssituation und
zeigt - ausgehend von den Ausprägungen der Marktstrukturvariablen - Anhaltspunkte für das Diversifikationsverhalten der zu untersuchenden Unternehmen auf.[34]

---

[33] Vgl. hierzu Porter, M.E., 1983, S. 40 f. u. 330 f.; Löbler, H., 1988, S. 41; Bühner, R., 1993,
S. 307 f.
[34] Vgl. Porter, M.E., 1983, S. 59 f.

Die **Probleme** des Ansatzes liegen in folgenden Bereichen:
- Der industrieökonomische Ansatz von *Bain/Mason* betrachtet die Marktstruktur als gegeben und bezieht die Umstände ihrer Entstehung nicht mit in die Untersuchung ein. *Porter* weist daher zurecht darauf hin, daß Marktstrukturen durch „überlegene" Unternehmensstrategien grundlegend verändert werden können.
- Das Diversifikationsverhalten und der Diversifikationserfolg werden relativ einseitig durch die jeweilige Marktstruktur erklärt. So bleiben verhaltenswissenschaftliche Motive (z.B. Selbstüberschätzung, Macht- und Prestigestreben des Managements) unbeachtet.
- Zahlreiche inhaltliche Aussagen weisen höchstens den Charakter von mehr oder minder plausiblen Hypothesen auf, die weder schlüssig aus Modellen abgeleitet noch durch empirische Untersuchungen gestützt werden.
- Bisher gibt es nur wenige Versuche, den Ansatz der Industrieökonomik auf den Handel zu übertragen. Es ist jedoch nicht unwahrscheinlich, daß im Handel Wirkungsmechanismen vorliegen, die von den Gegebenheiten anderer Branchen abweichen

Der folgende Abschnitt diskutiert die Wachstumstheorie von *Penrose*. Der Ansatz enthält sowohl endogene als auch exogene Erklärungselemente und liegt damit quasi an der Schnittstelle zwischen strategischen und strukturellen Erklärungsansätzen.

4.3 Die Wachstumstheorie von Penrose

Penrose legte mit „The Theory of the Growth of the Firm" bereits 1959 die Grundlage zu einer ressourcenorientierten Wachstumstheorie. Der Ansatz charakterisiert einzelne Unternehmen als Zusammenfassung produktiver Ressourcen ('collection of productive resources').[35] Die Ressourcen können dabei materieller oder humaner Art sein, wobei die Art und Weise ihrer Nutzung den Wert eines Unternehmens bestimmt.

Die **Wachstumsmaximierung** stellt das zentrale von der Unternehmensführung verfolgte Ziel dar. Hierzu trifft *Penrose* drei Annahmen:
1) Wachstum und Gewinn entwickeln sich kongruent. Die Existenz technologischer „diseconomies of scale" wird ausgeschlossen.[36]
2) Jedem Unternehmen steht die Diversifikationsoption offen. Um niedrige Wachstumsraten im Stammgeschäft auszugleichen, müssen vom Management neue Tätigkeitsbereiche erschlossen werden.

---

[35] Vgl. Penrose, E.T., 1959, S. 24.
[36] Vgl. Penrose, E.T., 1959, S. 95.

3) Managementkapazitäten sind begrenzt.[37] Beim Aufbau neuer Geschäftsbereiche werden diese Ressourcen stark in Anspruch genommen. Weiterhin sind der Hinzunahme externer Manager Grenzen gesetzt, da die Managementleistung häufig nur in einem eingespielten Team erbracht werden kann und zudem eine Funktion der gesammelten Erfahrung ('learning by doing') darstellt. Weitet ein Unternehmen seine Organisation zu schnell aus, sinkt die Managementeffizienz.[38]

Diversifikation kann nach *Penrose* durch unternehmensendogene und -exogene Einflußfaktoren ausgelöst werden. Der **interne Wachstumsantrieb** beruht auf den von Unternehmen nicht genutzten Ressourcenüberschüssen. Diese entstehen aus folgenden Gründen:

- Die Produktionskapazität eines Unternehmens richtet sich immer nach dem Engpaßfaktor. Da Ressourcen nur begrenzt teilbar sind, werden bei ihrer kombinierten Anwendung die Kapazitäten einzelner Ressourcen nur selten maximal ausgeschöpft.[39] Dabei gilt: „... so long as any resources are not used fully in current operations, there is an incentive for a firm to find a way of using them more fully."[40]

- Spezialisierungsvorteile erhöhen die Effizienz einzelner Ressourcen. Überschüsse entstehen insbesondere auf der Ebene der Unternehmensleitung.

- Die Verwendungsvielfalt von Ressourcen führt dazu, daß physische und humane Ressourcen zu neuen potentiellen Leistungen kombiniert werden können. Infolge eines gestiegenen Kenntnisstandes erhöhen sich die Kombinationsmöglichkeiten im Zeitverlauf.[41]

Die Annahme der konstanten Entwicklung von Wachstum und Gewinn sowie die Annahme der auf Ressourcenüberschüssen beruhenden „economies of diversification" führen zu der Schlußfolgerung, daß es keine optimale Unternehmensgröße geben kann.[42]

Als **exogene Bestimmungsgründe** der Diversifikation nennt *Penrose* z.B. die Existenz von starken Nachfrageschwankungen. Diese können durch eine Diversifikation in Geschäftsfelder mit gegenläufigen Nachfragezyklen ausgeglichen werden.[43] Weitere Ansatzpunkte stellen Änderungen des technischen Fortschritts (z.B. Innovationen), die Wettbewerbsintensität oder strategische Gesichtspunkte (z.B. Erlangen von Wettbewerbsvorteilen) dar.[44] *Penrose* stellt darüber hinaus fest, daß die genannten endogenen und exogenen Diversifikationsmotive insbesondere bei Unternehmen vorliegen, die sich am Ende eines langfristigen Entwicklungsprozesses (Reifestadium) befinden.[45]

---

[37] Vgl. Penrose, E.T., 1959, S. 43 ff.
[38] Vgl. Stein, I., 1992, S. 148.
[39] Vgl. Penrose, E.T., 1959, S. 66 f.
[40] Penrose, E.T., 1959, S. 67.
[41] Vgl. Penrose, E.T., 1959, S. 67 ff.
[42] Vgl. Penrose, E.T., 1959, S. 108.
[43] Vgl. Penrose, E.T., 1959, S. 138 ff.
[44] Vgl. Penrose, E.T., 1959, S. 65 f.
[45] Vgl. Penrose, E.T., 1959, S. 141 f. Vgl. hierzu auch Ganz, M., 1991, S. 98 f.

Wie ist die Wachstumstheorie von *Penrose* aus Sicht des Handels zu **beurteilen**? Der Erklärungsansatz verdeutlicht auf plausible Weise die Wachstums- und Diversifikationsmotive eines Unternehmens. Exogene und endogene Rahmenbedingungen, von denen ein Einfluß auf die Diversifikationsaktivitäten eines Unternehmens ausgeht, werden benannt. Weiterhin wird das Management-Know-how als entscheidende Restriktion für das Unternehmenswachstum identifiziert. Bei Zusammenschlüssen im Handel wird häufig Wert darauf gelegt, daß ein intaktes Management mit übernommen wird. Dieser Sachverhalt wirft die Frage auf, inwieweit Wachstumsgrenzen durch Akquisitionen verschoben werden können. Darüber hinaus weist der Ansatz auf die Kombinationsmöglichkeiten komplementärer Ressourcen hin. Auch im Handel kann festgestellt werden, daß mit einer „technological base", die sich aus Standorten, Warenwirtschaftssystemen, Managementfähigkeiten etc. ergibt, unterschiedliche Leistungen erbracht werden können (z.B. Versandhandel und Telefon-Banking bei QUELLE).

Demgegenüber können auch verschiedene **Einwände** vorgebracht werden:

1) *Penrose* geht von der Alleindominanz des Wachstumsziels aus.[46] In der neueren Zielforschung wird das Wachstumsziel bestenfalls als ein gleichrangiges Ziel unter mehreren aufgefaßt.[47] Wie in Abbildung 4-7 dargestellt, nimmt das Wachstumsziel bei Großunternehmen des Handels nur den siebten Platz ein.

2) Die Annahme einer linearen Beziehung zwischen Wachstum und Gewinn erscheint unrealistisch.

3) Es ist zu fragen, ob den unterstellten „economies of diversification" nicht auch negative Effekte gegenüberstehen. Die Desinvestitionsprogramme von ASKO oder SEARS könnten ein Hinweis darauf sein, daß neben den genannten positiven auch negative Auswirkungen berücksichtigt werden müssen.

4) Der Erklärungsansatz greift insoweit zu kurz, als daß andere Einflußvariablen nicht bzw. nur indirekt berücksichtigt werden. Beispielsweise könnten die Ressourcenüberschüsse in einer Welt ohne Transaktionskosten auch marktlich verwertet werden.[48]

Im folgenden wird auf die Marktmachthypothese und die Portfolio-Theorie eingegangen. Beide Erklärungsansätze betrachten unternehmensspezifische Motive als wesentliche Auslöser des Diversifikationsprozesses.

---

[46] Baumol vertritt die Auffassung, daß für das Verhalten der Großunternehmen das Streben nach höheren Umsätzen (Umsatzmaximierungshypothese) unter der Prämisse der Erzielung eines Mindestgewinnes eine stärkere Erklärungskraft habe als die Gewinnmaximierungshypothese. Vgl. Baumol, W.J.: Business Behavior, Value and Growth, New York/San Francisco/Atlanta, 1967, Kap. 6.

[47] Zur Zielforschung vgl. Fritz, W./Förster, F./Raffée, H./Silberer, G.: Unternehmensziele in Industrie und Handel, in: DBW, 45. Jg., 1985, H. 4, S. 379; Raffée H./Fritz, W.: Dimensionen und Konsistenz der Führungskonzeptionen von Industrieunternehmen - Ergebnisse einer empirischen Untersuchung, in: ZfbF, 44. Jg., 1992, H. 4, S. 311.

[48] Vgl. hierzu Teece, D.J., 1980, S. 223 ff. sowie Kap. 6.10.

Große Kaufhauskonzerne und Versand-handelsunternehmen (n = 13)			Industrieunternehmen (n = 43)		
Zielinhalte	∅	σ	Zielinhalte	∅	σ
1. Sicherung des Unter-nehmensbestandes	5,00	0,00	1. Sicherung des Unter-nehmensbestandes	4,84	0,43
2. a) Gewinn	4,92	0,28	2. Qualität des Angebotes	4,72	0,55
b) Rentabilität	4,92	0,28	3. Gewinn	4,65	0,75
4. a) Deckungsbeitrag	4,85	0,38	4. Deckungsbeitrag	4,42	1,03
b) Hohe Lagerumschlags-geschwindigkeit	4,85	0,38	5. Soziale Verantwortung	4,28	0,88
			6. Ansehen in der Öffentlichkeit	4,26	0,95
6. Qualität des Angebotes	4,77	0,44	7. Umsatz	4,19	0,91
7. Wachstum des Unternehmens	4,46	0,66	8. Wachstum des Unternehmens	3,98	0,89

Legende:
∅ = arithmetisches Mittel der Wichtigkeitseinschätzungen (Skala: 1 = sehr unwichtig; 2 = ziemlich unwichtig; 3 = weder/noch; 4 = ziemlich wichtig; 5 = sehr wichtig)
σ = Standardabweichung

Abb. 4-7: Inhalte von Unternehmenszielen in Handel und Industrie (Ausschnitt); Quelle: Fritz, W./Förster, F./Raffée, H./Silberer, G., 1985, S. 380.

4.4 Die Marktmacht-Hypothese

Die Marktmachthypothese begründet die bei horizontalen Zusammenschlüssen zu erzielenden Monopolrenditen u.a. mit Marktanteilseffekten und einer größeren Kontrolle über wichtige Parameter des Wettbewerbs.[49] Auf der Grundlage von *Stiglers* Ausführungen zur Monopol-[50] und Oligopoltheorie[51] können zwei Hypothesen zur Relevanz des Marktmachtargumentes bei horizontalen Zusammenschlüssen aufgestellt werden.

Die **Kollusionshypothese** behauptet, daß eine Erhöhung des branchenbezogenen Konzentrationsgrades Wettbewerbsabsprachen unter Oligopolisten begünstigt.

---

[49] Diversifizierte Unternehmen können ihr profitables Stammgeschäft auch nutzen, um andere Bereiche zu subventionieren. Auch besteht die Möglichkeit, daß Wettbewerber gegenseitig in ihre jeweiligen Stammgeschäfte diversifizieren und dadurch die Wettbewerbsintensität verringern. Vgl. Ganz, M., 1991, S. 85.

[50] In dem 1950 von Stigler aufgestellten Modell wird der Übergang von der Wettbewerbssituation der vollkommenen Konkurrenz zum Angebotsmonopol beschrieben. Vgl. Stigler, G.J.: Monopoly and Oligopoly by Merger, in: American Economic Review, 40. Jg., 1950, H. 5, S. 24.

[51] Vgl. Stigler, G.J., 1950, S. 44 ff.; Schumann, J.: Grundzüge der mikroökonomischen Theorie, Berlin/Heidelberg 1992, S. 355 ff.

Gemäß der Oligopoltheorie maximieren Oligopolisten ihren Gesamtgewinn, wenn sie sich entweder durch stillschweigende oder durch offene Absprachen ('collusions') wie ein Monopolist verhalten.[52] Das Ausmaß abgestimmten Verhaltens wird jedoch durch verschiedene Faktoren begrenzt. So weist *Stigler* darauf hin, daß es für den einzelnen Anbieter in einem Oligopol am profitabelsten ist, wenn er einer Absprache unter Wettbewerbern (und damit einer Mengenbegrenzung zur Erzielung der Cournot-Kombination) scheinbar zustimmt und in Wirklichkeit eine höhere Menge zu einem geringeren Preis am Markt anbietet. Weiterhin nehmen die Einigungsschwierigkeiten mit zunehmender Heterogenität der angebotenen Produkte und Zielgruppen zu.[53] Obwohl Verhaltensabstimmungen demnach mit Problemen verbunden sind, geht von ihnen ein Anreiz zur Übernahme anderer Unternehmen aus. *Eckbo* argumentiert, daß durch eine Verringerung der Anzahl der Anbieter in einer Branche[54] die Wahrscheinlichkeit erfolgreich abgestimmten Verhaltens zwischen den Wettbewerbern steigt („Merging for Oligopoly"). Darüber hinaus sinken mit der Anzahl der Anbieter die Kontrollkosten und die Gefahr, daß die Absprachen aufgedeckt werden.[55]

Demgegenüber geht die **„Dominant-Firm"-Hypothese** davon aus, daß durch horizontale Zusammenschlüsse eine Wettbewerbssituation erreicht wird, in der das entsprechende Unternehmen einen Marktanteil von 40 % oder mehr besitzt. Gleichzeitig wird angenommen, daß die Konkurrenten des betrachteten Unternehmens so klein sind („fringe rivals"), daß sie im einzelnen keinen bedeutenden Einfluß auf den Branchenpreis ausüben können. Die Konkurrenten beschränken sich auf eine mengenmäßige Anpassung bis zu dem Punkt, an dem der Preis ihren Grenzkosten entspricht. Das dominierende Unternehmen kann demnach innerhalb einer gewissen Bandbreite das Verhalten der Wettbewerber kontrollieren.[56] Mit zunehmender Höhe der Markteintrittsbarrieren (z.B. Zugang zu den Distributionsnetzen) nimmt auch der Preissetzungsspielraum zu. Im Gegensatz zum kollusiven Verhalten kommt dem „Dominant Firm"-Argument in der Realität eine vergleichsweise geringe Bedeutung zu.[57]

Die Hypothesen werfen die Frage auf, in welchem Ausmaß diversifizierende Handelsunternehmen Marktmachtpositionen anstreben und ausnutzen. Erste

---

[52] Vgl. Stein, I., 1992, S. 102.

[53] Vgl. Stigler, G.J., 1950, S. 25 f.; Stigler, G.J.: A Theory of Oligopoly, in: Journal of Political Economy, 72. Jg., 1964, H. 1, S. 45 ff.

[54] Diesbezüglich ist zu beachten, daß Handelsunternehmen mit verschiedenen Betriebsformen innerhalb einer Branche konkurrieren können. Die Ausführungen betreffen daher nicht nur den Sachverhalt der Marktdurchdringung, sondern auch den der Diversifikation. Demnach könnte mit Hilfe einer Betriebsformendiversifikation die Wahrscheinlichkeit erfolgreich abgestimmten Verhaltens innerhalb einer Branche bzw. in bestimmten Regionen erhöht werden (z.B. im Lebensmittelbereich).

[55] Vgl. Eckbo, B.E.: Horizontal Mergers, Collusion and Stockholder Wealth, in: Journal of Financial Economics, 11. Jg., 1983, S. 241 ff.

[56] Vgl. White, A.P.: The Dominant Firm, Ann Arbor 1991, S. 3.

[57] Vgl. White, A.P., 1991, S. 40 ff.

Anhaltspunkte finden sich in einer Untersuchung der Monopolkommission zum Thema „Marktstruktur und Wettbewerb". Der ursprünglich vom Bundeskartellamt gehegte Verdacht, daß der Zusammenschluß zwischen METRO und ASKO zu einer marktbeherrschenden Stellung führt, konnte nach Ansicht der Kommission zumindest für den **Lebensmittelbereich** nicht bestätigt werden. Obwohl in diesem Bereich mittlerweile ein Viereroligopol der Unternehmen METRO/ASKO, REWE, ALDI und TENGELMANN besteht, gibt es genügend Gründe, die gegen die Einhaltung einer Oligopoldisziplin sprechen.[58] Zum einen schränken Interessenkonflikte zwischen breit nach Betriebsformen und Handelsbereichen diversifizierten Unternehmen und stark einseitig auf preisorientierte Betriebsformen spezialisierten Unternehmen die Realisierung von Absprachen ein. Zum anderen sprechen die Vielfalt der Produkte, die teilweise unterschiedlichen Sortimentsbreiten und die in der Branche bestehenden Überkapazitäten gegen abgesprochene Verhaltensweisen.[59]

Aus Nachfragersicht besteht darüber hinaus die Gefahr, daß diversifizierte Handelsunternehmen durch Marktanteilsadditionen eine **regional überragende Marktstellung** einnehmen und diese zum Nachteil der Konsumenten ausnutzen. Beispielsweise untersagte 1989/90 das Bundeskartellamt den Zusammenschluß von SATURN/HANSA und KAUFHOF, da hierdurch im Einzelhandel mit Erzeugnissen der Unterhaltungselektronik auf dem Kölner Regionalmarkt eine überragende Marktstellung entstehen würde.[60]

Wie ist das Marktmachtargument zu **beurteilen**? Da die Voraussetzungen für die „Dominant Firm"-Hypothese nur selten erfüllt sind, kann vermutet werden, daß ihr insgesamt nur eine untergeordnete Bedeutung zukommt. *White* weist zudem darauf hin, daß die „Dominant Firm"-Position nur in seltenen Fällen durch externes Wachstum aufgebaut werden kann. Demgegenüber liegen die Voraussetzungen für abgestimmtes Verhalten im Handel zumindest teilweise vor (z.B. im Lebensmittelhandel). Das „Merging for Oligopoly"-Argument erscheint demnach plausibel. Weiterhin ist nicht unwahrscheinlich, daß Unternehmen mit einer Diversifikationsstrategie gleichzeitig das Ziel einer Marktmachtsteigerung verfolgen (z.B. METRO/ KAUFHOF/ASKO/MASSA). So vermutet die Monopolkommission, daß im Lebensmittelhandel „mit einer in Zukunft weiter voranschreitenden Konzentration die Anzahl der 'kritischen' regionalen Marktstellungen zunehmen" werde.[61] Bei einer Gesamtbetrachtung sind jedoch auch verschiedene Gegenkräfte zu berücksichtigen, die die Ausnutzung der entstehenden Preisspielräume begrenzen:

1) Da das Streben nach Marktmacht zu **Wettbewerbsverzerrungen** führen kann, werden die beim Bundeskartellamt angemeldeten Zusammenschlüsse regel-

58 Vgl. Monopolkommission (Hrsg.): Sondergutachten: Marktstruktur und Wettbewerb im Handel, Köln 1994, S. 154.

59 Vgl. Monopolkommission, 1994, S. 151 ff.

60 Vgl. Bundeskartellamt: Bericht des Bundeskartellamts über seine Tätigkeit in den Jahren 1989/90 sowie über die Lage und Entwicklung auf seinem Aufgabengebiet, in: Bundestagsdrucksache, 12. Wahlperiode, Nr. 847, 26.06.91, S. 11 f. Die Untersagung mußte zu einem späteren Zeitpunkt jedoch aufgehoben werden.

61 Monopolkommission, 1994, S. 150.

mäßig dahingehend überprüft, ob nach § 22 GWB eine Einzelmarktbeherrschung oder eine oligopolistische Marktbeherrschung vorliegt.[62]

2) Die Internationalisierung des Handels und neue Marktzutrittsmöglichkeiten führen dazu, daß der Wettbewerb auf den verschiedenen Märkten des Handels auch in naher Zukunft nicht nachlassen wird.

3) Im Handel wird die Ausbeutung von Marktmachtpositionen durch die Heterogenität der Sortimente und Zielgruppen beschränkt.

4) Es liegen bisher wenige Anzeichen dafür vor, daß diversifizierte Unternehmen wirklich erfolgreicher sind als nicht diversifizierte Unternehmen (z.B. ALDI).

4.5 Die Portfolio-Theorie

Die Portfoliotheorie liefert Beurteilungsmodelle, die eine finanzwirtschaftliche Bewertung von Diversifikationsstrategien nach Rendite- und Risikoaspekten ermöglichen. Wesentliche Grundlagen zur Entwicklung der „Portfolio Selection Theory" gehen auf das von *Markowitz* entwickelte Konzept einer effizienten Diversifikation von Kapitalanlagen zurück.[63] Eine effiziente Diversifikation liegt danach vor, wenn die Zusammensetzung einer Wertpapiermischung nach Rendite-Risiko-Gesichts-punkten optimal ist.

Die Portfolio-Theorie kann unter der Annahme, daß es sich bei einem diversifizierten Unternehmen um eine Sammlung von Vermögensinvestitionen handelt, auf das Problem der Unternehmensdiversifikation übertragen werden. Ein Unternehmen wird demzufolge als Portfolio von Geschäftsbereichen, Marktsegmenten, Produkten usw. verstanden, dessen Gesamtrisiko reduziert werden soll. Dabei entspricht das Unternehmensgesamtrisiko dem Portfoliorisiko.[64] Die **Vergleichbarkeit** von diversifizierten Unternehmen mit einem Wertpapierportfolio ist jedoch in bestimmten Punkten eingeschränkt.[65] Die von der Unternehmensleitung in Sachmittel und Personalressourcen investierten Mittel sind oftmals langfristig gebunden, während der Kapitalanleger seine Entscheidungen zu jeder Zeit revidieren kann. Weiterhin kann der Anleger das Ausmaß seiner Anlage variieren, während Unternehmen diese Möglichkeit nur in engen Grenzen zur Verfügung steht.

---

[62] Das Bundeskartellamt überprüft das Vorliegen der Einzelmarktbeherrschung nach folgenden Kriterien: 1) hohe absolute Marktanteile, 2) bedeutende Marktanteilsabstände zu den Wettbewerbern, 3) bestehende Marktzutrittsschranken (z.B. Vorliegen exklusiv organisierter Vertriebsnetze), 4) Ressourcenvorsprünge (z.B. überragende Finanzkraft, Know-how im kaufmännischen Bereich), 5) überlegener Zugang zu Beschaffungsmärkten und 6) dem Reifestadium des Marktes. Vgl. Bundeskartellamt, 1991, S. 23.

[63] Vgl. Markowitz, H.M., 1952, S. 77 ff.; Perridon L./Steiner M., 1993, S. 240 ff.

[64] Vgl. Stein, I., 1992, S. 125.

[65] Vgl. Bühner, R., 1993, S. 187.

Kritiker der Unternehmensdiversifikation weisen darauf hin, daß der Aktionär ein effizientes Portfolio zusammenstellen kann, in dem das unsystematische Risiko durch Diversifikation eliminiert wird. Im Vergleich zur Unternehmensdiversifikation bedeutet dies, daß ein Kapitalanleger gemäß seiner individuellen Risikopräferenz sehr viel einfacher und zu geringeren Transaktionskosten diversifizieren kann als ein Unternehmen. Demnach könnte angenommen werden, daß die mit einer Unternehmensdiversifikation verbundene Risikominderung für die Aktionäre mit keiner Wertsteigerung verbunden ist.[66]

Weiterführende Überlegungen zeigen jedoch, daß die unternehmensspezifische **Risikominderung** durch Unternehmensdiversifikation auch für Aktionäre einen Wert darstellt. So können diversifizierte Unternehmen bezüglich ihrer Produkt-Markt-Kombinationen und der damit verbundenen Rendite- und Risikoerwartungen als einzigartige Anlageobjekte aufgefaßt werden, die in dieser Form von einem Wertpapierportfolio nur begrenzt nachgebildet werden können. Beispielsweise können sich diversifizierende Unternehmen an innovativen Projekten oder Kleinunternehmen beteiligen, die nicht als selbständige Unternehmen an der Börse gehandelt werden.[67] So kommt der Multiplikationsstrategie erfolgreicher Betriebstypen-Konzepte mittelständischer Unternehmen gerade im Handel eine große Bedeutung zu (z.B. KAUFHOF mit RENO, VOBIS, MEDIA MARKT). Darüber hinaus ist zu bedenken, daß Unternehmensdiversifikation bei gleichzeitiger Senkung des Risikos auch die Realisierung von anderen wertsteigernden Effekten, wie z.B. die Realisierung von Synergiepotentialen, ermöglicht. Weiterhin kann argumentiert werden, daß die geringere Konkurswahrscheinlichkeit und eine erhöhte Schuldenaufnahmekapazität wertsteigernd wirken. Ferner trägt eine Diversifikation dann zur Risikominderung bei, wenn die Cash Flow-Ströme der einzelnen Bereiche ausgewogen sind und langfristig die Gewinnposition stabilisieren bzw. die Varianz der Unternehmensrenditen reduzieren können.[68] Beispielsweise können Cash Flow-Überschüsse im Kerngeschäft in neue wachstumsträchtige Betriebstypen investiert werden. Voraussetzung für die Risikoreduktion ist wiederum, daß die Cash Flow-Ströme der Bereiche nicht vollständig miteinander korrelieren.[69] Dieses Risikosenkungspotential wird bei konglomerater Diversifikation relativ hoch eingeschätzt. Zusammenschlüsse zwischen Handels- und Touristikunternehmen werden u.a. damit begründet, daß „im Tourismusgeschäft ... die Konjunktur anders als im Einzelhandel" verläuft.[70] Aber auch bei verwandter Diversifikation bestehen u.a. durch die Reduktion von

---

[66] Vgl. Bettis, R.A.: Modern Financial Theory, Corporate Strategy, and Public Policy: Three Conundrums, in: Academy of Management Review, 8. Jg., 1983, S. 406 f.

[67] Vgl. Spindler, H.: Risiko- und Renditeeffekte der Diversifikation in Konjunkturkrisen, in: ZfB, 58. Jg., 1988, S. 861.

[68] Vgl. Bühner, R.: Bestimmungsfaktoren und Wirkungen von Unternehmenszusammenschlüssen, in: Wirtschaftswissenschaftliches Studium, 18. Jg., 1989, S. 159.

[69] Vgl. Ganz, M., 1991, S. 87 ff.

[70] Laut Dr. Jens Odewald, Vorstandsvorsitzender, Kaufhof-Holding AG. Vgl. Glöckner, Th./Schweer, D.: Jens Odewald - Geduld haben, in: Wirtschaftswoche, Nr. 23, 4.6.1993, S. 124.

Beschaffungs- und Absatzrisiken Möglichkeiten, die Schwankungsbreite des Cash Flows zu reduzieren.[71]

4.6 Die Prinzipal-Agenten-Theorie

Diversifikationsmotive können auch mit Hilfe der Beziehung zwischen Prinzipal und Agenten erklärt werden. Der zwischen beiden Parteien bestehende Agency-Konflikt beruht auf der Trennung von Leitung und Eigentum des Unternehmens.[72] Dabei wird von der Annahme ausgegangen, daß das Management eigene Ziele verfolgt und deshalb nicht immer im Interesse der Eigentümer handelt.[73] In der Literatur finden sich diesbezüglich verschiedene Überlegungen, die z.B. an der Verfügbarkeit von freien liquiden Mitteln und dem Macht- oder Prestigestreben des Managements ansetzen.[74]

Die **Free Cash Flow-Hypothese** von *Jensen*[75] verdeutlicht den Interessenkonflikt zwischen Anteilseignern und Management. Ausgangspunkt der Argumentation ist der 'überschüssige' Cash Flow. Dieser ist als jener Anteil an den Zahlungsüberschüssen definiert, der vom Management nicht profitabel reinvestiert werden kann. Folglich ist den Eigentümerinteressen mit einer Ausschüttung der Überschüsse am besten gedient. Für das Management hingegen besteht ein Anreiz, die freien liquiden Mittel zur Vergrößerung des eigenen Einflußbereiches einzusetzen. Da Akquisitionen ein geeignetes Mittel zur Vergrößerung des Verfügungsbereiches darstellen, besteht die Gefahr, daß Akquisitionen getätigt werden, auch wenn sie den Unternehmenswert nur geringfügig erhöhen oder ihn sogar senken. *Jensen* führt dazu aus:

„Therefore, the theory implies that managers of firms with unused borrowing power and large free cash flows are more likely to undertake low-benefit or even value-destroying mergers. Diversification programs generally fit this category, and the theory predicts they will generate lower total gains." (Jensen, M.C., 1986, S. 328)

Da eine Vielzahl von Diversifikationsprojekten nicht erfolgreich ist, vermutet *Jensen*, daß sie grundsätzlich durch die Motivation der Manager zur **Verwendung**

---

71 Vgl. Bühner, R., 1983, S. 1029; Seth, A., 1990, S. 105.

72 Zur Prinzipal-Agenten-Theorie vgl. Jensen, M.C./Meckling, W.H.: Theory of the Firm: Managerial Behavior, Agency Costs and Ownership Structure, in: Journal of Financial Economics, 3. Jg., 1976, S. 305 ff.; Schumann, J., 1992, S. 451 f.

73 Vgl. Lubatkin, M.: Mergers and the Performance of the Acquiring Firm, in: Academy of Management Review, 8. Jg., 1983, S. 299.

74 Vgl. Bühner, R., 1990c, S. 19; Stein, I., 1992, S. 154 ff.

75 Vgl. Jensen, M.C.: Agency Costs of Free Cash Flow, Corporate Finance, and Takeovers, in: The American Economic Review, 76. Jg., 1986, S. 323 ff.

des 'Free Cash Flows' im eigenen Interesse zustande kommen.[76] Zu ähnlichen Ergebnissen kommen auch *Bruner*[77] sowie *Lang/Stulz/Walkling*.[78]

Der Ansatz von *Jensen* verdient Beachtung, weil er offenlegt, daß die Ressourcenallokation bei gegensätzlichen Interessen von Managern und Anteilseignern nicht immer nach dem Prinzip der Unternehmenswertsteigerung erfolgen muß. Dem Erklärungsansatz muß insbesondere im Falle eines breit gestreuten Eigentümerkreises, bei dem die Aktionäre keinen nachhaltigen Einfluß auf die Unternehmenspolitik ausüben können, eine hohe Bedeutung beigemessen werden.

Nach der „**Growth Maximization**"-Hypothese verbindet das Management mit der Diversifikation nicht das Ziel der Effektivitätssteigerung, sondern allein das Ziel der Umsatzsteigerung. *Mueller* führt dafür folgende Gründe an:

„Managerial salaries, bonuses, stock options, and promotions all tend to be more closely related to the size or changes in size of the firm than to its profits. Similarly, the prestige and power which mangers derive from their occupations are directly related to size and growth of the company and not to its profitability." (Mueller, D.C., 1969, S. 644)

Die Verfolgung des Größenziels liegt demnach im Macht- und Prestigestreben des Managements begründet, da das Unternehmenswachstum geeignet ist, den eigenen Einflußbereich zu vergrößern.[79] Der Anreiz zur Diversifikation wird zusätzlich durch umsatzabhängige Kompensationssysteme erhöht. Empirische Untersuchungen belegen, daß ein direkter Zusammenhang zwischen Unternehmenszusammenschlüssen und dem Größenstreben des Managements besteht.[80]

Die Umsatzmaximierungshypothese ist geeignet, um auf Probleme hinzuweisen. Demgegenüber muß aber **kritisiert** werden, daß der monokausale Erklärungsansatz der Erweiterung bedarf. So könnte der einseitigen Umsatzmaximierung durch eine entsprechende Ausgestaltung des Kompensationssystems, z.B. durch Koppelung an die Entwicklung des Unternehmenswertes, entgegengewirkt werden.

---

[76] Vgl. Bühner, R., 1990c, S. 20 f.

[77] Bruner erweitert die Theorie dahingehend, daß Unternehmenszusammenschlüsse auch bei ungenutzten Möglichkeiten der Fremdkapitalaufnahme zur Ausdehung des Einflußbereichs des Managements genutzt werden. Vgl. Bruner, R.F.: The Use of Excess Cash and Debt Capacity as a Motive for Merger, in: Journal of Financial and Quantitative Analysis, 23. Jg., 1988, S. 205 f.

[78] Vgl. Lang, L.H.P./Stulz, R.M./Walking, R.A.: A Test of the Free Cash Flow Hypothesis, in: Journal of Financial Economics, 29. Jg., 1991, S. 315 ff.

[79] Vgl. Bühner, R., 1990c, S. 19 f.; Ganz, M., 1991, S. 96.

[80] Vgl. Mueller, D.C.: The Effects of Conglomerate Mergers. A Survey of the Empirical Evidence, in: Journal of Banking and Finance, 1. Jg., 1977, S. 318.

4.7 Die Hybris-Hypothese von Roll

Einen verhaltenswissenschaftlichen Erklärungsansatz verfolgt *Roll* mit seiner Selbstüberschätzungs-Hypothese.[81] Sie besagt, daß das Management
- die eigenen Fähigkeiten zur erfolgreichen Führung des Akquisitionsobjektes überschätzt und deshalb
- Erfolgspotentiale, z.B. in Form von Synergien, erwartet, die dann nach der Übernahme nicht realisiert werden können.

Roll möchte mit seiner Untersuchung nachweisen, daß Übernahmegewinne i.d.R. überschätzt werden. Die Hybris-Hypothese unterstellt zunächst vollständige Markteffizienz.[82] Da der Markt für Verfügungsrechte über alle preisbeeinflussenden Informationen verfügt, kann es auch **keine Unterbewertung** geben. Potentiell erzielbare Synergieeffekte sind in der Bewertung ebenfalls berücksichtigt.[83] Vielmehr führt die mit der Diversifikation verbundene Selbstüberschätzung (Hybris) der Entscheidungsträger im Endeffekt zu einer Gewinnverlagerung vom übernehmenden Unternehmen zu den Eigentümern des übernommenen Unternehmens.[84]

Bei einer **Beurteilung** der Hypothese ist die Berücksichtigung von irrationalen Beweggründen zur Erklärung von Diversifikation hervorhebenswert. Es stellt sich jedoch die Frage, inwieweit die von *Roll* angenommene Form der strengen Informationseffizienz in der Realität wirklich vorliegt. Weiterhin unterstellt die Annahme der einheitlichen Erwartungsbildung implizit, daß jeder potentielle Käufer dieselben Wertpotentiale freisetzen kann. Diese Annahme ist problematisch, da für Unternehmen in Abhängigkeit von ihrer jeweiligen Ausgangssituation unterschiedliche Synergiepotentiale bestehen.

Die vorgestellten Ansätze zeigen, daß Diversifikation mit Hilfe einer Vielzahl von Motiven und Ursachen erklärt werden kann. Den Ansätzen wird in der Literatur jedoch eine unterschiedliche Bedeutung zugemessen. Weitgehende Übereinstimmung besteht lediglich darin, daß die Erzielung von Synergieeffekten eine der wichtigsten Diversifikationsursachen darstellt.[85] Dieser zentrale Ansatz wird daher im folgenden Kapitel ausführlich behandelt.

---

[81]	Vgl. Roll, R.: The Hubris Hypothesis of Corporate Takeovers, in: Journal of Business, 59. Jg., 1986, S. 197.
[82]	Vgl. Roll, R., 1986, S. 200.
[83]	Vgl. Ganz, M., 1991, S. 96 f.
[84]	Vgl. Roll, R., 1986, S. 202.
[85]	Vgl. Ganz, M., 1991, S. 106.

5 Synergie als Bestimmungsfaktor von Diversifikation

In der betriebswirtschaftlichen Literatur wird die Erzielung von Synergieeffekten als einer der wichtigsten und am häufigsten genannten Gründe zur Erklärung von horizontaler Diversifikation genannt.[1] Diese Feststellung regt zu einigen Fragen an:
- Was ist unter dem Begriff Synergie zu verstehen?
- Welche theoretischen Konzepte liegen den auf Synergieerzielung abstellenden Ansätzen zugrunde?
- Welche Synergiepotentiale bestehen bei horizontaler Diversifikation im Handel?
- Stellt die Berücksichtigung von Transaktionskosten eine sinnvolle Erweiterung des Synergiekonzeptes dar?

Im folgenden wird zunächst der Begriff „Synergie" näher definiert. Danach wird auf Skaleneffekte und Verbundvorteile als zentrale theoretische Ansätze zur Begründung von Synergie eingegangen. Darüber hinaus werden die bei einer Diversifikation bestehenden Synergiepotentiale am Beispiel von zwei Zusammenschlüssen veranschaulicht. Gleichzeitig wird geklärt, inwieweit das Konzept der Wertkette von *Porter* als methodischer Rahmen für die Erfassung von Synergiepotentialen geeignet ist. Abschließend wird auf die neoklassischen Annahmen und ihre Implikationen für eine Theorie der Diversifikation eingegangen. Es wird dargelegt, daß die Entstehung eines Mehrproduktunternehmens unter den strengen und realitätsfernen Annahmen der neoklassischen Theorie[2] nicht erklärt werden kann.

---

[1] Zu dieser Auffassung vgl. z.B. Ganz, M., 1991, S. 106; Schüle, F.M., 1992, S. 15; Ehrensberger, S.: Synergieorientierte Unternehmensintegration - Grundlagen und Auswirkungen, Wiesbaden 1993, S. 110.

[2] Vgl. Schumann, J., 1992, S. 433.

5.1 Der Synergiebegriff

Der Begriff „Synergie" leitet sich aus dem griechischen „Synergo" ab und bedeutet in etwa soviel wie „Miteinanderwirken" bzw. „Zusammenwirken". Vom etymologischen Standpunkt aus gesehen wird deutlich, daß der Ausdruck „Synergie" zunächst als eine werturteilsfreie Bezeichnung für den eine Ganzheit konstituierenden Prozeß des Zusammenwirkens einzelner Komponenten interpretiert werden kann.[3]

Der grundlegende Ansatz zum Konzept der Synergie wurde 1965 von *Ansoff* in seinem Buch „Corporate Strategy" vorgestellt. Im weiteren Verlauf der betriebswirtschaftlichen Diskussion wurde eine Vielzahl von Definitionen entwickelt, die häufig verschiedene Sachverhalte bezeichnen.[4] Auch finden sich einige bedeutungsähnliche Ausdrücke[5], die vergleichbare Sachverhalte bezeichnen (z.B. Verbundeffekt, Verbundvorteil, Ausstrahlungseffekt[6], Economies of Operation, Economies of Scope[7], Integrationseffekt sowie Interrelationship[8]). Eine Übersicht über ausgewählte Begriffsfassungen gibt Abbildung 5-1.

Die Definitionen verdeutlichen, daß mit Synergie überwiegend positive Wirkungen verbunden werden. Weiterhin wird erkennbar, daß Synergie auf die gemeinsame Nutzung wirtschaftlicher Potentiale durch unternehmerische Entscheidungseinheiten abstellt. Die Komponenten, die den Gegenstand des Zusammenwirkens darstellen, werden dabei unterschiedlich bezeichnet: Unternehmen (z.B. *Arbeitskreis Hax*), strategische Geschäftseinheiten (z.B. *Wells*), Produkt-Markt-Aktivitäten (z.B. *Bühner*) oder Netzwerke (z.B. *Ehrensberger*).

Im Rahmen dieser Arbeit wird die Erfolgswirkung von externer Diversifikation untersucht, so daß sich die Definition des Arbeitskreises *Hax* als geeignet erweist: Ein positiver **Synergieeffekt** liegt danach vor, wenn der Wert der zusammengeschlossenen Unternehmen größer ist als die Summe der Werte der einzelnen Unternehmen.[9]

---

[3] Vgl. Ehrensberger, S., 1993, S. 15.

[4] Vgl. Ehrensberger, S., 1993, S. 12.

[5] Vgl. Ehrensberger, S., 1993, S. 17.

[6] Vgl. Nieschlag, R./Dichtl, E./Hörschgen, H.: Marketing, Berlin 1991, S. 850 ff.

[7] Vgl. Teece, D.J.: Economies of Scope and the Scope of the Enterprise, in: Journal of Economic Behavior and Organization, 1. Jg., 1980, H. 2, S. 241; Ropella, W.: Synergie als strategisches Ziel der Unternehmung, Berlin/New York 1989, S. 122 f.; Bühner, R., 1993, S. 33 f. u. 142 ff.

[8] Vgl. Porter, M.E.: Competitive Advantage - Creating and Sustaining Superior Performance, New York 1985, S. 317-415.

[9] Vgl. Arbeitskreis Hax, 1992, S. 968. Es ist zu berücksichtigen, daß der Synergieeffekt nicht nur die absolute Erfolgshöhe, sondern auch die Variabilität oder die zyklische Natur des Erfolgs beeinflussen kann. Vgl. Haugen, R.A./Langetieg, T.C.: An Empirical Test for Synergism in Merger, in: Journal of Finance, 30. Jg., 1975, S. 1004 ff.

Autor, Jahr	Definition
Ansoff (1965, 1966)	„... the firm seeks a product-market posture with a combined performance that is greater than the sum of its parts."[10] Synergie „befaßt sich mit den wünschenswerten Beziehungen zwischen dem Unternehmen und neuen Absatzmarkt-Entscheidungen".[11]
Lubatkin (1983)	„Synergy occurs, when two operating units can be run more efficiently (i.e. with lower costs) and/or more effectively (i.e. with a more appropriate allocation of scarce resources, given environmental constraints) together than apart."[12]
Wells (1984)	„Value is created at the operating level if business units can share the costs of certain activities or the skills and experience of key personnel on an ongoing basis."[13]
Ropella (1989)	Als Synergie wird „die durch die Unternehmensleitung veranlaßte Integration von geistigen Produktionsprozessen durch die gemeinsame Nutzung wenigstens eines Produktionsfaktors bezeichnet."[14]
Arbeitskreis Hax (1992)	Synergie liegt vor, „wenn der Wert der zusammengeschlossenen Unternehmungen größer (ist) als die Summe der Werte der einzelnen Unternehmungen."[15]
Ehrensberger (1993)	„'Synergie' (beruht) auf dem ökonomischen Tatbestand der gemeinsamen Nutzung wirtschaftlicher Potentiale durch mindestens zwei Netzwerke."[16]
Bühner (1993)	„Synergien (2 + 2 = 5 - Effekt) bezeichnen Wirtschaftlichkeitsvorteile aufgrund von neu geschaffenen Handlungsspielräumen durch zusätzliche Produkt-Markt-Aktivitäten."[17]

Abb. 5-1: Definitionen des Synergiebegriffes (Auswahl)

Unter **Synergiepotential** werden im folgenden die potentiell zu realisierenden Synergieeffekte verstanden. Mit **Synergieprozeß** wird der Prozeß der gemeinsamen Nutzung wirtschaftlicher Potentiale durch mindestens zwei Unternehmen bezeichnet. Der Begriff **Synergie** wird lediglich als Oberbegriff beibehalten.[18]

---

[10] Ansoff, H.I., 1965, S. 75.

[11] Ansoff, H.I., 1966, S. 97.

[12] Lubatkin, M., 1983, S. 218.

[13] Wells, J.R.: In Search of Synergy: Strategies for Related Diversification, Dissertation, Boston 1984, S. 56.

[14] Ropella, W., 1989, S. 231. Im Original Kursivdruck.

[15] Arbeitskreis Die Unternehmung im Markt (Arbeitskreis Hax): Synergie als Bestimmungsfaktor des Tätigkeitsbereiches (Geschäftsfelder und Funktionen) von Unternehmungen, in: ZfbF, 44. Jg., 1992, H. 11, S. 968. Ein ähnlicher Abgrenzungsversuch wurde von Steiner vorgelegt. Vgl. Steiner, P.O.: Mergers, Motives, Effects, Policies, Ann Arbor 1975, S. 47 ff.

[16] Ehrensberger, S., 1993, S. 22.

[17] Bühner, R., 1993, S. 33.

[18] Vgl. hierzu auch Ehrensberger, S., 1993, S. 23.

5.2 Theoretische Grundlagen

In der wirtschaftswissenschaftlichen Literatur wird Synergie überwiegend auf zwei Ursachen zurückgeführt:
- Economies of Scale (Größenvorteile, Skalenerträge) und/oder
- Economies of Scope (Verbundvorteile).[19]

Zu den Synergien im weiteren Sinne werden teilweise auch Erfahrungskurven- und Kapazitätsauslastungseffekte gerechnet.[20] Dieser Auffassung wird hier gefolgt, da gemäß der Arbeitsdefinition alle auf den Zusammenschluß zurückzuführenden Änderungen des Unternehmenswertes als Synergie aufzufassen sind. In den folgenden zwei Abschnitten wird auf die theoretischen Grundlagen von Economies of Scale und Economies of Scope eingegangen. Die dem neoklassischen Theoriebereich zuzurechnenden Konzepte bilden die Grundlage für eine theoretische Erklärung der Existenz von Mehrproduktunternehmen.

5.2.1 Economies of Scale

Economies of Scale entstehen durch die Nutzung von effizienteren und qualifizierteren Prozessen oder Faktoren. Eine **effizientere Nutzung** bedeutet, daß mit den eingesetzten Faktoren und Prozessen im Falle eines gesteigerten Geschäftsvolumens ein höherer Wirkungsgrad erreicht werden kann.[21] Beispielsweise kann die Effizienz zweier Marktforschungsabteilungen dadurch verbessert werden, daß sich die Mitarbeiter nach einer Zusammenlegung in höherem Maße auf eine Aufgabe spezialisieren und diese somit effizienter verrichten können. Weiterhin kann die gemeinsame Nutzung eines Zentrallagers zu einer erhöhten Lieferbereitschaft, zu reduzierten Lagerbeständen und zu einer damit verbundenen geringeren Kapitalbindung führen.

Größenvorteile können auch durch die Nutzung von qualifizierteren Prozessen oder Faktoren entstehen. Eine **qualifiziertere Nutzung** impliziert, daß qualitativ und quantitativ hochwertigere Faktoren und Prozesse wirtschaftlicher eingesetzt werden können und somit die absoluten Kosten verringert werden.[22] Beispielsweise

---

[19] Einige Autoren behandeln Economies of Scale nur als Grenzfall (Grote) bzw. lehnen eine Einbeziehung ganz ab (Ehrensberger). Vgl. Grote, B.: Ausnutzung von Synergiepotentialen durch verschiedene Koordinationsformen ökonomischer Aktivitäten - Zur Eignung der Transaktionskosten als Entscheidungskriterium, Frankfurt a.M. et al. 1990, S. 83; Ehrensberger, S., 1993, S. 29.

[20] Vgl. Porter, M.E., 1985, S. 323 ff.; Bühner, R., 1993, S. 143. Nach Sandler erfüllen Kostendegressionseffekte nicht die definitorischen Voraussetzungen, um als Synergie zu gelten. Vgl. Sandler, G.G.R.: Synergie: Konzept, Messung und Realisation - Verdeutlicht am Beispiel der horizontalen Diversifikation durch Akquisition, Dissertation, St. Gallen 1991, S. 34.

[21] Vgl. Sandler, G.G.R., 1991, S. 29.

[22] Vgl. Sandler, G.G.R., 1991, S. 28 f.

erfordert der Einsatz von Scannerkassen im Handel hohe Infrastrukturinvestitionen, die möglicherweise erst nach der Zusammenlegung zweier Unternehmen gerechtfertigt erscheinen.

In diesem Zusammenhang sind auch die **Erfahrungskurveneffekte** von Bedeutung.[23] Durch die Ausweitung der Aktivitäten eines horizontal diversifizierten Unternehmens können aufgrund des erhöhten kumulierten Aktivitätsvolumens Erfahrungen schneller gesammelt werden.[24] Die kumulierte Erfahrung beeinflußt wiederum die Qualität und Effizienz von Aktivitäten und Prozessen.

Demnach beschreiben Economies of Scale allgemein diejenigen Veränderungen der Kostenfunktion, die durch die absolute Größe des Unternehmens verursacht werden. Die Wirkung besteht darin, daß eine proportional geringe Steigerung der Einsatzfaktoren zu einem überproportional höheren Anstieg der erbrachten Leistung oder deren Qualität führt.[25] Demnach liegen Economies of Scale vor, wenn der k-fache proportionale Mehreinsatz aller Einsatzfaktoren zu einer k'-fachen Steigerung des Outputs führt, wobei k' > k > 1 ist.

Die Wirkung von Skalenvorteilen kann mit Hilfe der empirisch ermittelten Werbereaktionsfunktion von *Ackhoff/Emshoff* verdeutlicht werden. Der in Abbildung 5-2 dargestellte S-förmige Verlauf zeigt, daß eine Mindestanzahl an Werbebotschaften erforderlich ist, bevor eine maßgebliche Reaktion der Kunden eintritt. Während die Anzahl der abgesetzten Einheiten pro zusätzlicher Werbebotschaft zunimmt, sinken die Durchschnittskosten bis zum Erreichen des Wendepunktes. Die Steigung der Geraden $\overline{0E_1}$ und $\overline{0E_2}$ drückt dabei die Effizienz aus. Das Unternehmen mit der höheren Absatzmenge (Y_2) ist folglich in der Lage, mit den gleichen Werbeausgaben je abgesetzter Mengeneinheit eine höhere Effizienz der Werbeausgaben zu erreichen.[26]

5.2.2 Economies of Scope

Mit Hilfe des Konzeptes der Economies of Scope entwickeln *Baumol/Panzar/Willig* im Rahmen der Theorie des „Contestable Market" ("weit offener Markt") einen Ansatz zur Erklärung der Existenz von Mehrproduktunternehmen.[27] Die Autoren gehen

---

23 Die Erfahrungskurve beschreibt die Entwicklung der Kosten in Abhängigkeit von der produzierten Menge. Dabei wird unterstellt, daß die Stückkosten im Zeitablauf nicht konstant bleiben. Die Existenz der Erfahrungskurve als empirisch feststellbare Regelmäßigkeit wird auf die Existenz von Lernkurven, Größendegressionseffekten, technischem Fortschritt und Rationalisierungseffekten zurückgeführt. Vgl. hierzu z.B. Kreikebaum, H.: Strategische Unternehmensplanung, Stuttgart et al. 1987, S. 75 ff.

24 Vgl. Sandler, G.G.R., 1991, S. 34.

25 Vgl. Baumol, W./Panzar, J.C./Willig, R.D.: Constestable Markets and the Theory of Industry Structure, San Diego et al. 1988, S. 21.

26 Ein ähnlicher Zusammenhang liegt möglicherweise vor, wenn horizontal diversifizierte Handelsunternehmen betriebsformenübergreifend mit einer Dachmarke werben (z.B. Edeka). Weitere Beispiele sind die Handels- und Dienstleistungsunternehmen Haniel und Stinnes.

27 Das Modell des „Contestable market" beruht u.a. auf folgenden Annahmen: 1. Der Markteinâ

der für die Erklärung der horizontalen Diversifikation entscheidenden Frage nach, unter welchen Bedingungen es ökonomisch gerechtfertigt ist, die Produktion verschiedenartiger Produkte[28] anstatt in zwei oder mehr getrennt operierenden Unternehmen in nur einem Mehrprodukt-Unternehmen zusammenzufassen.[29]

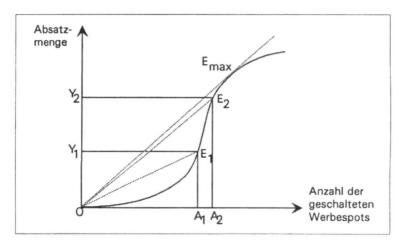

Abb. 5-2: S-förmige Werbereaktionsfunktion; Quelle: Ackhoff, R.L./Emshoff, J.R.: Advertising Research at Anheuser Busch Inc. (1963-1968), in: Sloan Management Review, 16. Jg., 1975, H. 2, S. 4.

5.2.2.1 Das Konzept der Economies of Scope

Eine wichtiger Bestandteil einer Theorie der Mehrproduktunternehmung stellt das auf *Panzar* und *Willig* zurückgehende Konzept der Economies of Scope dar.[30] Unter **Economies of Scope** verstehen *Baumol et al.* Kosteneinsparungen, die darauf zurückzuführen sind, daß die Gesamtkosten C der aufgrund einer gemeinsamen Nutzung von Produktionsfaktoren verbundenen Herstellung von zwei Produkten y_1

---

und -austritt ist kostenlos. 2. Potentielle Wettbewerber verfügen über dieselben Techniken und dasselbe Know-how. 3. Potentielle Wettbewerber nehmen an, daß im Falle ihres Markteintritts die Preise fallen werden. Vgl. Sandler, G.G.R., 1991, S. 37.

[28] Ehrensberger weist darauf hin, daß sowohl in physischer Hinsicht unterscheidbare Produkte als auch physisch gleichartige Produkte, die an unterschiedlichen Orten oder zu verschiedenen Zeiten angeboten werden, als verschiedenartig aufzufassen sind. Vgl. Ehrensberger, S., 1993, S. 30.

[29] Zum Konzept der Economies of Scope vgl. auch Arnold, V.: Die Vorteile der Verbundproduktion, in: WiSt, 14. Jg., 1985, H. 6, S. 269 ff.

[30] Vgl. Panzar, J.C./Willig, R.D.: Economies of Scale and Economies of Scope in Multioutput Production, in: Bell Laboratories Economic Discussion Paper No. 33, o.O. 1975, S. 1 ff.; Panzar, J.C./Willig, R.D.: Economies of Scope, in: The American Economic Review, 1981, H. 5, S. 268 ff.

und y_2 niedriger sind als die Summe der Kosten bei getrennter Produktion.[31] Für alle anderen Kostenarten, wie z.B. die Transaktionskosten, wird in neoklassischer Tradition die ceteris paribus-Annahme unterstellt. Economies of Scope liegen demnach vor, wenn gilt:[32]

[5-1] $C(y_1, y_2) < C(0, y_2) + C(y_1, 0)$.

Gemäß *Baumol et al.* ist unter Berücksichtigung der Restriktionen des idealtypischen Contestable Market die Existenz von Economies of Scope eine notwendige und hinreichende Bedingung für das Bestehen von Mehrprodukt-Unternehmen bzw. für das Fusionieren von spezialisierten Unternehmen.[33] Im umgekehrten Fall sprechen sie von „Diseconomies of Scope"[34], die unter Effizienzgesichtspunkten eine Zerlegung des Mehrproduktunternehmens in mehrere spezialisierte Unternehmensteile nahelegen.

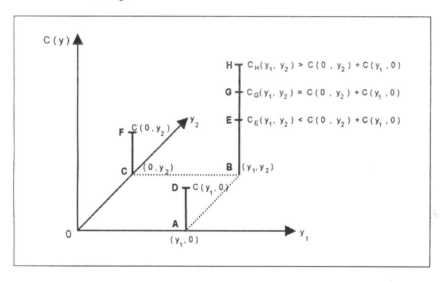

Abb. 5-3: Economies und Diseconomies of Scope; Quelle: Ehrensberger, S., 1993, S. 32.

Abbildung 5-3 veranschaulicht die Überlegungen. Die Kosten, die bei der Herstellung der Produkte y_1 und y_2 durch spezialisierte Unternehmen anfallen, werden durch die Strecken $\overline{AD}$ und $\overline{CF}$ abgebildet. Wenn die Produkte y_1 und y_2 jedoch durch ein Mehrprodukt-Unternehmen hergestellt werden, können im Hinblick auf die Herstellungskosten drei Fälle unterschieden werden:

---

[31] Vgl. Ehrensberger, S., 1993, S. 30.
[32] Vgl. Baumol, W./Panzar, J.C./Willig, R.D, 1988, S. 71.
[33] Vgl. Baumol, W./Panzar, J.C./Willig, R.D, 1988, S. 75.
[34] Vgl. Panzar, J.C./Willig, R.D., 1981, S. 270.

1) Die Kosten aus verbundener Produktion entsprechen der Addition der Kosten bei getrennter Produktion (Strecke $\overline{BG}$).

2) Es liegen Economies of Scope vor, und die Kosten der gemeinsamen Herstellung sind geringer als bei getrennter Produktion (Strecke $\overline{BE}$).

3) Eine gemeinsame Produktion verursacht Diseconomies of Scope (Strecke $\overline{BH}$).[35]

5.2.2.2 Ursachen

Baumol et al. begründen die Existenz von Economies of Scope mit den sachlichen Eigenschaften der Produktionsfaktoren. „Inputs", die nicht in einem einmaligen Verbrauchsakt vollständig verzehrt werden, können in mehreren Produktionsprozessen gemeinsam genutzt werden. Die Produktionsfaktoren können in öffentliche und quasiöffentliche unterschieden werden.

Öffentliche Produktionsfaktoren sind dadurch gekennzeichnet, daß sie, einmal für den Produktionsprozeß erworben, auch für die Herstellung eines anderen Produktes zur Verfügung stehen.[36] Die Produktionsprozesse laufen weiterhin unabhängig voneinander und, aufgrund einer fehlenden Kapazitätsgrenze der zu übertragenden Produktionsfaktoren, ohne gegenseitige Beeinträchtigung ab. Zu denken ist z.B. an bestimmte patentierte Verfahrenskenntnisse oder an Management-Knowhow, soweit dabei lediglich bestimmte Informationen transferiert werden. *Teece* versteht unter öffentlichen Produktionsfaktoren Know-how im Sinne von Informationen.[37] Er nennt insbesondere technologisches Know-how, Management-Knowhow, Organisations-Know-how und Goodwill (z.B. mit Markennamen verbundene Kundenloyalität).[38]

Sobald mit der Übertragung von Know-how auf einen weiteren Produktionsprozeß die Person eines Managers in Anspruch genommen wird, handelt es sich im Prinzip nicht mehr um die gemeinsame Nutzung eines öffentlichen Produktionsfaktors, da die Kapazitäten eines Managers zeitlichen Begrenzungen unterliegen.[39] Da mit der Übertragung von Know-how i.d.R. nicht nur der Austausch von Informationen, sondern auch der Einsatz menschlicher Arbeitsleistung erforderlich wird, ist die Bezeichnung von Know-how als öffentlicher Produktionsfaktor kritisch zu beurteilen.[40]

Quasiöffentliche Produktionsfaktoren sind nach *Baumol et al.* durch „Unteilbarkeit" gekennzeichnet.[41] Unteilbarkeit liegt dabei vor, wenn die Produktionsfaktoren physisch nicht in kleineren Einheiten zur Verfügung stehen. Nach

---

[35] Vgl. Baumol, W./Panzar, J.C./Willig, R.D, 1988, S. 72.

[36] Vgl. Baumol, W./Panzar, J.C./Willig, R.D, 1988, S. 76.

[37] Vgl. Teece, D.J., 1980, S. 226.

[38] Vgl. Teece, D.J., 1980, S. 230.

[39] Vgl. Teece, D.J., 1980, S. 232 f.

[40] Vgl. Ehrensberger, S., 1993, S. 33 f.

[41] Vgl. Baumol, W./Panzar, J.C./Willig, R.D, 1988, S. 77 ff.

Bereitstellung eines Produktionsfaktors können folglich „Überkapazitäten" ('excess capacities')[42] entstehen, die grundsätzlich auch im Rahmen von anderen Leistungserstellungsprozessen genutzt werden können.[43] *Teece* versteht unter quasiöffentlichen Produktionsfaktoren unteilbare materielle Anlagegüter.[44] Aufgrund der bestehenden Kapazitätsobergrenze besteht jedoch bei der gemeinsamen Nutzung der freien Leistungspotentiale ab einer gewissen Inanspruchnahme eine gegenseitige Beeinträchtigung.[45]

5.2.2.3 Beurteilung

Das Economies of Scope-Konzept leistet einen Beitrag zur Klärung des für die Diversifikation wichtigen Synergiephänomens. Hervorhebenswert erscheinen folgende Punkte:

(1) Der Ansatz zeigt auf, daß die gemeinsame Nutzung von Produktionsfaktoren in getrennten Herstellungsprozessen von mehreren Produkten Kosteneinsparungen verursachen kann.

(2) Es wird unter den restriktiven Bedingungen des Contestable Market theoretisch nachgewiesen, daß eine Produktion zweier Güter in einem Mehrprodukt-Unternehmen wirtschaftlicher sein kann als die separate Herstellung durch zwei spezialisierte Unternehmen.[46]

(3) Der Ansatz verdeutlicht, daß die Existenz von freien, d.h. suboptimal genutzten Leistungspotentialen (Ressourcenüberschuß) eine notwendige Grundvoraussetzung für das Zustandekommen von Economies of Scope ist. Folglich existieren Synergiepotentiale nur dort, wo ein suboptimal genutztes Leistungspotential vorliegt.

(4) Das Konzept rückt die integrierte Faktornutzung in den Mittelpunkt von strategischen Entscheidungen, indem die Unternehmensaktiva ('specialized know-how or asset base') als mögliche Quellen von Wettbewerbsvorteilen herausgestellt werden. *Teece* führt diesbezüglich aus:

„... it is important to note that diversification based on scope economies does not represent abandonment of specialization economies in favor of amorphous growth. It is simply that the firm's comparative advantage is defined not in terms of products but in terms of capabilities. The firm is seen as establishing a specialized know-how or asset base from which it extends its operations in response to competitive conditions." (Teece, D.J., 1982, S. 45 f.)

Demgegenüber sind aber verschiedene **Einwände** zu berücksichtigen:

---

[42] Vgl. Willig, R.D.: Multiproduct Technology and Market Structure, in: American Economic Review, 69. Jg., 1979, H. 2, S. 346; Teece, D.J.: Towards an Economic Theory of the Multiproduct Firm, in: Journal of Economic Behavior and Organization, 3. Jg., 1982, H. 1, S. 47 ff.

[43] Zur theoretischen Begründung von Überschüssen vgl. Kap. 4.1.

[44] Vgl. Teece, D.J., 1980, S. 226 u. 230 f.

[45] Vgl. Panzar, J.C./Willig, R.D., 1981, S. 270.

[46] Vgl. Ehrensberger, S., 1993, S. 36.

(1) Es kann zunächst kritisiert werden, daß der Ansatz in Verbindung mit konkreten praktischen Fragestellungen keine unmittelbare Unterstützung leistet. So können im Prinzip alle Effizienzsteigerungen, die durch die gemeinsame Nutzung von Produktionsfaktoren verursacht werden, den Economies of Scope zugerechnet werden.[47]

(2) Die Operationalisierbarkeit des Ansatzes wird z.B. von *Porter* kritisiert, der einwendet, daß „the sources of economies of scope have not been operationalized, nor have the conditions that nullify them."[48]

(3) Der theoretische Nachweis bleibt unbefriedigend, wenn die strengen Prämissen des Contestable Market aufgegeben werden. Unter weniger strengen Annahmen kann vom Vorliegen der Wirtschaftlichkeitsvorteile nicht auf die unter Effizienzgesichtspunkten sinnvolle Integration von vormals getrennt operierenden Unternehmungen geschlossen werden. Zur Effizienz alternativer Formen organisatorischer Umsetzung macht der Ansatz keine Aussage. Inwieweit die Economies of Scope durch transaktionsbedingte „diseconomies of agglomeration" kompensiert werden, bleibt demnach vollständig unberücksichtigt.[49]

Zusammenfassend kann festgestellt werden, daß im Mittelpunkt der Synergieproblematik die Erzielung von Größenvorteilen und die gemeinsame Nutzung des Leistungspotentials bestimmter Aktiva steht. Da *Baumol/Panzar/Willig* bei ihrer Modellbildung eine produktionstheoretisch ausgerichtete Problemsicht einnehmen, werden im folgenden Abschnitt handelsspezifische Synergiepotentiale untersucht.

5.3 Synergiepotentiale im Handel

Sowohl die betriebswirtschaftliche Forschung als auch Unternehmensberatungen haben Instrumente entwickelt, die die Identifikation von Synergiepotentialen erleichtern. Hierzu gehören das Synergiekonzept von *Ansoff*, die Wertkette von *Porter*, der Ansatz von *Ropella* und das Geschäftssystem von *McKinsey*.[50] Bei der nachfolgenden Analyse wird auf das Konzept der Wertkette von *Porter* zurückgegriffen, da der Ansatz zu den wichtigsten Primärbeiträgen der konzeptionellen Synergiediskussion gerechnet wird.[51]

---

[47] Vgl. Ehrensberger, S., 1993, S. 35.

[48] Porter, M.E., 1985, S. 328, Fn. 7.

[49] Vgl. Ehrensberger, S., 1993, S. 36.

[50] Vgl. Ansoff, H.I., 1965, S. 75 ff.; Gluck, Frederick W.: Strategic Choice and Resource Allocation, in: McKinsey Quarterly, Winter 1980, S. 22 ff.; Porter, M.E., 1985, S. 403 ff.; Ropella, W., 1989, S. 174 ff.

[51] Vgl. Ehrensberger, S., 1993, S. 7.

5.3.1 Das Konzept der Wertkette zur Identifikation von Synergiepotentialen

Mit „Competitive Strategy" legte *Porter* 1985 eine umfassende Heuristik zu einer strategischen Managementkonzeption vor, die im wesentlichen auf die Erzielung von strategischen Wettbewerbsvorteilen ausgerichtet ist. Als Diagnoseinstrument verwendet *Porter* die sogenannte Wertkette ('value chain'). Mit ihrer Hilfe wird das Unternehmen, ausgehend vom Gesamtwert (Marktpreis), als eine Kette von wert-steigernden Funktionsbereichen bzw. Aktivitäten dargestellt. Ziel dieser Strukturie-rung ist eine wettbewerbs- und kundennutzenorientierte Unternehmensanalyse, um auf diese Weise Erkenntnisse über zu erzielende Wettbewerbsvorteile abzuleiten.

Porter geht davon aus, daß im Rahmen der Strategieentwicklung diversifizierter Unternehmen der Planung und Umsetzung von Synergieprozessen eine entscheiden-de Bedeutung zukommt.[52] Bei der Entwicklung einer sogenannten „Horizontal-strategie" muß sich die Unternehmensführung bezüglich jeder Wertaktivität die Frage stellen, ob aufgrund einer Rekonfiguration im Rahmen eines Zusammen-schlusses Wettbewerbsvorteile durch verbesserte Leistungs- und Kostenpositionen zu erlangen sind. Dabei sollten zwei Voraussetzungen erfüllt sein: Erstens müssen die zusätzlichen Kosten, die durch die gemeinsame Nutzung bestimmter Aktiva entstehen, kleiner als der Wert der zu realisierenden Synergieeffekte sein. Zweitens sollten die durch die Diversifikation entstehenden Vorteile von den Wettbewerbern durch Rekonfiguration ihrer eigenen Funktionsbereiche nur schwer auszugleichen sein.[53]

Porter verwendet anstelle des Synergiebegriffes den mehrdeutigen Begriff „Verflechtungen" ('interrelationships').[54] Er unterscheidet dabei drei grundsätzliche Verflechtungstypen:

(1) materielle Verflechtungen (z.B. gemeinsame Nutzung von Ressourcen, Auf-gabenzentralisierung),

(2) immaterielle Verflechtungen (z.B. Know-how) und

(3) Konkurrenten-Verflechtungen.

Da Konkurrenten-Verflechtungen keine zusätzlichen Möglichkeiten für die In-gangsetzung von Synergieprozessen darstellen,[55] wird im weiteren von einer Be-trachtung dieser Verflechtungskategorie abgesehen.

---

[52] Vgl. Porter, M.E., 1985, S. 317 ff.

[53] Vgl. Coenenberg, A.G./Sautter, M.T.: Strategische und finanzielle Bewertung von Unterneh-mensakquisitionen, in: Die Betriebswirtschaftslehre, 48. Jg., 1988, H. 6, S. 700.

[54] Im Mittelpunkt von Porters Synergiekonzept steht der Begriff „interrelationship", der wörtlich in etwa mit „wechselseitige Beziehung" übersetzt werden kann. Der Begriff wird von Porter nicht eindeutig definiert. In der deutschen Übersetzung wird der Begriff „Verflechtung" ver-wendet.

[55] Vgl. Ehrensberger, S., 1993, S. 133.

5.3.1.1 Synergiepotentiale bei horizontaler Diversifikation

Im folgenden Abschnitt werden Verflechtungsmöglichkeiten bei horizontaler Diversifikation im Handel mit Hilfe der Wertkette veranschaulicht. Den einzelnen Verflechtungstypen werden dabei relevante theoretische Erklärungsansätze zugeordnet. Darüber hinaus wird *Porters* Vorgehensweise mit Hilfe eines Beispiels veranschaulicht. Ausgangspunkt der Analyse sind die materiellen Verflechtungsmöglichkeiten. Für Handelsunternehmen können folgende vier Typen gebildet werden:

1) Beschaffungsverflechtungen
Im Handel kommt den Beschaffungsverflechtungen traditionell eine besonders hohe Bedeutung zu.[56] Folgende Zusammenhänge können angenommen werden:
- Wenn der Anteil eines beschaffenden Unternehmens am Gesamtumsatz des Lieferanten zunimmt, dann steigt auch seine Verhandlungsmacht. Es liegt daher nahe, daß sich bei gemeinsamer Nutzung von Beschaffungsquellen günstigere Konditionen in Form von Preisnachlässen, Mengenrabatten, Zusatzleistungen und/oder niedrigeren Frachtraten erzielen lassen.[57] Beispielsweise führte der Zusammenschluß zwischen METRO und ASKO zu einer Ersparnis von 0,5-1,0 % der Einkaufssumme (ca. 300 Mio. DM/Jahr).[58]
- Je größer die Gemeinsamkeiten der zu beschaffenden Waren sind, desto eher stellen sich Größenvorteile ein.[59]
- Denkbar ist ferner, daß Beschaffungsorgane zusammengelegt werden können (z.B. gemeinsamer internationaler Einkauf), so daß infolge einer besseren Auslastung (Lagerung, Transport, Beschaffungsverwaltung) Fixkostendegressionen erreicht werden.[60]

Abbildung 5-4 stellt schematisch die Synergiepotentiale zwischen einem Warenhaus- und einem Versandhandelsunternehmen dar. Obwohl der Überdeckungsgrad der Artikel aufgrund der Andersartigkeit der Kundenbeziehung als gering angenommen werden kann (z.B. bei KARSTADT/NECKERMANN ca. 10-15 %),[61] finden sich in der Praxis Hinweise auf das Vorliegen von Beschaffungssynergien.[62]

---

[56] Vgl. hierzu z.B. Müller-Hagedorn, L., 1993, S. 27.

[57] Vgl. Sautter, M.T.: Strategische Analyse von Unternehmensakquisitionen, Dissertation, Frankfurt a.M. et al. 1988, S. 250 f.; Kirchner, M.: Strategisches Akquisitionsmanagement im Konzern, Dissertation, Wiesbaden 1991, S. 169 f.; Kogeler, R.: Synergiemanagement im Akquisitions- und Integrationsprozess von Unternehmungen, Dissertation, München 1992, S. 202 ff.

[58] Vgl. Glöckner, Th.: Einzelhandel - Spezielle Bräuche, in: Wirtschaftswoche, Nr. 31, 30.7.1993, S. 85. Vgl. hierzu auch Monopolkommission, 1994, S. 87.

[59] Vgl. Porter, M.E., 1985, S. 342.

[60] Vgl. Sautter, M.T., 1988, S. 215.

[61] Laut Vortrag von Dr. Klaus Eierhoff, Vorstandsmitglied der Karstadt AG, Essen, Bereich Logistik, an der Universität zu Köln am 6.7.1994.

[62] Zu den Beschaffungssynergien zwischen Karstadt/Neckermann vgl. Cornelßen, I., 1987, S. 104.

2) Logistik-/Technologieverflechtungen

Ansatzpunkte für technologische Verflechtungen bestehen grundsätzlich im Bereich aller Wertaktivitäten.

- Neben dem Planungs- und Berichtswesen kommt den Warenwirtschaftssystemen im Handel sind bedeutende Teile des Kapitals in Warenvorräten gebunden - eine besondere Bedeutung zu. Beispielsweise konnte HERTIE das Warenwirtschaftssystem des Bekleidungsfilialisten WEHMEYER für seinen Textilbereich im Warenhaus nutzen.[63]
- Für den Logistikbereich kann weiterhin angenommen werden, daß mit steigender Liefermenge die Logistikkosten unterproportional zunehmen. Dieser Kostensenkungseffekt kann mit sinkenden Frachttarifen, geringeren Handlingkosten, einer besseren Auslastung der Lagerhaltungssysteme und einer Reduktion von Unsicherheit bei Lieferterminen begründet werden.[64]

Auch im Waren-/Versandhaus-Beispiel ergeben sich verschiedene Ansatzpunkte für Verflechtungspotentiale. So konnte NECKERMANN seine Belieferungsrhythmen verkürzen und die Kapitalbindung in Vorräten reduzieren.[65] Weiterhin wurden durch Aufgabenzentralisierung erhebliche Einsparungen im Bereich EDV-Systeme/ Rechenzentren erzielt.

3) Marktverflechtungen

Jacobs/Dobler stellen im Rahmen einer Befragung zur Diversifikation fest, daß das Management von Handelsunternehmen eine Aufgabenzentralisierung im Absatzbereich weitgehend ablehnt.[66] Obwohl Marktverflechtungen eine vergleichsweise geringe Bedeutung zukommt, finden sich dennoch Hinweise auf das Vorliegen von Skalenvorteilen im Absatzbereich:

- Im Bereich der Werbung sind Effizienzsteigerungen denkbar, wenn die betreffenden Medien Mengenrabatte einräumen.[67]
- Durch eine betriebsformenübergreifende Aufgabenzentralisierung der Marktforschung kann es zu einer besseren Verteilung der Fixkosten kommen (z.B. REWE).
- Wird betriebsformenübergreifend mit einer Dachmarke geworben, ergeben sich unter gewissen Annahmen sinkende Durchschnittskosten für die Werbung.[68]

---

[63] Laut Interview mit Friedrich W. Köhler, Vorstandsreferent, Hertie Waren- und Kaufhaus GmbH, am 22.7.1994.

[64] Zur Festlegung der Lagerstruktur und Lagerhaltung im Handel sowie zu den unterschiedlichen Konsequenzen für die Logistikkosten und -leistungen vgl. Müller-Hagedorn, L./Toporowski, W: Wirtschaftsstufenübergreifende Optimierung der Logistik - ein Ansatz zur theoretischen Strukturierung, in: Trommsdorff, V. (Hrsg.): Handelsforschung 1993/94: Systeme im Handel, Wiesbaden 1994, S. 123 ff.

[65] Vgl. Cornelßen, I., 1987, S. 104 f.

[66] Vgl. Jacobs, S./Dobler, B., 1989, S. 28.

[67] Vgl. Scherer, F.M.: Industrial Market Structure and Economic Performance, Boston 1980, S. 111 f.

[68] Vgl. Ackhoff, R.L./Emshoff, J.R.: Advertising Research at Anheuser Bush Inc. (1963-1968), in: Sloan Management Review, 16. Jg., 1975, H. 2, S. 1 ff.; Koutsoyiannis, A.: Modern Microeconomics, London et al. 1980, S. 132 f. Zur Annahme einer S-förmigen Werbe-

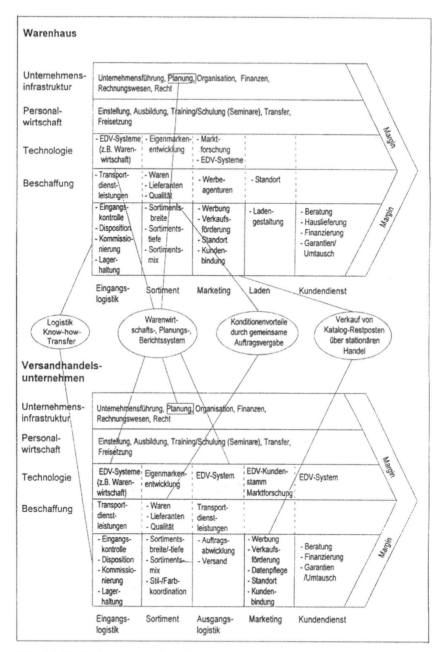

Abb. 5-4: Verflechtungen zwischen der Wertkette eines Warenhauses und der Wertkette eines Versandhandelsunternehmens

reaktionsfunktion vgl. Kap. 5.2.1.

- Weitere Verflechtungspotentiale können sich bei der Entwicklung von Handels-
  marken, der Errichtung von Service-Netzwerken oder der gemeinsamen Nutzung
  des Standortnetzes ergeben. Warenhäuser können z.B. Flächenkonzessionen an
  eigene Fachmarktketten vergeben.[69]

Zwischen Versandhandels- und Warenhausgeschäft finden sich insgesamt nur
wenige Anhaltspunkte für Verflechtungspotentiale. Unter der gleichen Dachmarke
firmierende Warenhäuser könnten Bestellungen annehmen (z.B. vormals bei
QUELLE). Weiterhin könnten in den Warenhäusern die im Versandgeschäft nur
schwer verkäuflichen Restposten angeboten werden.

4) „Infrastrukturverflechtungen"[70]
Diversifizierende Unternehmen sehen in der besseren **Führung** des übernommenen
Unternehmens ein wichtiges Wertsteigerungspotential. Zusammenschlüsse werden
somit als Möglichkeit gesehen, ein ineffizientes durch ein effizientes Management[71]
zu ersetzen.[72] Bei den organisatorischen Anpassungen kommt der aufbau- und
ablauforganisatorischen Umstrukturierung besondere Bedeutung zu, da hier eine
enge Verbindung zu anderen Synergiepotentialen gesehen wird.[73] In der Literatur
finden sich folgende Interdependenzen:
- Durch eine Aufteilung von Managementaufgaben (Recht, Finanzierung, etc.) zwischen übernehmenden und übernommenen Unternehmen lassen sich Spezialisie-
  rungseffekte erzielen.[74]
- Bei Vorliegen einer gewissen Gleichartigkeit der Koordinationsaufgaben können
  die Fixkosten durch eine höhere Auslastung der Verwaltungsorgane und des
  Managements besser verteilt werden.[75]
- Mit einer zunehmenden Betriebsgröße gehen auch qualitative Veränderungen im
  Organisationsbereich einher. So kann der Übergang von einer zentralisierten,
  funktional gegliederten Einheitsform ('unitary form' bzw. U-Form) zu einer
  dezentralisierten bzw. multidivisionalisierten Organisationsform (M-Form) die
  Managementeffizienz steigern.[76]

Demgegenüber gilt zu bedenken, daß potentielle Synergien häufig durch einen Anstieg an Komplexitätskosten erkauft werden müssen. In Abhängigkeit von der je-

---

[69] Vgl. Jacobs, S./Dobler, B., 1989, S. 28.
[70] Diese Verflechtungskategorie betrifft die Unternehmensinfrastruktur sowie Aktivitäten wie
   Finanzierung, Rechnungswesen, Recht und Personalwirtschaft. Vgl. Porter, M.E.: Wettbewerbsvorteile (Competitive Advantage) - Spitzenleistungen erreichen und behaupten, Frankfurt a.M. 1989, S. 442.
[71] Der Begriff Management bezieht sich auf die Koordination von Aufgaben innerhalb der Organisationsstruktur.
[72] Vgl. Bühner, R., 1990c, S. 15.
[73] Vgl. Ganz, M., 1991, S. 81.
[74] Vgl. Koutsoyiannis, A., 1980, S. 134; Kogeler, R., 1992, S. 204.
[75] Vgl. Sautter, M.T, 1988, S. 251 ff.
[76] Vgl. Koutsoyiannis, A., 1980, S. 134; Williamson, O.E.: Die ökonomischen Institutionen des
   Kapitalismus - Unternehmen, Märkte, Kooperationen, Tübingen 1990, S. 237 ff.

weiligen Organisationsform, z.B. bei der Funktionalorganisation, können Infrastrukturverflechtungen auch zu erheblichen größenbedingten Effizienzeinbußen führen.[77]

Im **finanziellen Bereich** ergeben sich Synergiepotentiale unter der Annahme, daß
der interne Kapitalmarkt im Vergleich zum externen Kapitalmarkt eine kosten-
günstigere Allokation des Kapitals ermöglicht:[78]

- Die niedrigeren Kosten werden mit dem Marktversagen externer Kapitalmärkte,
  geringeren Kontrollkosten und einem niedrigeren Konkursrisiko ('Co-Insurance-
  Hypothese') begründet. Diese Effekte vergrößern die Verschuldungskapazität des
  Unternehmens und erhöhen unter bestimmten Bedingungen den Unternehmens-
  wert von diversifizierten Unternehmen.[79]
- Finanzwirtschaftliche Synergien können aber auch in der Realisierung von
  Steuervorteilen, z.B. in Form von bestehenden Verlustvorträgen, bestehen.[80] So
  dürfte KARSTADT durch die NECKERMANN-Übernahme einen mehrstelligen
  Millionenbetrag an Steuern eingespart haben.

Während materielle Verflechtungen auf einer gemeinsamen Durchführung von
Wertaktivitäten beruhen, basieren **immaterielle Verflechtungen** auf der Übertragung von Know-how (Economies of Scope) zwischen den verschiedenen Wertketten eines diversifizierten Unternehmens.[81] Der Transfer und die gemeinsame
Nutzung von Wissen und Fähigkeiten gilt bei der horizontalen Diversifikation als
bedeutender Wertsteigerungsfaktor.[82] Die Synergiepotentiale können dabei vielfältiger Art sein:

- Immaterielle Infrastrukturverflechtungen ergeben sich in den Bereichen Unternehmensführung, Organisation und Controlling. Bei diversifizierenden Handelsunternehmen kommt dem Filialisierungs- bzw. Multiplikations-Know-how eine
  besondere Bedeutung zu.[83]
- Im Bereich der Planung können Verbundvorteile durch Übertragung von
  branchenunabhängigen Fähigkeiten erzielt werden (z.B. Controlling von Tochtergesellschaften im Ausland).[84]
- Im Bereich der Beschaffung entstehen Verbundvorteile durch einen unter-
  nehmensübergreifenden Informations- und Erfahrungsaustausch über die jeweils
  günstigste Bezugsquelle (z.B. internes Benchmarking), Warenkenntnisse, Trend-
  entwicklungen, usw.[85] Dabei kann angenommen werden, daß die Economies of
  Scope mit steigender Verwandtschaft der Sortimentsteile zunehmen.

In bezug auf das Warenhaus-/Versandhaus-Beispiel kann davon ausgegangen werden, daß das Logistik-Know-how (Warenwirtschaftssysteme) innerhalb des diversi-

---

[77] Vgl. Ehrensberger, S., 1993, S. 128.
[78] Vgl. Ganz, M., 1991, S. 78.
[79] Vgl. Ganz, M., 1991, S. 78 f.; Bühner, R., 1993, S. 143 ff.
[80] Vgl. Bühner, R., 1990e, S. 15 f.
[81] Vgl. Porter, M.E., 1985, S. 274.
[82] Vgl. Sandler, G.G.R., 1991, S. 86.
[83] Vgl. Jacobs, S./Dobler, B., 1989, S. 28.
[84] Vgl. Stein, I., 1992, S. 129.
[85] Vgl. Jacobs, S./Dobler, B., 1989, S. 28; Kogeler, R., 1992, S. 202 f.; Stein, I., 1992, S. 67.

fizierten Unternehmens mehrfach genutzt werden kann.[86] Beispielsweise konnte NECKERMANN seine Logistikprozesse durch den Einsatz von wirkungsvolleren Prognose- und Planungssystematiken besser abstimmen.[87]

5.3.1.2 Exkurs: Synergiepotentiale bei konglomerater Diversifikation

Dem Synergieansatz kommt in bezug auf konglomerate Diversifikationen nur eine geringe Erklärungskraft zu. Einige im Rahmen der horizontalen Diversifikation vorgebrachten Argumente liegen jedoch - wenngleich in abgeschwächter Form - auch bei konglomeraten Diversifikationsprojekten vor. Hinweise auf **materielle Verflechtungspotentiale** finden sich in folgenden Bereichen:
- Technologieverflechtungen liegen z.B. im Bereich des Datenbank-Marketing vor, wo selbstentwickelte Software zur selektiven Ansprache von Zielgruppen auf handelsfremde Bereiche übertragen werden kann (z.B. Finanzdienstleistungen).
- Eine größere Bedeutung kommt den Marktverflechtungen zu. Warenhäuser befinden sich i.d.R. an zentralen Standorten mit hoher Kundenfrequenz. Durch das Angebot von zusätzlichen Dienstleistungen (z.B. Gastronomie, Touristik) erhält der Kunde die Möglichkeit zum „one-stop-shopping". Auch erfordert die Umwidmung von Verkaufsflächen häufig nur geringe Erweiterungsinvestitionen.[88]
- Weiterhin kann das Image eines Handelsunternehmens zumindest teilweise auf seine Dienstleistungstöchter übertragen werden.[89]
- Anhaltspunkte für Infrastrukturverflechtungen finden sich insbesondere im Finanzierungsbereich (bessere Allokation finanzieller Ressourcen).[90]

Teece begründet konglomerate Diversifikation mit der gemeinsamen Nutzung von Humanressourcen, explizit im Transfer von Managementfähigkeiten über verschiedene Produktbereiche hinweg (z.B. Transfer von Direkt-Marketing-Know-how).[91] Wegen der grundsätzlichen Andersartigkeit der Wertketten lassen sich bei konglomerater Diversifikation jedoch insgesamt nur wenige immaterielle Verflechtungsmöglichkeiten erkennen.

Porter vermutet, daß in der Praxis häufig unbedeutende immaterielle Verflechtungen ermittelt und zur Begründung von konglomeraten Zusammenschlüssen herangezogen werden.[92] Er geht in seiner Argumentation sogar so weit, daß er der konglomeraten Diversifikation die ökonomische Existenzberechtigung weitgehend abspricht:

„Without a horizontal strategy there is no convincing rationale for the existence of a diversified firm because it is little more than a mutual fund. Horizontal strategy - not

---

[86] Vgl. Jacobs, S./Dobler, B., 1989, S. 28.
[87] Vgl. Cornelßen, I., 1987, S. 104 ff.
[88] Vgl. Schneider, G.: Finanzdienstleistungen als Service?, in: Bank und Markt, 18. Jg., 1989, H. 9, S. 11.
[89] Vgl. Katz, D.R.: The Big Store, Scranton (Pennsylvania) 1987, S. 274 f.
[90] Vgl. Bühner, R., 1993, S. 143.
[91] Vgl. Teece, D.J., 1982, S. 39 ff. Vgl. hierzu auch Kap. 6.10.
[92] Vgl. Porter, M.E., 1989, S. 447 f.

portfolio management - is thus the essence of corporate strategy." (Porter, M.E., 1985, S. 319)

Zu bedenken ist jedoch, daß *Porter* in seiner Argumentation andere ökonomische Aspekte der Diversifikation vernachlässigt. So kann konglomerate Diversifikation z.B. auch mit bestehenden Ressourcenüberschüssen[93] oder mit einer höheren Rentabilität der Zielbranche begründet werden.[94]

Wie in Kapitel 3.2 gezeigt wurde, konnten von 151 untersuchten Projekten etwa 25 % als konglomerate Diversifikation eingestuft werden. Von diesen Projekten entfiel ein bedeutender Teil auf die Finanzdienstleistungs- und Touristikbranche. Im folgenden wurden daher ein Finanzdienstleistungs- und ein Versandhandelsunternehmen als Beispiel ausgewählt, um Verflechtungspotentiale aufzuzeigen. Der Vergleich der Wertketten in Abbildung 5-5 zeigt, in welchen Bereichen Synergiepotentiale auftreten können. Dabei wird deutlich, daß überwiegend Marktverflechtungen vorliegen. Zum einen steht ein entwickelter Kundenstamm als Akquisitionspotential zur Verfügung ('Cross Selling').[95] Zum anderen verfügen Versandhandelsunternehmen bereits über eine entwickelte EDV-Infrastruktur sowie über das zum Aufbau eines Direktvertriebes notwendige Know-how. Weiterhin ist zu bedenken, daß bestehende Kunden bereits an das Abwickeln ihrer Aufträge per Telefon gewöhnt sind. Synergiepotentiale sind darüber hinaus zu erwarten, wenn sowohl das Versandhandels- als auch das Finanzdienstleistungsunternehmen mit einer gemeinsamen Dachmarke beworben werden.[96]

5.3.1.3 Beurteilung

Die Analyse der Synergiepotentiale mit Hilfe der Wertkette hat gezeigt, daß bei einer Diversifikation verschiedene Verflechtungsmöglichkeiten bestehen. Weiterhin wurde deutlich, daß sich bei horizontalen Zusammenschlüssen im Handel zahlreiche Anhaltspunkte für das Vorliegen von Größen- und Verbundvorteilen finden lassen. Eine Beurteilung der Diskussion wirft folgende Fragen auf:

(1) Welche Bedeutung kommt dem Instrument der Wertkette zu? Wie ist das konzeptionelle Vorgehen von *Porter* zu bewerten?

(2) Welchen Beitrag leistet das Synergiephänomen zur ökonomischen Erklärung von Diversifikation?

ad 1) Bei einer Auseinandersetzung mit *Porters* Beitrag fällt zunächst auf, daß mit dem Instrument der Wertkette einzelne Synergiepotentiale in einfacher und übersichtlicher Weise veranschaulicht werden können. Um den synergetischen Gesamt-

---

[93] Zur Theorie der Ressourcenüberschüsse vgl. Kap. 4.1.

[94] Vgl. Stein, I., 1992, S. 132.

[95] Vgl. Söhnholz, D., 1992, S. 325.

[96] Vgl. Schuchardt, R./Köhler, L.: Synergiepotential einer Dachmarke, in: Marktforschung und Management, 38. Jg., 1994, H. 2, S. 59. Die Autoren vermuten, daß der Erfolg der Quelle-Finanzdienstleistungsgruppe u.a. auf die erfolgreiche Nutzung des Bekanntheitsgrades der Dachmarke Quelle zurückzuführen ist.

effekt zu beurteilen, unterzieht *Porter* die ermittelten Verflechtungspotentiale einer sogenannten Netto-Wettbewerbsvorteils-Analyse.[97] Diese besteht darin, daß die durch eine (materielle) Verflechtung verursachten Wettbewerbsvorteile und die damit einhergehenden synergieprozeßbedingten Kosten (Koordinations-, Kompromiß- und Inflexibilitätskosten)[98] für jede einzelne, von einer Verflechtung betroffene Wertaktivität isoliert ermittelt und saldiert werden.[99]

Porter verdeutlicht mit seinem Konzept, daß Synergie keine Globalgröße darstellt, sondern als Saldo einer Vielzahl von einzelnen positiven und negativen Synergieeffekten begriffen werden muß. Hervorhebenswert ist diesbezüglich, daß *Porter* als erster Autor auch um die konzeptionelle Erfassung der negativen Synergiewirkungen bemüht ist.[100] Demgegenüber ist jedoch zu kritisieren, daß
- die Begriffe „materielle" und „immaterielle Verflechtungen" nicht klar abgegrenzt werden,
- auf die theoretische Begründung der zu bildenden Zusammenhänge in *Porters* praktischer Heuristik nicht eingegangen wird und
- die von *Porter* eingeführten Kostenarten unpräzise bleiben („Kosten in Form von Zeit, Personal und vielleicht Geld").[101]

ad 2) Unter den verschiedenen Hypothesen zur Erklärung von Diversifikation kommt dem Synergieansatz eine große Bedeutung zu.[102] Die quantitative Erfassung von Synergiepotentialen ist jedoch mit erheblichen Zurechnungsproblemen verbunden. Auch die Umsetzung von Synergiepotentialen ist meist mit erheblichen zeitlichen, organisatorischen und monetären Anstrengungen verbunden. Die Erfolgswahrscheinlichkeit wird dabei von der Art der zu realisierenden Synergiepotentiale beeinflußt. Finanzielle Synergien sind nach Einschätzung von *Kitching*, *Salter/Weinhold* und *Porter* am leichtesten zu realisieren, bieten aber das geringste Synergiepotential und sind zudem häufig temporärer Natur.[103] Demgegenüber besteht weitgehende Einigkeit darüber, daß Synergiepotentiale in den funktionalen Bereichen am höchsten eingeschätzt werden, aber auch am schwierigsten zu realisieren sind. Im Handel finden sich Anhaltspunkte dafür, daß bei horizontaler Diversifikation überwiegend Synergieeffekte in der Beschaffung (Größenvorteile) und in der Logistik (Know-how-Transfer) angestrebt werden.[104] Weiterhin finden

---

[97] Vgl. Porter, M.E., 1985, S. 328 ff.

[98] Der Begriff „Kosten der Koordination" wird von Porter nur in sehr vager Form definiert. Nach Ehrensberger kann der Begriff zumindest im Prinzip auf die Transaktionskostenproblematik bezogen werden. Vgl. Ehrensberger, S., 1993, S. 140.

[99] Vgl. Porter, M.E., 1985, S. 335. Porter bezieht sich bei seiner Netto-Wettbewerbsvorteils-Analyse überwiegend auf die materiellen Verflechtungen.

[100] Vgl. Ehrensberger, S., 1993, S. 147.

[101] Vgl. Porter, M.E., 1985, S. 331.

[102] Vgl. Ganz, M., 1991, S. 84; Schüle, F.M., 1992, S. 15.

[103] Vgl. Kitching, J.: Why do Mergers Miscarry?, in: Harvard Business Review, 45. Jg., 1967, H. 6, S. 84; Salter, M.S./Weinhold, W.A.: Diversification through Acquisition: Strategies for Creating Economic Value, New York 1979, S. 146; Porter, M.E., 1985, S. 319.

[104] Vgl. Dobler, B./Jacobs, S., 1989, S. 16; Kogler, R., 1992, S. 202 f.

sich Hinweise darauf, daß die anvisierten Effekte auch im Handel nicht immer erreicht werden.[105] Wissenschaftlich fundierte Arbeiten, die sich mit der Erfassung von Synergieeffekten im Handel beschäftigen, liegen nach Kenntnis des Verfassers jedoch nicht vor.

5.3.2 Die Erklärung von Diversifikation unter neoklassischen Annahmen

Die in der Fachliteratur geführte Synergiediskussion ist durch zwei Tendenzen gekennzeichnet. Zum einen existiert eine große Anzahl an Beiträgen, in denen die theoretischen Grundlagen nicht offengelegt werden (z.B. *Ansoff, Porter*)[106]. Zum anderen finden sich auch einige wenige theoretische Beiträge, die aber im wesentlichen den engen Bereich der produktionstheoretischen Erklärungsansätze nicht verlassen und sich innerhalb der Annahmen der neoklassischen Theorie der Unternehmung bewegen (z.B. *Panzar/Willig)*.[107]

Die neoklassische Theorie der Unternehmung geht davon aus, daß die Koordination ökonomischer Aktivitäten über Märkte mit Hilfe des Preismechanismus erfolgt. Die Preise bestimmen die Produktionsentscheidungen der einzelnen Wirtschaftssubjekte und die Abstimmung erfolgt dann über den vollkommenen Markt.[108] Auch die effiziente Allokation der einzusetzenden Produktionsfaktoren erfolgt mit Hilfe des Preismechanismus. Da die Preise alle Informationen, die die Wirtschaftssubjekte für ihre Wahl benötigen, kostenlos enthalten, ist das **Koordinationsproblem gegenstandslos**.[109] Die in der Empirie neben der marktlichen Koordination bestehenden Formen, wie die Unternehmung oder die Kooperation, können in der Neoklassik demnach nicht erklärt werden. Die internen Abläufe eines Unternehmens werden lediglich durch eine Produktionsfunktion dargestellt, in der sich die Produktionstechnik ausdrückt.[110] Die Unternehmung wird folglich als eine konfliktfreie, nicht weiter zu erklärende, homogene Wirtschaftseinheit betrachtet ('black box'-Ansatz).

Vor diesem Hintergrund zeigt *Teece* anhand von drei synergieorientierten Erklärungsansätzen, daß das Entstehen von Mehrproduktunternehmen ohne Transaktionskosten theoretisch nicht erklärt werden kann.[111] Unter den von ihm angeführten Ansätzen kommt der Erklärung von Diversifikation mit Hilfe von Verbundvorteilen die größte Bedeutung zu.

---

[105] Eine empirische Quantifizierung des Synergieeffektes wird in Kap. 9.6.2 vorgenommen.

[106] Die Ansätze von Ansoff und Porter stellen die beiden wichtigsten Primärbeiträge dar. Vgl. Ansoff, H.I., 1965; Porter, M.E., 1985.

[107] Vgl. z.B. Panzar, J.C./Willig, R.D., 1981, S. 268 ff.

[108] Vgl. Baumol, W.: Contestable Markets: An Uprising in the Theorie of Market Structure, in: American Economic Review, 72. Jg., 1982, S. 1 ff.

[109] Vgl. Fischer, M.: Make-or-Buy-Entscheidungen im Marketing - Neue Institutionenlehre und Distributionspolitik, Wiesbaden 1993, S. 30 f.

[110] Vgl. Schumann, J., 1992, S. 433.

[111] Teece geht auch auf die Bedeutung des internen Kapitalmarktes und des Konkursrisikos bei Mehrproduktunternehmen ein. Vgl. Teece, D.J., 1982, S. 40.

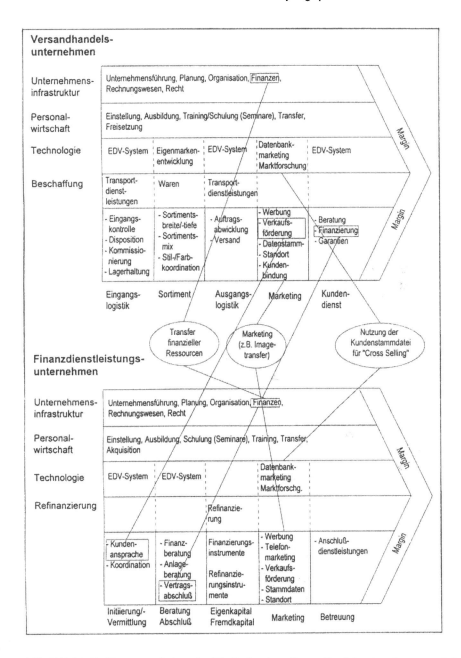

Abb. 5-5: Verflechtungen zwischen der Wertkette eines Versandhandelsunternehmens und der Wertkette eines Finanzdienstleistungsunternehmens

Die neoklassische Annahme, die Koordination ökonomischer Aktivitäten sei kosten-los, führt zu zwei Problemen. Zum einen stellt das Vorliegen von Verbundeffekten keine hinreichende Bedingung für das Vorliegen von Wirtschaftlichkeitsvorteilen dar:

> „Economies of scope provide neither a necessary nor a sufficient condition for cost savings to be achieved by merging specialized firms." (Teece, D.J., 1980, S. 225)

So wird in der Modellbildung von *Panzar/Willig* die Frage, in welchem Ausmaß die Verbundvorteile durch transaktionsbedingte Koordinations- und Abstimmungs-kosten kompensiert bzw. überkompensiert werden ('diseconomies of agglomera-tion'), vollständig unberücksichtigt gelassen.[112] Zum anderen können keine Hinweise auf eine effiziente Organisationsform abgeleitet werden:

> „... irrespective of the source of these economies, there is no compelling reason for firms to adopt multiproduct structures since in a zero transactions cost world, scope economies can be captured using market contracts to share the services of the inputs providing the foundations for scope economies." (Teece, D.J., 1982, S. 40)

Verbundvorteile können demnach sowohl innerhalb der Organisation eines Mehr-produktunternehmens als auch durch vertragliche Regelungen zwischen unabhängig bleibenden Unternehmen erzielt werden. Ein ökonomischer Anreiz zum Zusammen-schluß besteht unter den restriktiven neoklassischen Annahmen also nicht.[113] Ein diversifiziertes Unternehmen muß im Rahmen der neoklassischen Theorie als exo-gen vorgegebene Größe akzeptiert werden.

Da sich die lediglich unter dem Aspekt der Produktionskosteneinsparungen geführte und häufig auf die theoretische Begründung von Verbundeffekten beschränkte Diskussion als zu einseitig erweist, wird im folgenden Kapitel die Perspektive erweitert und auf die Transaktionskostentheorie eingegangen.[114]

---

[112] Vgl. Ehrensberger, S., 1993, S. 29 u. 36.

[113] Vgl. Teece, D.J., 1982, S. 40; Ehrensberger, S., 1993, S. 36.

[114] Vgl. Ropella, W., 1989, S. 233 f.; Grote, B., 1990, S. 15 ff.; Delfmann, W.: Das Netzwerk-prinzip als Grundlage integrierter Unternehmensführung, in: Delfmann, W. et al. (Hrsg.): Der Integrationsgedanke in der Betriebswirtschaftslehre, Wiesbaden 1989, S. 99 f.; Ehrensberger, S., 1993, S. 25 ff.

6 Transaktionskostentheorie

Im Mittelpunkt der folgenden Abschnitte steht die Transaktionskostentheorie. Um die Grundlagen des Ansatzes zu skizzieren, wird zunächst auf den zentralen Ansatz von *Coase* eingegangen. Der anschließende Abschnitt setzt sich mit der Governance-Richtung von *Williamson* auseinander. Dabei werden die Annahmen über das Verhalten, das den Transaktionspartnern unterstellt wird, untersucht sowie Transaktion und Transaktionskosten definiert. Schließlich werden die Dimensionen von Transaktionen diskutiert und die dynamische Komponente mit Hilfe der „fundamentalen Transformation" aufgezeigt. Es folgt eine Kritik des Transaktionskostenbegriffes und eine Auseinandersetzung mit der effizienten Koordination von Vertragsbeziehungen. Danach wird das heuristische Modell von *Williamson* zur Erklärung vertikaler Diversifikation vorgestellt.

Die Beiträge zur Transaktionskostenproblematik beziehen sich überwiegend auf **vertikale Integrationsprobleme.**[1] Der Schwerpunkt der Auseinandersetzung liegt auf der Integration von Transaktionen zur Allokation von Ressourcen zwischen aufeinanderfolgenden Produktionsstufen. Mit der Frage der **horizontalen Diversifikation** haben sich hingegen nur wenige Autoren beschäftigt. Die wichtigsten Arbeiten wurden diesbezüglich von *Williamson*[2] und *Teece*[3] verfaßt.[4] Abschließend wird daher anhand des Ansatzes von *Teece* gezeigt, daß der Transaktions-

---

[1] Vgl. z.B. Arrow, K.J.: Vertical Integration and Communication, in: The Bell Journal of Economics, 1975, S. 173-183; Klein, B./Crawford, R.G./Alchian, A.A.: Vertical Integration, Appropriate Rents, and the Competitive Contracting Process, in: Journal of Law and Economics, 21. Jg., 1978, S. 297-326; Ouchi, W.G.: Markets, Bureaucracies and Clans, in: Administrative Science Quarterly, 25. Jg., 1980, März, S. 129-141; Williamson, O.E., 1990, S. 96 ff.

[2] Vgl. z.B. Williamson, O.E., 1990.

[3] Vgl. Teece, D.J., 1980.

[4] Auch Picot und Krüsselberg gehen kurz auf das Problem der horizontalen Diversifikation ein. Vgl. Picot, A.: Transaktionskostenansatz in der Organisationstheorie: Stand der Diskussion und Aussagewert, in: Die Betriebswirtschaft, 42. Jg., 1982, H. 2, S. 280 f.; Krüsselberg, U.: Theorie der Unternehmung und Institutionenökonomik - Die Theorie der Unternehmung im Spannungsfeld zwischen neuer Institutionenökonomik, ordnungstheoretischem Institutionalismus und Marktprozeßtheorie, Heidelberg 1992, S. 181 ff.

kostenansatz auch in der Lage ist, die horizontalen Diversifikationsbestrebungen eines Unternehmens zu erklären.

6.1 Die Theorie von Coase: Organisationsformen als Funktion von Transaktionskosten

Im Mittelpunkt der Ausführungen von *Coase* steht die These, daß nicht nur Märkte, sondern auch Unternehmungen als eine Institution der Koordination wirtschaftlicher Aktivitäten aufzufassen sind, deren Existenz und Dauerhaftigkeit es zu erklären gelte.[5] Die Unternehmung existiert als dauerhafte, zweite Koordinationsinstitution, weil die Nutzung der Institution der Märkte und des Preismechanismus entgegen den Vorstellungen der neoklassischen Theorie nicht kostenfrei ist. "Costs of using the price mechanism" entstehen nach *Coase* bei der Suche nach relevanten Preisen von Gütern und Faktorleistungen, bei Vertragsverhandlung und -abschluß sowie bei der nachträglichen Anpassung von Verträgen.[6] Die Kosten der Benutzung des Preismechanismus als Koordinationsinstrument lassen sich senken, indem über Märkte abgewickelte Aktivitäten von den Unternehmungen wahrgenommen werden. Demnach führen **Transaktionskostenersparnisse** zu einer Zusammenfassung von Transaktionen in Form dauerhafter Unternehmungen.

Um die Frage zu beanworten, warum die gesamte Produktion nicht in einer einzigen Unternehmung abgewickelt wird, sind auch die Kosten der hierarchischen Koordination von Aktivitäten zu berücksichtigen.[7] Wie in Abbildung 6-1 dargestellt, vermutet *Coase*, daß die Kosten der unternehmensinternen Koordination von Aktivitäten überproportional zur Zahl der abgewickelten Transaktionen steigen. Die Koordinationsfähigkeit der Unternehmensleitung zeigt abnehmende Grenzerträge, und die Wahrscheinlichkeit ineffizienten Faktoreinsatzes bzw. unternehmerischer Fehlentscheidungen nimmt zu.[8] Die optimale Unternehmensgröße ergibt sich daher aus der Anwendung des Marginalprinzips: „The limit to the size of the firm is set where its costs of organizing a transaction become equal to the costs of carrying it out through the market."[9]

---

[5]   Vgl. Coase, R.H.: The Nature of the Firm, in: Economica, 4. Jg., 1937, April, S. 386 ff. Vgl. hierzu auch Bössmann, E.: Weshalb gibt es Unternehmungen? Der Erklärungsansatz von Ronald H. Coase, in: JITE (ZgS), 137. Jg., 1981, S. 667 ff.

[6]   Vgl. Schumann, J., 1992, S. 435.

[7]   Vgl. Coase, R.H., 1937, S. 340.

[8]   Vgl. Bössmann, E.: Unternehmungen, Märkte, Transaktionskosten: Die Koordination ökonomischer Aktivitäten, in: Wirtschaftswissenschaftliches Studium, 12. Jg., 1983, H. 3, S. 107.

[9]   Coase, R.H.: The Firm, the Market, and the Law, Chicago 1988, S. 7.

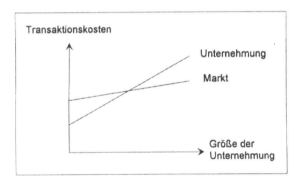

Abb. 6-1: Der Einfluß der Unternehmungsgröße auf die Transaktionskosten bei alternativen Koordinationsformen; Quelle: Picot, A., 1985, S. 225.

Die Erklärung der Existenz und Größe von Unternehmungen mit Hilfe der Transaktionskosten leuchtet ein. Sie erscheint aber in dem Maße inhaltsleer, wie nicht dargelegt wird, was unter Transaktionen und Transaktionskosten[10] zu verstehen ist, sowie von welchen marktlichen und unternehmensinternen Einflußgrößen die Transaktionskosten abhängen.

Während *Coase* mit seinen Beiträgen im wesentlichen zur Erklärung der Existenz der Unternehmung beiträgt, stellen die im folgenden Abschnitt zu diskutierenden Ausführungen von *Williamson* die Analyse der effizienten Organisationsform für eine gegebene Aufgabe in den Mittelpunkt.

6.2 Transaktionskostentheorie: Die Governance[11]-Richtung von Williamson

Ausgangspunkt der Transaktionskostentheorie ist die Formulierung ökonomischer Fragestellungen als Vertragsprobleme. *Williamson*[12] nimmt an, daß jedes Problem, welches direkt oder indirekt als Vertragsproblem formuliert werden kann, auch sinnvoll unter dem Aspekt der Transaktionskosteneinsparung untersucht werden

---

10 Vgl. hierzu Kap. 6.4.
11 Der für die Theorie Williamsons zentrale Begriff „governance" wird in der Literatur mit „Beherrschungs- und Überwachungssystemen" übersetzt. Je nach Sinnzusammenhang kann unter „governance" auch „Beherrschung" oder „Kontrolle" verstanden werden. Zu dieser von Streissler vertretenen Sichtweise vgl. Williamson, O.E., 1990, S. 2.
12 Die am detailliertesten ausgebaute Transaktionskostentheorie geht auf Williamson zurück. Vgl. Williamson, O.E.: The Economic Institutions of Capitalism, Firms, Markets, Relational Contracting, New York 1985 bzw. Williamson, O.E.: Die ökonomischen Institutionen des Kapitalismus - Unternehmen, Märkte, Kooperationen, Tübingen 1990.

kann. *Williamson* verdeutlicht diesen Sachverhalt mit Hilfe des in Abbildung 6-2 dargestellten Beispiels.

Angenommen wird, daß eine Sach- oder Dienstleistung mittels einer von zwei Technologien erzeugt werden kann.[13] Zur Wahl stehen eine Mehrzwecktechnologie und eine spezielle Einzwecktechnologie. Transaktionen, denen eine Mehrzwecktechnologie zugrunde liegt, erfordern keine transaktionsspezifischen Investitionen (k = 0). Folglich stellt der klassische Markttauschvertrag („eindeutige Vereinbarung - eindeutige Leistung") eine effiziente Tauschbeziehung dar (Punkt A). Demgegenüber ist die Einzwecktechnologie dadurch gekennzeichnet, daß sie zum einen transaktionsspezifische Investitionen (k > 0) fordert, zum anderen aber effizienter arbeitet. Da die zu tätigenden spezifischen Transaktionen auf den Vertragspartner zugeschnitten sind, würde Produktivität verloren gehen, wenn eine derartige Transaktion vorzeitig beendet würde. Die Vertragspartner einer bilateralen Tauschbeziehung haben demnach einen Anreiz, ihre Investitionen in spezifische Anlagen vertraglich abzusichern. Würden die Vertragspartner keine Absicherung vornehmen (s = 0), hätte dies aufgrund der Enteignungsrisiken beim Ersteller der Leistung einen Preisanstieg für den Abnehmer zur Folge (Punkt B). Dementsprechend neigt diese Art der bilateralen Beziehung zur Instabilität. Da der Käufer in Punkt C eine Absicherung bietet (s > 0), ist der als eben kostendeckend angenommene Preis niedriger.[14]

Um eine bilaterale Tauschbeziehung abzusichern, werden normalerweise eine oder mehrere von drei **Absicherungsmaßnahmen** vorgenommen:
- Neuordnung der Anreize, z.B. durch Abfindungszahlungen oder Bußgelder,
- Aufbau eines eigenen Beherrschungs- und Überwachungssystems ('governance structure'), z.B. in Form von Schiedsverfahren,
- Einführung von auf Dauer angelegten Tauschgepflogenheiten, in denen die mit der Transaktion verbundenen Risiken geteilt werden.[15]

Dem vorgestellten Vertragsschema kommt ein großer Stellenwert zu, da es sich, wie von *Williamson* gezeigt, auf verschiedene Vertragsprobleme anwenden läßt.[16]

---

[13] Vgl. Williamson, O.E., 1990, S. 37.

[14] Vgl. Williamson, O.E., 1990, S. 37 f.

[15] Vgl. Williamson, O.E., 1990, S. 38 f. Zur Bedeutung dieses Vorgehens vgl. auch Richter, R.: Institutionenökonomische Aspekte der Theorie der Unternehmung, in: Ordelheide, D./ Rudolph, B./Büsselmann, E. (Hrsg.): Betriebswirtschaftslehre und ökonomische Theorie, Stuttgart 1991, S. 407.

[16] Vgl. Williamson, O.E., 1990, S. 39.

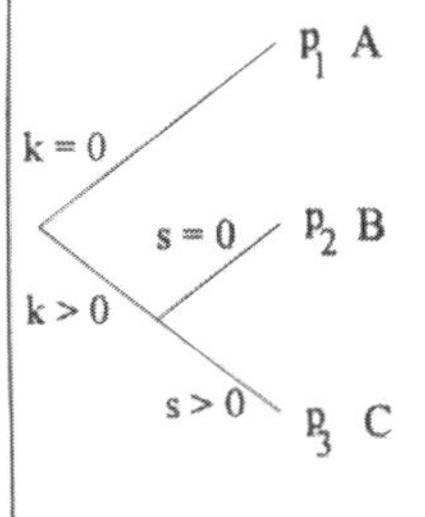

Vertragsschema	Technologie	Art der Tausch-beziehungen	Absiche-rungen	Preis
P_1 A k = 0 s = 0 P_2 B k > 0 s > 0 P_3 C	Mehrzweck-technologie	Isolierter Markt-tausch	Keine (s = 0)	Eben noch kosten-deckender Preis p_1
	Einzweck-technologie	Bilaterale Tauschbeziehung	Keine (s = 0)	Eben noch kosten-deckender Preis p_2
	Einzweck-technologie	Bilaterale Tauschbeziehung	Vorhanden (s > 0)	Eben noch kosten-deckender Preis p_3, der aber niedriger als p_2 ist.

Legende:
k = Ausmaß der transaktionsspezifischen Investitionen, wobei k = 0 für unspezifische und k > 0 für spezifische Investitionen steht
s = Absicherung zum Schutz von transaktionsspezifischen Investitionen gegen Enteignungsrisiken
p = Preis der Sach- und Dienstleistung

Abb. 6-2: Einfaches Vertragsschema; Quelle: Williamson, O.E., 1990, S. 38.

6.3 Zum Verhalten der an Transaktionen beteiligten Personen

Die Transaktionskostentheorie unterstellt den an Transaktionen beteiligten Personen eingeschränkte Rationalität (bounded rationality) und opportunistisches Verhalten (opportunistic behavior). Unter **eingeschränkter Rationalität** versteht *Williamson*, daß eine Person zwar in ihrem Eigeninteresse nutzenmaximierend handelt, daß sie dies aber wegen ihrer begrenzten Informationsaufnahme- und Verarbeitungskapazi- tät nicht unter Beachtung aller objektiv relevanten Einflußgrößen kann. Mit **oppor- tunistischem Verhalten** ist eine verschärfte Form eigennützigen Verhaltens ge- meint, die auch die Anwendung von Hinterlist, vor allem durch das Zurückhalten oder Verzerren von Informationen, einschließt. Beide Annahmen führen zu einem vom 'homo oeconomicus' abweichenden und wirklichkeitsnäheren Bild des Menschen.[17]

---

[17] Vgl. Schumann, J., 1992, S. 436 f.

6.4 Transaktion und Transaktionskosten

Da der Begriff **Transaktion** nicht nur marktliche, sondern auch unternehmensinterne Vorgänge erfassen soll, ist eine allgemeine Definition mit Schwierigkeiten
verbunden.[18] Grundlegend für den Definitionsversuch von *Williamson* ist, daß ein
Gut auf seinem Weg zur Konsumreife verschiedene technische Fertigungsstufen
durchläuft. Eine Transaktion findet statt, wenn innerhalb des Erstellungsprozesses
„ein Gut oder eine Leistung über eine technisch trennbare Schnittstelle hinweg
übertragen wird."[19] Entscheidend ist, daß an den zahlreichen Schnittstellen jeweils
Personen agieren, die sich verständigen müssen.

Williamson bezieht sich bei der Definition von **Transaktionskosten** auf *Arrow*,
der von „costs of running the economic system"[20] spricht. Transaktionskosten
entstehen, weil sich die handelnden Beteiligten an den Schnittstellen verständigen
müssen. Die Verständigung wird aufgrund von opportunistischem Verhalten und
subjektiv begrenzter Information der beteiligten Personen durch Mißverständnisse
und Konflikte erschwert.[21] Transaktionskosten können folglich als **Kosten vertraglicher Beziehungen** aufgefaßt werden, welche die Verständigung der an den Transaktionen beteiligten Personen regeln.[22] Der von *Williamson* in den Mittelpunkt der
Transaktionskostentheorie gestellte Vertrag umfaßt sowohl explizite (ausdrückliche)
als auch implizite (stillschweigend anerkannte) Komponenten.[23] Er betrifft mithin
alle Kosten, die nicht auf die zu beschaffenden Vor-, Zwischen- und Fertigprodukte
(Waren) und die Erstellung von Faktorleistungen entfallen.

Bei der Definition von Transaktionskosten ist zu berücksichtigen, daß der **Handel**
i.d.R. nicht an der physischen Erstellung von Gütern teilnimmt. Daher wäre es
denkbar, daß die gesamten Kosten des Handels als Transaktionskosten aufgefaßt
werden. Im Rahmen dieser Arbeit wird diese weite Sichtweise jedoch nicht geteilt
und ein enger Transaktionskostenbegriff zugrundegelegt. In diesem Fall setzen sich
die Gesamtkosten aus Transaktionskosten (z.B. Telefonkosten für Kontakt-
aufnahme, Verhandlungskosten) und Produktionskosten[24] (z.B. Kosten für Lagerung, Umpackung, handelsübliche Veränderung von Waren) zusammen.[25]

---

[18] Vgl. Schumann, J., 1992, S. 437.
[19] Williamson, O.E., 1990, S. 1.
[20] Arrow, K.J.: The Organization of Economic Activity: Issues pertinent to the Choice of Market
      versus Nonmarket Allocation, in: The Analysis and Evaluation of Public Expenditure, The
      PPB System, Joint Economic Committee 1, Washington 1969, S. 48.
[21] Vgl. Schumann, J., 1992, S. 437.
[22] Zum Begriff der Transaktionskosten vgl. z.B auch Picot, A., 1982, S. 270.
[23] Vgl. Williamson, O.E., 1990, S. 20.
[24] Im strengen Sinne dürfte in diesem Zusammenhang nicht von Produktionskosten gesprochen
      werden. Um die mit der Leistungserstellung verbundenen Kosten zu bezeichnen, könnte z.B.
      der Begriff 'Handlungskosten' eingeführt werden. Zur Systematik der Kosten im Handel vgl.
      Hansen, U., 1990, S. 158 ff.; Barth, K., 1993, S. 54 ff.
[25] Vgl. zur weiten Sichtweise des Transaktionskostenbegriffs im Handel Gümbel, R.: Handel,

Die beim Vertragsabschluß anfallenden Transaktionskosten sind in Abbildung 6-3 systematisiert. Grundsätzlich unterscheidet man in Ex ante- und Ex post-Transaktionskosten.[26] Die Ex ante-Transaktionskosten beinhalten die Anbahnungs- und Vereinbarungskosten. Die Ex post-Transaktionskosten setzen sich aus den Kontroll- und Durchsetzungs- sowie den nachträglichen Anpassungskosten zusammen. Diese Kosten fallen an, da Verträge nur im Extremfall Regelungen für alle während ihrer Ausführung denkbar eintretenden Ereignisse enthalten. Aufgrund der Vielfalt möglicher Ereignisse sind Verträge in der Regel **unvollständig** und erfordern nachträgliche Revision.[27] Zwischen den Kostenarten, z.B. zwischen Entwurfs- und Fehlanpassungskosten, bestehen Interdependenzen. In der Literatur finden sich, da eine eindeutige Abgrenzung der Kosten voneinander schwierig ist, verschiedene Systematisierungen.[28]

Vertrags-status	Kostenarten	Begriffsinhalt
ex ante	Anbahnungskosten	- Informationssuche über Tauschpartner und Konditionen - Informationsweitergabe
	Vereinbarungskosten	- Verhandlung - Vertragsformulierung - Einigung
ex post	Kontroll- und Durchsetzungskosten	- Kontrolle des Ist-Erfüllungsgrades - Sicherstellung der Soll-Erfüllung
	Anpassungskosten	- Vereinbarungen aufgrund geänderter Bedingungen während der Vertragslaufzeit - Durchsetzung von Termin-, Qualitäts-, Mengen- und Preisänderungen

Abb. 6-3: Abgrenzung der Transaktionskostenarten; Quelle: Picot, A., 1982, S. 270.

Wie der Aufzählung zu entnehmen ist, kommt den Informationskosten eine besondere Bedeutung zu. Die Kosten der Informationssuche werden vom benötigten Zeitaufwand und den individuellen Opportunitätskosten beeinflußt. Diese Eigenschaften erschweren die Quantifizierung von Transaktionskosten. Um trotzdem Aussagen über die Eignung von ökonomischen Koordinationsformen machen zu können, wird in der Literatur ein indirekter Weg verfolgt. So wird von Transaktionsmerkmalen,

---

Markt und Ökonomik, Wiesbaden 1985, S. 149 ff. Zur Begriffsdiskussion vgl. Picot, A.: Transaktionskosten im Handel - Zur Notwendigkeit einer flexiblen Strukturentwicklung in der Distribution, in: Betriebsberater, Beilage 13/1986 zu Heft 27/1986, S. 4; Müller-Hagedorn, L., 1990, S. 454; Müller-Hagedorn, L.: Die Vielfalt der Distributionsorgane, unveröffentlichtes Vortragsmanuskript, Köln 1994, S. 11.

[26] Vgl. Williamson, O.E., 1990, S. 22 ff.

[27] Vgl. Schumann, J., 1992, S. 438; Fischer, M., 1993, S. 85.

[28] Vgl. hierzu z.B. Picot, A., 1982, S. 270; Picot, A.: Ein neuer Ansatz zur Gestaltung der Leistungstiefe, in: ZfbF, 43. Jg., 1991a, H. 4, S. 344.

für die Beobachtungen vorliegen, auf die Kostenhöhe und auf die geeignete Organisationsform geschlossen.[29]

6.5 Dimensionen von Transaktionen

Der allgemeine Begriff von Transaktionen ist, um Aussagen über geeignete Koordinationsformen bzw. über typische Formen vertraglicher Ausgestaltung bei der Abwicklung von Transaktionen machen zu können, nach produktions- und transaktionskostenrelevanten Merkmalen aufzugliedern. Wesentliche Einflußgrößen von Transaktionen sind nach *Williamson* die Faktorspezifität, die Unsicherheit und die Häufigkeit.

6.5.1 Die Spezifität von Transaktionen

Der Faktorspezifität[30] kommt innerhalb der Transaktionskostentheorie eine besondere Bedeutung zu. Nach *Williamson* liegen spezifische Faktorleistungen vor, wenn die getätigten Investitionen für die Vertragspartner durch ihre Leistungsabgabe einen besonderen Wert erhalten. Die transaktionsspezifischen Investitionen können in zumindest fünf (sich teils überschneidende) Formen unterschieden werden:
(1) Standortspezifität, z.B. Anlageninvestitionen, die durch hohe Einrichtungs- und Verlagerungskosten gekennzeichnet sind,
(2) Sachkapitalspezifität, z.B. die Anschaffung spezialisierter Maschinen,
(3) Widmungsspezifität, z.B. kundenspezifische Investitionen,
(4) Markenartikel-Spezifität, z.B. Aufbau eines Markennamens,
(5) Humankapitalspezifität[31], z.B. Aneignung spezifischer Fähigkeiten bei der innerhalb einer Vertragsbeziehung auszuübenden Produktionstätigkeit.[32]

---

[29] Vgl. Picot, A.: Ökonomische Theorien der Organisation - Ein Überblick über neuere Ansätze und deren betriebswirtschaftliches Anwendungspotential, in: Ordelheide, D./Rudolph, B./Büsselmann, E. (Hrsg.): Betriebswirtschaftslehre und ökonomische Theorie, Stuttgart 1991b, S. 160.

[30] Im Fall der horizontalen Diversifikation bezeichnet Faktorspezifität eine Eigenschaft des oder der gemeinsam zu nutzenden Aktiva. Dabei kommt insbesondere der Nutzung des individuellen Erfahrungswissens eine hohe Bedeutung zu.

[31] Auf die Bedeutung der Humankapitalspezifität wird im Zusammenhang mit der Transferierbarkeit von Know-how gesondert eingegangen. Vgl. Kap. 6.10.

[32] Vgl. Williamson, O.E.: Transaction Cost Economics, in: Schmalensee, R./Willig, R.D. (Hrsg.): Handbook of Industrial Organization, Amsterdam 1989, S. 143; Schumann, J., 1992, S. 440 f.; Fischer, M., 1993, S. 94.

Die Bildung von transaktionsspezifischen Faktorbeständen kann folglich allgemein als **Festlegung ihrer Leistungsabgabe auf begrenzte Verwendungsbereiche** bezeichnet werden.[33] Eine solche Festlegung kann zum einen die Leistungsabgabe in der vertraglich vorgesehenen Transaktion besonders ertragreich machen, schränkt aber zum anderen die Zahl alternativer Verwendungsbereiche ein und ist deshalb mit gewissen Risiken verbunden. Allgemein gilt, daß mit zunehmender Spezifität
- weniger alternative Verwendungsmöglichkeiten bestehen und das **synergetische Potential** eines Faktors abnimmt,
- die Opportunitätskosten abnehmen,
- der Anteil der sogenannten Quasi-Renten[34] am Einkommen aus der Leistungs-abgabe zunimmt,
- die Abhängigkeit des Eigentümers der spezifischen Aktiva vom Vertragspartner zunimmt und
- die Gefahr, daß der Vertragspartner in den Verhandlungen vor oder nach Vertragsschluß einen Teil der Quasi-Rente abschöpfen kann, wächst.[35]

6.5.2 Die Unsicherheit von Transaktionen

Transaktionsbedingte Kosten resultieren auch aus Unsicherheitsmomenten. Diese können einerseits in der Umwelt und andererseits im Verhalten der Beteiligten begründet sein. Bezüglich der von den Beteiligten ausgehenden Unsicherheit sind zwei Faktoren zu berücksichtigen: Erstens verhalten sich Transaktionspartner nur eingeschränkt rational im Sinne von *Simon*. Zweitens besteht die Gefahr, daß sich die Transaktionspartner opportunistisch verhalten. Die Gefahr opportunistischen Verhaltens ist besonders bei der **gemeinsamen Nutzung von sensiblem Know-how** problematisch.[36] Ein Vertrauensproblem ergibt sich hier u.a. aufgrund des Informationsparadoxons. Unsicherheit führt i.d.R. zu umfangreicheren Verträgen und komplizierten Einigungsprozessen und somit zu erhöhten Transaktionskosten.[37]

6.5.3 Die Häufigkeit von Transaktionen

Die Zahl der Wiederholungen gleicher oder ähnlicher Transaktionen bezeichnet *Williamson* mit Häufigkeit.[38] Dabei kann grundsätzlich davon ausgegangen werden, daß mit zunehmender Wiederholungsrate Erfahrungen mit den relevanten Koordinationsmaßnahmen und den möglichen Koordinationsproblemen aufgebaut werden

---

[33] Vgl. Schumann, J., 1992, S. 441.
[34] Quasirenten entstehen aufgrund der kurzfristigen Immobilität eines Produktionsfaktors und verschwinden im Zeitablauf aufgrund des Wirkens von Konkurrenzprozessen. Vgl. Schumann, J., 1992, S. 387.
[35] Vgl. Schumann, J., 1992, S. 441.
[36] Vgl. Teece, D.J., 1980, S. 229.
[37] Vgl. Ehrensberger, S., 1993, S. 56 f.; Schumann, J., 1992, S. 440.
[38] Vgl. Williamson, O.E., 1990, S. 69; Schumann, J., 1992, S. 440.

und deshalb die Transaktionskosten mit zunehmender Häufigkeit (z.B. durch Verwendung ähnlicher Vertragsmuster) abnehmen.[39] Teilweise spielt jedoch weniger die Häufigkeit als vor allem die zeitliche Ausdehnung einer Transaktion eine große Rolle. So besteht die Möglichkeit, daß sich mit einer steigenden Zahl von Wiederholungen eine Vertrauensbeziehung zwischen den Transaktionspartnern herausbildet.[40] Auch können transaktionsbezogene Lernprozesse in Gang gesetzt werden.[41]

6.6 Die „fundamentale Transformation"

Von besonderer Bedeutung für die Art der Beziehung zwischen Anbieter und Nachfrager einer Leistung ist die Marktstruktur. Konkurrenzbedingungen liegen vor, wenn es eine Vielzahl an qualifizierten Anbietern gibt. Eine große Zahl von Teilnehmern am anfänglichen Bietprozeß besagt dabei nicht unbedingt, daß auch in der Folge eine große Zahl von Teilnehmern besteht. So kann es, falls Investitionen in transaktionsspezifisches Human- und Sachkapital vorgenommen werden, zu einer **fundamentalen Transformation** der Wettbewerbsbedingungen kommen.[42] Durch die spezifischen Investitionen wird bei Folgeaufträgen eine asymmetrische Verhandlungsposition zwischen den Bietern geschaffen. Bei Beendigung der bestehenden Versorgungsbeziehung „versinken" die Investitionen des Erstellers und müssen somit nicht mehr als entscheidungsrelevant betrachtet werden. An andere Bieter nicht übertragbare Investitionen sind z.B. Spezialausbildungen oder Einsparungen im Produktionsprozeß durch „learning by doing". Während also bis Vertragsabschluß ein Auswechseln der Vertragspartner grundsätzlich möglich ist, entsteht nach Vertragsabschluß ein bilaterales Monopol.[43]

Die im Vertragsverhältnis nicht übertragbaren Vorteile erweisen sich bei notwendigen Anpassungen als Quasi-Rente, die je nach Sachverhalt und Stärke der Partner mehr zugunsten des einen oder des anderen Vertragspartners aufgeteilt werden kann. Der schwächere Partner ist dabei verletzlich, weil sein Anteil am Gewinn der **Beraubung** (holdup) durch den stärkeren Partner ausgesetzt ist.[44]

---

[39] Vgl. Ehrensberger, S., 1993, S. 57.
[40] Vgl. Picot, A., 1982, S. 272.
[41] Vgl. Ehrensberger, S., 1993, S. 57 f.
[42] Vgl. Schumann, J., 1992, S. 442.
[43] Vgl. Williamson, O.E., 1990, S. 70 ff.; Schumann, J., 1992, S. 442 ff.
[44] Vgl. Schumann, J., 1992, S. 443.

6.7 Kostenbegriff und Bewertungsproblematik

Nach *Picot* stellen Transaktionskosten „Opfer" dar, die zur Erzielung und Verwirklichung von Vereinbarungen über den Austausch von Gütern beitragen.[45] Die Überführung der „Opfer" in „Kosten" ist jedoch mit verschiedenen Problemen verbunden:[46]

(1) Es kann eingewendet werden, daß der **Begriff** der Transaktionskosten unpräzise bleibt. In Anlehnung an die Phasen einer Transaktion können die Transaktionskosten in vier bzw. fünf verschiedene Arten eingeteilt werden.[47] Die dem Transaktionsbereich zuzuordnenden Maßnahmen sind nur unzureichend erfaßt worden. In der Literatur steht der Versuch im Vordergrund, die möglichen Kostenarten durch **Aufzählung von Beispielen** zu belegen. In bezug auf den Einzelfall bleibt eine Benennung der zu berücksichtigenden Koordinationsmaßnahmen schwierig. Die inhaltliche Reichweite des „Kostenbegriffs" muß deshalb als unklar gelten. Diese Unklarheit ist problematisch, weil mit Hilfe des Transaktionskostenansatzes alternative Koordinationsformen verglichen werden sollen und ein Vergleich ohne genaue Kenntnis der zu berücksichtigenden Kostenverursachungsgrößen kaum durchführbar erscheint.

(2) Auch die Frage der **Bewertung** spielt in der Literatur bisher eher eine untergeordnete Rolle.[48] *Schneider* stellt die Frage, ob die betriebswirtschaftlich relevanten Koordinationsmaßnahmen und -probleme überhaupt in sinnvoller Weise quantitativ erfaßt werden können.[49] Trotz der Schwierigkeiten besteht aber ein Interesse an der Erfassung der Transaktionskosten. Lösungsmöglichkeiten bestehen einerseits in der Entwicklung von Indikatorensystemen und andererseits in der groben Schätzung der jeweiligen Sachverhalte.[50]

---

[45] Vgl. Picot, A., 1982, S. 270.

[46] Zu einer kritischen Diskussion des Transaktionskostenansatzes vgl. z.B. Schneider, D.: Die Unhaltbarkeit des Transaktionskostenansatzes für die "Markt oder Unternehmung"-Diskussion, in: ZfB, 55. Jg., 1985, H. 12, S. 1237 ff.; Windsperger, J.: Zur Methode des Transaktionskostenansatzes, in: ZfB, 57. Jg., 1987, H. 1, S. 59 ff.; Kieser, A.: Erklären die Theorie der Verfügungsrechte und der Transaktionskostenansatz historischen Wandel von Institutionen?, in: Budäus, D./Gerum, E./Zimmermann, G. (Hrsg.): Betriebswirtschaftslehre und Theorie der Verfügungsrechte, Wiesbaden 1988, S. 299 ff.; Schneider, D.: Unternehmerfunktionen oder Transaktionskostenökonomie als Grundlage für die Erklärung von Institutionen, in: ZfB, 61. Jg., 1991, H. 3, S. 371; Frese, E.: Grundlagen der Organisation, Wiesbaden 1988, 128 ff.; Frese, E.: Organisationstheorie - Historische Entwicklung - Ansätze - Perspektiven, Wiesbaden 1992, S. 203 ff. Zur Ergänzung der kostenorientierten Betrachtung um erlöswirtschaftliche Aspekte vgl. Müller-Hagedorn, L., 1990, S. 458 ff.

[47] Vgl. z.B. Picot, A., 1982, S. 270; Schumann, J., 1992, S. 437 f.

[48] Vgl. Ehrensberger, S., 1993, S. 58.

[49] Vgl. Schneider, D.: Agency Costs and Transaction Costs: Flops in the Principal-Agent-Theory of Financial Markets, in: Bamberg, G./Spremann, K. (Hrsg.): Agency Theory, Information, and Incentives, Heidelberg/Berlin/New York et al. 1987, S. 489.

[50] Vgl. Ehrensberger, S., 1993, S. 59.

6.8 Effiziente Koordination von Vertragsbeziehungen

Die Transaktionskostentheorie behauptet, daß die Ausprägungen der Transaktionsdimensionen die von den Beteiligten zu wählende Koordinationsform beeinflussen. Um zu begründen, daß zwischen der Wahl der Beherrschungs- und Überwachungssysteme und den Transaktionseigenschaften ein Zusammenhang besteht, greift *Williamson* auf die Vertragstheorie zurück.[51] Ausgangspunkt ist *Macneils* Unterscheidung in **drei Vertragstypen**, die den institutionellen Rahmen für den Ablauf einer Transaktion bilden.[52] Er unterscheidet in:
- klassisches Vertragsrecht,
- neoklassisches Vertragsrecht und
- relationales Vertragsrecht.

Das **klassische Vertragsrecht** wird i.d.R. bei homogenen Produkten angewendet. Die Transaktionen sind standardisiert und das Verhältnis zum Transaktionspartner ist irrelevant. Da das Ergebnis des Austauschprozesses vorhersehbar ist, können Leistung und Gegenleistung ex-ante bis zum Ende der Laufzeit des Vertrages festgelegt werden. Von den Vertragsparteien offen gelassene Punkte, werden durch allgemeines Vertragsrecht (z.B. Zivilrecht) geregelt.[53] Der Preismechanismus des Marktes stellt demnach ein effizientes Koordinationsinstrument dar.[54]

Nicht jede Transaktion fügt sich ohne Probleme in das klassische Vertragsschema. Für langfristige Verträge, die unter Unsicherheit abgeschlossen werden, ist eine Vorwegnahme aller Eventualitäten mit erheblichen Schwierigkeiten verbunden. Darüberhinaus sind in Situationen, in denen die Produkte mit einer Einzwecktechnologie erstellt werden, auf beiden Seiten Kontrollmechanismen gegen Opportunismus und Unsicherheit notwendig. An die Stelle des klassischen Vertrags tritt der **neoklassische Vertrag**. Um die notwendige Flexibilität zu erreichen, ist dieser Vertragstyp durch das Auftreten von Lücken und das Hinzuziehen einer dritten Partei im Schlichtungsfall gekennzeichnet (trilaterale Koordination).[55]

Für langfristige und komplexe Beziehungen bildet *Macneil* einen dritten Vertragstyp, den **relationalen Vertrag**. Lücken in den Vereinbarungen werden nicht durch Vertragsrecht geschlossen. Die Transaktionspartner einigen sich aber über die Art des Verfahrens, nach der die offen gelassenen Verfügungsrechte wahrgenommen werden. Als effiziente Beherrschungs- und Überwachungssysteme kommen in Abhängigkeit von der Höhe der transaktionsspezifischen Investitionen die zwei-

---

[51] Vgl. Williamson, O.E., 1990, S. 77.

[52] Vgl. Macneil, I.R.: The many Futures of Contracts, in: Southern California Law Review, 47. Jg., 1974, S. 738.

[53] Vgl. Richter, R.: Sichtweise und Fragestellungen der Neuen Institutionenökonomik, in: Zeitschrift für Wirtschafts- und Sozialwissenschaften, 110. Jg., 1990, H. 4, S. 583.

[54] Vgl. Williamson, O.E., 1990, S. 83 f.

[55] Vgl. Williamson, O.E., 1990, S. 79 f.

seitige Koordination mit rechtlicher Selbständigkeit der Beteiligten und die vertikale Integration in Frage.[56]

Abbildung 6-4 faßt die Diskussion über die effiziente Zuordnung von Beherrschungs- und Überwachungssystemen zu Transaktionen zusammen. Demnach stellt die marktliche Koordination gegenüber der unternehmensinternen Koordination in der Regel dann die günstigere Alternative dar, wenn die Transaktionen keine spezifischen Investitionen erfordern, und die praktische Durchführung durch das Vorhandensein einer ausreichenden Zahl potentieller Transaktionspartner sowie umfassender Vertragsgestaltung möglich ist. Demgegenüber erweist sich die interne Koordination als günstiger, wenn höhere transaktionsspezifische Investitionen notwendig sind, sich die Transaktionen wiederholen und infolge einer unsicheren Vertragserfüllung kontrolliert werden müssen.[57]

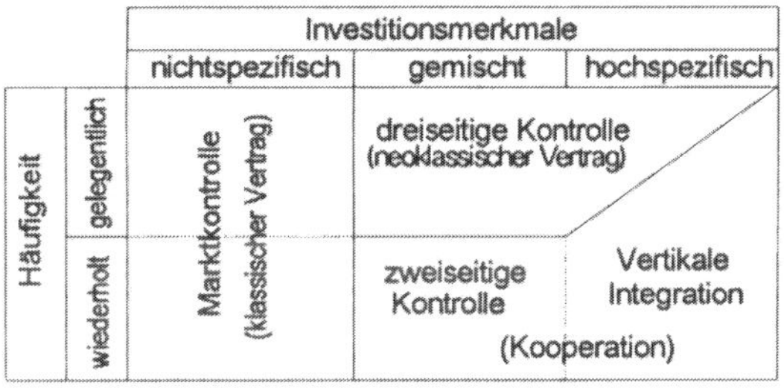

Abb. 6-4: Effiziente Beherrschung und Überwachung; Quelle: Williamson, O.E., 1990, S. 89.

Wie die Diskussion gezeigt hat, sind Transaktionskosten eine Funktion von Koordinationsform und Transaktionsdimensionen:

[6-1]   Transaktionskosten = f (Koordinationsform, Transaktionsdimensionen).

Im folgenden soll dieser Zusammenhang mit Hilfe der Faktorspezifität verdeutlicht werden.

6.9 Das heuristische Modell von Williamson zur Erklärung vertikaler Diversifikation

Der wichtigste Einflußfaktor, den die Transaktionskostentheorie zur Erklärung der vertikalen Diversifikation (Integration) heranzieht, ist die Faktorspezifität. Der Ansatz unterstellt, daß sich die Transaktionen mit zunehmender Faktorspezifität vom

---

[56] Vgl. Williamson, O.E., 1990, S. 80 f.; Fischer, M., 1993, S. 100 f.
[57] Vgl. Fischer, M., 1993, S. 101.

Markt zugunsten der internen Organisation verlagern. *Williamson* entwickelt seine Argumentation in zwei Schritten:[58]

1) Beherrschungs- und Überwachungskosten
Zwischen Markt und Hierarchie bestehen drei Hauptunterschiede:
(1) Märkte begünstigen ausgeprägte Anreize und halten bürokratische Verzerrungen wirksamer in Grenzen als interne Organisationen,
(2) Märkte können Nachfrage zum Teil vorteilhafter aggregieren, um Skalen- und Verbundvorteile zu erzielen,
(3) interne Organisationen verfügen über besondere Kontrollinstrumente.[59]
Ausgangspunkt der Betrachtung ist die Entscheidung eines Unternehmens darüber, ob eine bestimmte Sach- oder Dienstleistung zu erzeugen oder zu kaufen sei. Die kritischen, im Rahmen einer "selbst herstellen oder kaufen"-Entscheidung ausschlaggebenden Faktoren sind die Produktionskostenkontrolle und die Leichtigkeit, mit der im Laufe der Zeit eine Anpassung vorgenommen werden kann.[60] Während Märkte eine strengere Produktionskostenkontrolle als interne Organisationen ermöglichen, erschweren sie mit zunehmender wechselseitiger Abhängigkeit der Partner voneinander bzw. mit steigender Faktorspezifität k eine Anpassung.

Der Beherrschungs- und Überwachungskosten-Saldo ΔG berechnet sich in Abhängigkeit von der Faktorspezifität aus den Bürokratiekosten interner Kontrolle abzüglich der Beherrschungs- und Überwachungskosten auf dem Markt:

[6-2] $\Delta G = \beta(k) - M(k)$

mit: $M(k)$ = Beherrschungs- und Überwachungskosten auf dem Markt
        $\beta(k)$ = bürokratische Kosten interner Kontrolle

Bei geringer Faktorspezifität (z.B. $k = 0$) wird der Bezug über den Markt vorgezogen, da $\beta(0) > M(0)$. Demgegenüber wird bei großer Faktorspezifität der internen Organisation der Vorzug gegeben, da ausgeprägte Anreize den Vollzug von Anpassungen an Störungen weniger leicht machen. Der Punkt $\bar{k}$ zeigt den Übergangspunkt, in dem der Entscheider zwischen Unternehmen und Markt indifferent ist.[61]

2) Produktionskostenunterschiede aufgrund von Skalen- und Verbundvorteilen
Da Märkte oft verschiedenartige Nachfragen aggregieren können und dadurch Skalen- und Verbundvorteile entstehen, sind auch die Produktionskostenunterschiede bei der Betrachtung der Organisationsformen zu berücksichtigen. Der Produktions-

---

[58] Vgl. Williamson, O.E., 1990, S. 101 ff.; Williamson, O.E.: Comparative Economic Organization, in: Ordelheide, D./Rudolph, B./Büsselmann, E. (Hrsg.): Betriebswirtschaftslehre und ökonomische Theorie, Stuttgart 1991, S. 22 ff.
[59] Vgl. Williamson, O.E., 1990, S. 102.
[60] Vgl. Williamson, O.E., 1990, S. 102.
[61] Vgl. Williamson, O.E., 1990, S. 103 f.

kostenunterschied ΔC zwischen Eigenherstellung und Fremdbezug stellt, wenn ΔC als Funktion der Faktorspezifität k ausgedrückt wird, eine abnehmende Funktion von k im positiven Bereich dar.[62]

[6-3] $\Delta C = P_U(k) - P_M(k)$

mit: $P_U(k)$ = Produktionskosten innerhalb der Unternehmung
$P_M(k)$ = Produktionskosten auf dem Markt

Bei hoch standardisierten Transaktionen mit geringer Faktorspezifität, für welche die Skalenerträge einer Marktaggregation groß sind, sind die Produktionskosten innerhalb der internen Organisation vergleichsweise hoch. Mit zunehmender Faktorspezifität nimmt der Kostennachteil ab und nähert sich im Bereich der Einzelanfertigung asymptotisch gegen Null, da dann weder Skalen- noch Verbundvorteile zu erwarten sind. Um die geeignete Organisationsform zu bestimmen, ist die Summe aus Beherrschungs- und Überwachungskosten sowie den Produktionskosten zu minimieren.[63] Die Funktionsverläufe sind in Abbildung 6-5 dargestellt.[64]

Williamson formuliert in bezug auf die dargestellten Beziehungen vier Schluß-folgerungen:[65]

(1) Der Bezug über den Markt hat hinsichtlich Produktions-, Beherrschungs- und Überwachungskosten dort Vorteile, wo die optimale Faktorspezifität gering ist ($k^* < \hat{k}$).

(2) Bei hoher optimaler Faktorspezifität ist die interne Organisation vorteilhafter ($k^* > \hat{k}$), da der Markt nur geringe Einsparungsvorteile durch Aggregation der Nachfrage erzielt. Darüber hinaus erwachsen bei Einschaltung des Marktes Risiken aufgrund der Abhängigkeit.

(3) In den mittleren Bereichen optimaler Faktorspezifität ergeben sich nur kleine Kostenunterschiede. In der Empirie sind vielfältige Vertragsformen (z.B. auch Nicht-Standardverträge) beobachtbar, wobei häufig historische Zufälle aus-schlaggebend sein können.

(4) Unternehmen integrieren ihre Produktion nie allein aufgrund von Produktions-kostenunterschieden, obwohl sie gegenüber dem Markt durchgängig im Nachteil sind (überall $\Delta C > 0$). Erst wenn zusätzlich Vertragsschwierigkeiten hinzukom-men und diese $\hat{k}$ übersteigen, findet eine Integration statt.

---

[62] Vgl. Williamson, O.E., 1990, S. 104.
[63] Vgl. Williamson, O.E., 1990, S. 105.
[64] In seinen späteren Ausführungen führt Williamson zusätzlich eine „Hybridform" ein. Vgl. Williamson, O.E., 1991, S. 24.
[65] Vgl. Williamson, O.E., 1990, S. 105 ff.

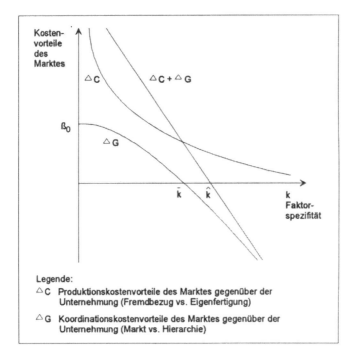

Legende:
△C Produktionskostenvorteile des Marktes gegenüber der
     Unternehmung (Fremdbezug vs. Eigenfertigung)

△G Koordinationskostenvorteile des Marktes gegenüber der
     Unternehmung (Markt vs. Hierarchie)

Abb. 6-5: Komparative Produktions- und Beherrschungs-/Überwachungskosten; Quelle: Williamson, O.E., 1990, S. 106.

3) Zur Anwendbarkeit des Ansatzes

Das von *Williamson* vorgeschlagene Denkmodell wurde in verschiedenen empirischen[66] und theoretischen Studien[67] aufgegriffen und auf Integrationsentscheidungen im Distributionskanal angewendet. In den Arbeiten wurde jedoch nicht nur die Frage gestellt, inwieweit die Effizienz der Handelsorganisationen durch vertikale Zusammenschlüsse gesteigert werden kann, sondern auch, wie die Effizienz unterschiedlicher Handelssysteme (Filialbetriebe, Franchisesysteme, Verbundgruppen, selbständiger Einzelhandel) im Distributionskanal beurteilt werden soll.[68]

---

[66] Vgl. z.B. John, G./Weitz, B.A.: Forward Integration into Distribution: An Empirical Test of Transaction Cost Analysis, in: Journal of Law, Economics, and Organization, 4. Jg., 1988, H. 2, S. 337 ff.; Dwyer, F.R./Oh, S.: A Transaction Cost Perspective on Vertical Contractual Structure and Interchannel Competitive Strategies, in: Journal of Marketing, 52. Jg., 1988, H. 4, S. 21 ff.; Klein, S./Frazier, G.L./Roth, V.R. : A Transaction Cost Analysis Model of Channel Integration in International Markets, in: Journal of Marketing Research, 27. Jg., 1990, H. 5, S. 196.

[67] Vgl. z.B. Picot, A., 1986, S. 1 ff.; Müller-Hagedorn, L., 1990, S. 457 ff.; Ganz, M., 1991, S. 215 ff.; Grote, B., 1990, S. 15 ff.; Fischer, M., 1993, S. 158 ff.; Heide, J.B.: Interorganizational Governance in Marketing Channels, in: Journal of Marketing, Vol. 58, 1994, S. 71 ff.

[68] Vgl. Müller-Hagedorn, L.: Die Vielfalt der Distributionsorgane, unveröffentlichtes Vortrags-

Im Rahmen von Hersteller-Händler-Beziehungen wird u.a. untersucht, welche Faktorspezifitäten die Zusammenfassung des Eigentums in einer Unternehmung begünstigen. *Fischer* zeigt am Beispiel des gehobenen Bekleidungsmarktes, daß hier die transaktionskostenspezifischen Investitionen in Sach- und Markenkapital von besonderer Bedeutung sind. So macht der notwendige Erlebniswert des Einkaufens und das entsprechende Ambiente hohe Investitionen in spezielle Einrichtungen und Ausstattungen erforderlich. Weiterhin sind aufgrund des hohen Einflusses des Markennamens auf die Kaufentscheidung transaktionsspezifische Investitionen in die Marke (z.B. ESCADA) zu tätigen, die gleichzeitig eine starke Kontrolle über den Distributionsweg nahelegen. Bei den personenspezifischen Fähigkeiten sind im gehobenen Bekleidungsmarkt insbesondere die persönlichen Beziehungen zwischen Verkäufern und Kunden zu nennen, die ab einem gewissen Einkaufsvolumen einen großen Einfluß auf den Umsatz der Produkte haben.[69] *Fischer* schlußfolgert, daß im gehobenen Bekleidungsmarkt bei zunehmender Ausprägung der genannten Faktoren und gleichzeitigem Vorliegen hoher Unsicherheit die vertikale Diversifikation (Aufbau oder Akquisition eines Distributionsorgans) eine effiziente Alternative zum Vertrieb über selbständige Händler darstellt (vgl. Abb. 6-6).[70] Somit kann den opportunistischen Verhaltenstendenzen der Transaktionspartner Einhalt geboten werden.[71]

Müller-Hagedorn weist weiterhin darauf hin, daß sich die Höhe der spezifischen Kosten auch danach richtet, inwieweit die Investitionen eines Handelsunternehmens durch das Verhalten eines einzelnen Herstellers entwertet werden können. Dies ist z.B. der Fall, wenn Geschäftsbeziehungen (z.B. durch ausbleibende Lieferungen oder durch Einstellung verkaufsunterstützender Maßnahmen) durch den Hersteller eingeschränkt werden. Die Höhe der verursachten spezifischen Kosten richtet sich dann nach den bestehenden Ausweichalternativen.[72]

---

manuskript, Köln 1994, S. 8 ff.

[69] Vgl. Fischer, M., 1993, S. 255.

[70] Folgt man Fischers Normstrategien, müßte die Escada AG aufgrund ihrer Spezifitäts- und Unsicherheitsausprägungen ein eigenes Distributionssystem aufbauen. Da die Escada AG in der Realität neben der hierarchischen und hybriden auch marktliche Koordinationsformen anwendet, erweist sich die Empfehlung im Sinne einer prognosefähigen Theorie als zu ungenau. Die Normstrategien müssen demnach präzisiert und um situative Variablen erweitert werden. Obwohl die Überlegungen für Entscheidungsträger von konzeptionellem Interesse sind, ist der Ansatz insgesamt noch davon entfernt, einen direkten Nutzen für die in der Realität anstehenden Entscheidungen zu liefern.

[71] Vgl. Fischer, M., 1993, S. 226.

[72] Vgl. Müller-Hagedorn, L., 1994, S. 12.

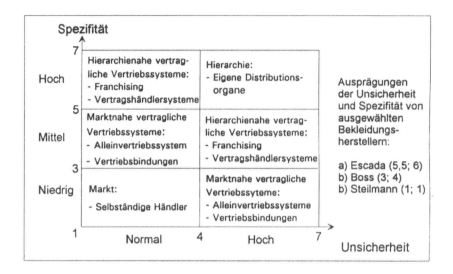

Abb. 6-6: Ableitung von Koordinations-Normstrategien; Quelle: in Anlehnung an Fischer, M., 1993, S. 228 ff. u. 260.

Neben der Faktorspezifität kommt auch der **Unsicherheit** eine besondere Bedeutung zu. *Ganz* zeigt anhand von Plausibilitätsüberlegungen, daß die bei PC-Händlern zu beobachtenden vertikalen Diversifikationen in die vorgelagerte Wertschöpfungsstufe (Fertigung der PC, Entwicklung von Gehäuse und Tastatur) mit dem Streben nach einer Reduktion von Unsicherheit begründet werden können.[73]

Zusammenfassend kann festgestellt werden, daß der heuristische Ansatz von *Williamson* Einsichten zu der Frage bringt, warum Handelsunternehmen vertikal diversifizieren.[74] Der theoretische Ansatz, der das Unternehmen als Beherrschungs- und Überwachungssystem auffaßt, geht über die Möglichkeiten eines Modells, das die Unternehmung als Produktionsfunktion deutet, hinaus. Einzelne Fälle vertikaler Diversifikation können mit dem Modell diskutiert und beurteilt werden. Gleichzeitig fällt aber auf, daß der Kenntnisstand in der Literatur als rudimentär zu bezeichnen ist.[75] Die Konzeptionen sind meist nur an einzelnen Beispielen gut belegbar. Nur in wenigen Ansätzen wurde der Versuch einer umfassenden empirischen Quantifizierung unternommen (z.B *Monteverde/Teece*).[76] Konkrete Annahmen über die handelsspezifischen Wirkungsweisen von Faktorspezifität, Unsicherheit und Häufigkeit liegen nur in Ansätzen vor. Die Frage, ob die insgesamt geringe Anzahl der

---

[73] Vgl. Ganz, M., 1991, S. 215 ff.

[74] Vgl. Schumann, J., 1992, S. 452 f.

[75] Williamson bezeichnet den Transaktionskostenansatz als „primitiv und verbesserungsbedürftig". Williamson, O.E., 1990, S. 148.

[76] Vgl. Monteverde, K./Teece, D.J.: Supplier Switching Costs and Vertical Integration in the Automobile Industry, in: Bell Journal of Economics, 13. Jg., 1982, S. 206 ff.

den Handel betreffenden vertikalen Diversifikationen[77] auf niedrige spezifische Investitionen zurückzuführen ist, muß demnach offen bleiben. Ferner ist zu berücksichtigen, daß auch andere Faktoren einen gewichtigen Einfluß auf vertikale Diversifikationsentscheidungen nehmen können (z.B. Errichtung von Markteintrittsbarrieren, Erhöhung des Informationsstandes).[78]

Nachdem ausgewählte Aspekte des vertikalen Transaktionskostenansatzes diskutiert worden sind, soll im folgenden untersucht werden, unter welchen Bedingungen die horizontale Diversifikation mit Hilfe der Transaktionskostentheorie erklärt werden kann.

6.10 Der Ansatz von Teece zur Erklärung horizontaler Diversifikation

In der mikroökonomischen Theorie der Unternehmung werden Unternehmen abstrakt mit Hilfe von Produktionsfunktionen dargestellt. Dabei wird u.a. angenommen, daß keine Transaktionskosten existieren und Know-how beliebig übertragbar ist. *Teece* hebt die strengen, realitätsfernen Annahmen auf und untersucht die Frage, welche Bestimmungsfaktoren dafür verantwortlich sind, daß ein Großteil von Unternehmen seine entstandenen Ressourcenüberschüsse nicht einer separaten Markttransaktion zuführt, sondern sie durch Diversifikation in neue Produkt/Markt-Bereiche innerhalb der eigenen Organisationsstruktur verwertet.[79]

Im Rahmen seiner Überlegungen beschäftigt sich *Teece* zunächst mit den **Eigenschaften von Know-how** (Fähigkeiten, Können, Wissen). Im Laufe der Zeit sammeln sich in einem Unternehmen aufgrund der Produktions- und Koordinationserfahrungen Fähigkeiten an, die sich nicht nur auf das aktuelle Produktionsprogramm beschränken, sondern auch im Rahmen von Verbundeffekten in bislang nicht bearbeiteten Tätigkeitsfeldern eingesetzt werden können. Bezüglich der Know-how-Art kann zwischen schwer und leicht transferierbaren Fähigkeiten unterschieden werden. Zur ersten Kategorie rechnet *Teece* das Mitarbeiterwissen, welches gewissen Regeln unterliegt, derer sich selbst die Ausführenden nur begrenzt bewußt sind.[80] So kann es u.U. sehr lange dauern, bis ein Verkäufer alle notwendigen Kenntnisse an einen Kollegen weitergegeben hat. Außenstehende können diese Fertigkeiten, die „so sehr in Fleisch und Blut übergegangen sind"[81] ('learning by

---

[77] Zur Bedeutung der vertikalen Diversifikation im Handel vgl. Kap. 3.2.
[78] Zu den verschiedenen Gründen der vertikalen Diversifikation vgl. Stein, I., 1992, S. 105.
[79] Vgl. Teece, D.J., 1980, S. 223 ff.; Teece, D.J., 1982, S. 39 ff.
[80] Diesbezüglich verweist die Literatur häufig auf das Fahrradfahrer-Beispiel. So können Fahrradfahrer häufig nicht erklären, warum sie beim Fahren das Gleichgewicht halten. Vgl. Teece, D.J., 1982, S. 44.
[81] Williamson, O.E., 1990, S. 60.

doing'), nur mit großer Mühe in Erfahrung bringen. Die Gesamtheit dieses Mitarbei-
ter-Know-hows bildet die Wissensbasis der Organisation. Um diese Know-how-
Basis zu nutzen, werden aber zusätzlich noch Informationen über das Zusammenwirken des individuellen Wissens benötigt. So verlangt eine Vielzahl von Aufgaben
eine enge Abstimmung mit anderen Mitarbeitern. Daher hängt die Marktfähigkeit
und Übertragbarkeit des Wissens auf andere Organisationseinheiten von den Eigenschaften des zu übertragenden Know-hows ab. Wenn es sich hierbei um klar abgrenzbare Aufgabenbereiche handelt, kann ein Transfer von wenigen Fachleuten
ausreichend sein. Falls jedoch auch Organisationswissen übertragen werden soll,
kann ein Transfer außerhalb der Unternehmensgrenze, also entgegen den neoklassischen Annahmen, schwierig bis unmöglich sein.[82]

Gegenüber dem schwer übertragbaren Wissen beinhaltet die zweite Kategorie das
leicht transferierbare Know-how ('fungible knowledge').[83] Neben dem Management-Know-how sind auch zahlreiche Fähigkeiten eines Unternehmens übertragbar,
wie z.B. in der Diskussion über ein fähigkeitsorientiertes Verständnis von Organisationen gezeigt wird.[84]

In der Wachstumstheorie von *Penrose* werden die Gründe, die zur Entstehung von
Ressourcenüberschüssen führen, theoretisch hergeleitet (Kap. 4.1). Auch *Teece*
geht davon aus, daß in jeder Organisation
- aufgrund von Unteilbarkeiten und Disproportionalitäten bestimmter Kapazitäten,
- durch plötzlich auftretende Marktungleichgewichte sowie
- durch entstehende Lerneffekte
Ressourcenüberschüsse anfallen.[85]

Um **Diversifikation** ökonomisch zu erklären, ist also die Frage zu beantworten,
warum ein Unternehmen diese Ressourcenüberschüsse innerhalb der eigenen Organisationsstruktur verwenden sollte. Ein Unternehmen hat dabei im ersten Schritt zu
entscheiden, ob es seine freien Potentiale in traditionelle oder in neue Geschäfte investiert.[86] Erscheint eine Investition der Überschüsse in das Kerngeschäft als un-
attraktiv, z.B. weil sich dieses in der Sättigungs- und Verfallphase des Lebenszyklus
befindet, dann muß das Unternehmen im zweiten Schritt prüfen, unter welchen Bedingungen diese Ressourcen marktlich zu veräußern bzw. zur Nutzung anzubieten
sind und welche Möglichkeiten der Eigennutzung im Rahmen einer Diversifikation
bestehen. Um die bestehenden Alternativen zu bewerten, ist eine **Transaktions-**

---

[82] Vgl. Teece, D.J., 1980, S. 228 f.; Teece, D.J., 1982, S. 45.

[83] Vgl. Teece, D.J., 1982, S. 45.

[84] Der Gedanke des Know-how-Transfers verkehrt die neoklassische Sichtweise der Unternehmung. Diese geht davon aus, daß sich ein Unternehmen Technologien aneignet, um ein End-
produkt herzustellen. Demgegenüber wird hier die Sichtweise vertreten, daß neue in das Leistungsprogramm des Unternehmens aufzunehmende Produkte nach vorhandenen, transferierbaren Fähigkeiten ausgesucht werden. Vgl. hierzu z.B. Prahalad, C.K./Hamel, G.: Nur Kernkompetenzen sichern das Überleben, in: Harvard Manager, 13. Jg., 1991, H. 2, S. 66 ff.

[85] Vgl. Teece, D.J., 1982, S. 46.

[86] Vgl. Teece, D.J., 1982, S. 47.

kostenanalyse der ungenutzten Ressourcen anzustellen (vgl. Abb. 6-7). Folgende zwei Fälle sind zu betrachten:

1) Es bestehen keine besonderen Transaktionsprobleme.

Falls keine besonderen Transaktionsprobleme vorliegen und somit nur geringe marktseitige Transaktionskosten anzunehmen sind, besteht für das Unternehmen kein Anreiz, die Ressourcenüberschüsse einer internen Nutzung zuzuführen. Vielmehr bietet es sich an, die freien Potentiale dem Markt zur Verfügung zu stellen (z.B. Verkauf von Beratungsleistungen, Verpachtung freien Lagerraumes, Konzessionierung der Verkaufsfläche eines Warenhauses, Gewährung von Patenten).[87]

2) Eine marktliche Verwertung ist mit hohen Transaktionskosten verbunden.

Je höher die mit der marktlichen Verwertung von Ressourcenüberschüssen verbundenen Transaktionskosten sind, desto lohnender erscheint die unternehmensinterne Verwendung (z.B. technische Kenntnisse, Firmen-Goodwill). Hohe marktliche Transaktionskosten liegen u.a. vor, wenn a) Vereinbarungsschwierigkeiten im Rahmen des „small numbers problem", b) Meßprobleme des Leistungsbeitrages oder c) Vertrauensprobleme, die durch eine asymmetrische, den Wert der Ressourcen betreffende Informationsverteilung verursacht werden, bestehen.[88]

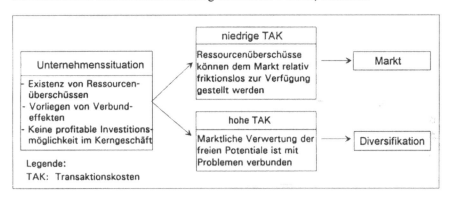

Abb. 6-7: Ansatz zur Erklärung horizontaler Diversifikation nach Teece

Teece verdeutlicht das Problem u.a. am Beispiel des Know-how-Transfers.[89] Obwohl Know-how zumindest teilweise die Eigenschaften eines öffentlichen Gutes aufweist,[90] können der Übertragbarkeit mit Hilfe des Marktmechanismus enge Grenzen gesetzt sein. Zunächst bestehen hohe Anbahnungskosten. So ist der Wert der Informationen für den Käufer erst dann bekannt, wenn er die Informationen erhalten hat. Da der Vertragspartner nach Kenntnisnahme jedoch wenig Anreiz hat,

---

[87] Vgl. Teece, D.J., 1980, S. 228.
[88] Vgl. Teece, D.J., 1980, S. 230 f.; Krüsselberg, U., 1992, S. 181.
[89] Zu zwei weiteren Fällen, bei denen Marktversagen vorliegt, vgl. Teece, D.J., 1982, S. 49 f.
[90] Vgl. hierzu Kap. 5.2.2.2.

für die erhaltenen Informationen zu bezahlen, werden umfangreiche vertragliche Absicherungen notwendig (Informationsparadoxon). Weiterhin können hohe Durchführungs- und Anpassungskosten bestehen, da die Übertragung von Wissen häufig auch den Transfer von Mitarbeitern voraussetzt. Darüber hinaus bestehen auch erhebliche Kontrollkosten, die durch die Gefahr einer nicht vertraglich verein-barten Weitergabe von Know-how verursacht werden.[91] Die marktliche Koordina-tion wird sich aufgrund der umfangreichen Absicherungsbedürfnisse eher als ineffi-zient herausstellen. Vielmehr wird die Weitergabe des Know-hows innerhalb der Unternehmensgrenzen effizienter sein als zwischen verschiedenen Unternehmen.

Wie ist der Ansatz von *Teece* zu **bewerten**?

- Sowohl die Mikroökonomik, die die Mehrproduktunternehmung als exogen ge-gebene Größe akzeptiert, als auch die Betriebswirtschaftslehre konnten bislang nicht theoriegeleitet angeben, unter welchen Bedingungen Aktivitäten in anderen Produktbereichen effizienter innerhalb der Unternehmensgrenzen als außerhalb abzuwickeln sind. Vor diesem Hintergrund ist der Ansatz von *Teece* als wert-voller Beitrag zur theoretischen Erklärung dieses Phänomens zu sehen.[92]
- Der theoretische Ansatz ist auf den Handel übertragbar. Um Diversifikation im Handel zu erklären, müßten demnach sowohl Ressourcenüberschüsse als auch Probleme bei ihrer marktlichen Verwertung vorliegen. Auch im Handel sind die Bedingungen für die Funktionsfähigkeit von Märkten zur marktlichen Ver-wertung von Unternehmenspotentialen nicht immer erfüllt. Zu denken ist z.B. an Logistik-Know-how, Filialisierungs-Know-how oder an Kenntnisse über moder-ne Organisationsstrukturen.

Demgegenüber kann eingewendet werden, daß Diversifikation einseitig mit dem Vorliegen von Ressourcenüberschüssen und Marktversagen bei ihrer Verwertung erklärt wird. Andere Motive (z.B. Erzielen von Wettbewerbsvorteilen oder Mono-polgewinnen) werden nicht berücksichtigt. *Picot* kritisiert weiterhin, daß der Ansatz das eventuell aufwendige und im Ergebnis unsichere Kreativitäts- und Durch-setzungsproblem bei der Erschließung neuer Leistungsbereiche nicht berücksichtigt und somit der Alternativenvergleich noch schwieriger wird.[93] Insgesamt stellt der Ansatz von *Teece* jedoch einen innovativen Beitrag dar, der zu einer umfassenden Theorie der Diversifikation ausgebaut werden könnte. So weist *Picot* darauf hin, daß der Ansatz zumindest auch zur Erklärung von Holdinggesellschaften und Konglomeraten herangezogen werden kann.[94] Nachdem in den Kapiteln 4 bis 6 theoretische Erklärungsansätze zur Diversifikation untersucht worden sind, soll im Folgenden auf die mit der Diversifikation verbundenen Erfolgswirkungen einge-gangen werden.

---

[91] Vgl. Teece, D.J., 1982, S. 49 ff.
[92] Vgl. Picot, A., 1982, S. 280.
[93] Vgl. Picot, A., 1982, S. 280.
[94] Vgl. Picot, A., 1982, S. 280 f.; Teece, D.J., 1980, S. 232 f. Diese Fragestellung wird ansatz-weise auch von Williamson in Kap. 9 untersucht. Vgl. hierzu Williamson, O.E., 1990, S. 237 ff.

Teil C

Empirische Analyse externer Diversifikationsprojekte

In den vorangegangenen Kapiteln wurden Theorieansätze zur Erklärung von Diversifikation aufgezeigt. In Teil C dieser Arbeit wird die Erfolgswirkung der im Handel beobachtbaren Diversifikationsstrategien analysiert. Hierzu werden in Kapitel 7 verschiedene empirische Forschungsansätze diskutiert. Weiterhin wird auf die Grundlagen einer kapitalmarktorientierten Untersuchungskonzeption eingegangen. Im Mittelpunkt von Kapitel 8 stehen zunächst Auswahl und Aufbau der Datenbasis. Anschließend wird der Diversifikationserfolg mit Hilfe von drei Analysemethoden und drei Marktindizes berechnet. In Kapitel 9 wird die Untersuchungsperspektive erweitert, indem der Einfluß von Drittvariablen auf den Diversifikationserfolg untersucht wird.

7 Zur Bestimmung des Diversifikationserfolgs

Untersuchungen, die sich mit der Wirkung eines bestimmten Ereignisses auf den Aktienmarkt beschäftigen, werden als Ereignisstudien ('event studies') bezeichnet und finden sich überwiegend in der amerikanischen Kapitalmarktforschung. Sie messen den Markteffekt eines Ereignisses (z.B. die Ankündigung einer Diversifikation) mit Hilfe von sogenannten abnormalen Renditen. Ereignisstudien, die den Erfolg von deutschen Unternehmenszusammenschlüssen analysieren, liegen von *Bühner* und *Grandjean* vor.[1] Die Arbeit von *Grandjean* klammert diversifikationsspezifische Sachverhalte jedoch aus. Der von ihnen zugrundegelegte kapitalmarktorientierte Ansatz erscheint innovativ und vielversprechend. Vor diesem Hintergrund sind im Rahmen dieses Kapitels Anworten auf zwei Fragenkomplexe zu finden:

(1) Stellt die Ereignisstudie einen geeigneten Forschungsansatz dar, um den Zusammenhang zwischen Diversifikation und Erfolg im Handel zu untersuchen?

(2) Wenn ja, wie sieht eine kapitalmarktorientierte Untersuchungskonzeption aus? Auf welche Art und mit welchen Analysemodellen kann die abnormale Rendite berechnet werden? Welche Probleme treten auf, und wo sollten Weiterentwicklungen ansetzen?

Im Mittelpunkt des ersten Abschnitts stehen die Erfolgsgrößen und Analysemethoden zur Beurteilung von Diversifikationsstrategien. Ansatzpunkte stellen Jahresabschlüsse, Desinvestitionsquoten, Markterfolgsmaße, Experteneinschätzungen und Kapitalmarktmaße dar. Im Rahmen einer Gegenüberstellung wird dargelegt, daß ein kapitalmarktorientierter Forschungsansatz vergleichsweise geeignet erscheint. Im zweiten Abschnitt werden die Grundlagen kapitalmarktorientierter Untersuchungen dargelegt. Verschiedene Analysemodelle werden diskutiert und beurteilt. Die Aussagekraft und die mit Ereignisstudien verbundenen Probleme sind Gegenstand des dritten Abschnitts. Der vierte Abschnitt gibt einen Überblick über die bisher durch-

---

[1] Bühner, R., 1990c; Bühner, R., 1990d, S. 295-316; Bühner, R. 1991a; Bühner, R., 1992, S. 445-461; Grandjean, B.: Unternehmenszusammenschlüsse und die Verteilung der abnormalen Aktienrenditen zwischen den Aktionären der übernehmenden und übernommenen Gesellschaften - Eine empirische Untersuchung, Frankfurt 1992.

geführten Studien und den Stand der Forschung. Um Probleme bei der Durch-
führung einer Ereignisstudie aufzuzeigen, werden exemplarisch die Arbeiten von
Bühner untersucht. Der letzte Abschnitt beinhaltet eine Zusammenfassung der
Diskussion.

7.1 Messung und Operationalisierung des Diversifikationserfolgs

Um den Erfolg einer Diversifikation beurteilen zu können, muß zunächst die Er-
folgsgröße konkretisiert und anschließend die Art und Weise der Messung festgelegt werden. *Schüle*, der 43 empirische Studien analysiert, stellt fest, daß mit etwa
30 unterschiedlichen Operationalisierungsansätzen eine beachtliche Vielzahl von
Erfolgsmaßstäben verwendet wird.[2] Die in der Literatur vorzufindenden Ansätze
lassen sich fünf Gruppen zuordnen, wobei die Mehrzahl der Studien die Erfolgs-
kennzahlen entweder aus dem Jahresabschluß oder aus den Aktienkursen eines
Unternehmens ableitet. Im folgenden werden Erfolgsmaße und korrespondierende
Analysemethoden diskutiert.

7.1.1 Jahresabschlußorientierte Erfolgsanalysen

Analysen auf der Basis von jahresabschlußorientierten Kennzahlen legen z.B. Ge-
winn, Umsatz, Umsatzrentabilität, Gesamtkapitalrentabilität (ROI), Cash Flow oder
Dividende als Erfolgsmaß zugrunde.[3] Nachdem die Maße festgelegt sind, kann die
Wirkung der Diversifikation auf den Unternehmenserfolg grundsätzlich mit zwei
Analysemethoden ermittelt werden: Vorher-Nachher-Analysen und komparative
Objektanalysen.[4] **Vorher-Nachher-Analysen** messen die durch die Diversifikation
ausgelösten Veränderungen der gewählten Erfolgsvariablen. So könnte beispielsweise, wie in Abbildung 7-1 dargestellt, die Entwicklung der Eigenkapitalrentabilität der KARSTADT AG fünf Jahre vor und fünf Jahre nach der NECKER-
MANN-Übernahme gemessen werden. Die Frage, inwieweit die Akquisition oder die
strukturellen Probleme der Warenhäuser am Ende der siebziger Jahre für den Rückgang der Rentabilität verantwortlich sind, kann nur mit Hilfe weiterer Informationen
beantwortet werden. Um die damit verbundenen Probleme zu vermeiden, setzen
komparative Objektanalysen eine Gegenüberstellung der diversifizierenden Unternehmen mit Kontrollgruppen von nicht diversifizierten Unternehmen oder Bran-
chendurchschnittswerten voraus.

---

[2]   Vgl. Schüle, F.M., 1992, S. 103.
[3]   Vgl. Bühner, R., 1990e, S. 88 f.
[4]   Vgl. Bühner, R., 1990e, S. 85.

Jahr	- 5 1972	- 4 1973	- 3 1974	- 2 1975	- 1 1976	t = 0 1977	1 1978	2 1979	3 1980	4 1981	5 1982
Jahresüberschuß vor Steuern (in Mio. DM)	284	256	302	382	300	219	148	124	200	139	161
Jahresüberschuß nach Steuern (in Mio. DM)	122	106	120	144	122	**70**	64	43,2	77,6	43,2	58,2
Eigenkapital- rentabilität*	0,31	0,27	0,30	0,32	0,24	**0,18**	0,12	0,10	0,16	0,11	0,12

* Eigenkapitalrentabilität = Jahresüberschuß vor Steuern/Eigenkapital

Abb. 7-1: Jahresüberschuß und Eigenkapitalrentabilität der Karstadt AG fünf Jahre vor und fünf Jahre nach der Übernahme der Neckermann AG im Jahre 1977; Quelle: Auswertung von Geschäftsberichten der Karstadt AG (1972-1982) und Anzeige beim Bundes kartellamt

Die im Jahresabschluß veröffentlichten Größen werden von verschiedenen Autoren als geeigneter Maßstab zur Beurteilung der vom Management zu vertretenden unternehmenspolitischen Handlungen betrachtet.[5] Weiterhin sind die einfache Berechnung und der vergleichsweise geringe Datenbeschaffungsaufwand als Vorteile zu nennen. Gegen jahresabschlußorientierte Erfolgsmaßstäbe spricht erstens, daß sie vorrangig die **historische Entwicklung** eines Unternehmens widerspiegeln[6] und somit das erst in der Zukunft zu realisierende strategische Potential einer Diversifikation außer acht lassen. Zweitens erschweren zahlreiche Bilanzierungswahlrechte und die branchenspezifischen Bilanzierungsgepflogenheiten den Vergleich.[7] Drittens besteht aufgrund des begrenzten Unternehmenskreises das Problem, eine ausreichende Anzahl an Kontrollunternehmen zu finden. Auch sind Zusammenschlüsse in anderen Branchen nur bedingt mit denen des Handels (z.B. wegen der vergleichsweise hohen Bedeutung von Beschaffungssynergien) vergleichbar.

7.1.2 Erfolgsanalysen auf der Basis von Desinvestitionsquoten

Einige Autoren wählen einen stark vereinfachenden Indikator und schließen von der Desinvestitionquote neu aufgebauter Geschäftsbereiche auf den Diversifikationserfolg eines Unternehmens.[8] Beispielsweise analysiert *Porter* Diversifikations-

---

5 Vgl. z.B. Bettis, R.A.: Performance Differences in Related and Unrelated Diversified Firms, in: Strategic Management Journal, 2. Jg., 1981, S. 384.

6 Vgl. Küting, K./Weber, C.P.: Die Bilanzanalyse - Lehrbuch zur Beurteilung von Einzel- und Konzernabschlüssen, Stuttgart 1993, S. 48.

7 Vgl. hierzu Jacobs, S., 1992, S. 89 f.; Schüle, F.M., 1992, S. 102 ff.

8 Vgl. hierzu z.B. Montgomery, C.A./Wilson, V.A.: Research Note and Communications Mergers that last: A Predictable Pattern?, in: Strategic Management Journal, 7. Jg., 1986, Nr. 1, S. 91-96; Porter, M.E.: Diversifikation - Konzerne ohne Konzept, in: Harvard Manager, 9. Jg., 1987, H. 4, S. 30-49; Hoffmann, F: So wird Diversifikation zum Erfolg, in: Harvard Manager, 11. Jg., 1989, Nr. 4, S. 52-58.

programme von 33 amerikanischen Unternehmen über einen längeren Zeitraum (1950-1987). Er geht davon aus, daß „ein Unternehmen - abgesehen von einigen Sonderfällen - eine erfolgreiche Geschäftseinheit nicht verkaufen oder schließen wird"[9]. In Abbildung 7-2 sind beispielhaft die Desinvestitionsquoten deutscher Warenhäuser für den Zeitraum 1982-1991 dargestellt.

Unter-nehmen	Anzahl der Di-versifikations-objekte (intern)	davon: Desin-vestitionen		Anzahl der Di-versifikations-objekte (extern)*	davon: Desivestitionen	
		Anzahl	Quote		Anzahl	Quote
Hertie	4	0	0 %	k.A.	k.A.	k.A.
Horten	0	0	0 %	8	3	38 %
Karstadt	5	3	60 %	13	2	15 %
Kaufhof	3	1	33 %	21	1	5 %

Abb. 7-2: Auswertung des Diversifikationserfolgs nach Desinvestitionsquoten am Beispiel der deutschen Warenhäuser (1982-1991); Quelle: Auswertung von Geschäftsberichten und Anzeigen beim Bundeskartellamt

Dem mit dieser Methode verbundenen Vorteil, daß Diversifikationsprogramme über einen für strategische Maßnahmen genügend langen Zeitraum beobachtet werden können, stehen gravierende Nachteile gegenüber. Erstens erlaubt die Auswertung keine Aussagen über die relative Höhe des Erfolgs. Bezüglich Abbildung 7-2 stellt sich die Frage, ob die Diversifikationsstrategie des KAUFHOFS erfolgreicher eingeschätzt werden kann als die von KARSTADT oder HORTEN verfolgten Strategien. Zweitens werden Projekte, die sich in ihrer finanziellen und strategischen Bedeutung für das Unternehmen unterscheiden können, miteinander verglichen. Drittens ist die vereinfachende Annahme, daß nur weniger erfolgreiche Geschäftsbereiche liquidiert bzw. desinvestiert werden, zu hinterfragen. So ist denkbar, daß überteuert eingekaufte oder als Mißerfolg eingestufte Unternehmenseinheiten im Unternehmen verbleiben, wie die Beispiele OPPERMANN bei KAUFHOF oder NECKERMANN bei KARSTADT zeigen. Weiterhin ist nicht auszuschließen, daß auch profitable Geschäfte im Rahmen einer Reorganisation oder bei Vorliegen einer interessanten Käuferofferte wieder abgestoßen werden.[10]

---

[9]   Porter, M.E., 1987, S. 34.

[10] Porter widerspricht sich in diesem Punkt. Einerseits unterstellt er, daß Unternehmen nur in Sonderfällen ihre erfolgreichen Geschäftseinheiten verkaufen. Andererseits weist er auf den wichtigen Strategietyp der Sanierungsdiversifikation hin. Demnach kaufen Mischkonzerne unterentwickelte oder akut bedrohte Firmen auf, sanieren sie und veräußern sie anschließend wieder mit Gewinn. Vgl. Porter, M.E., 1987, S. 38.

7.1.3 Markterfolgsorientierte Analysen

Verschiedene Autoren schlagen Kriterien des Markterfolges (z.B. Marktanteil, erreichte Wettbewerbsposition) als Maßstab zur Beurteilung von Diversifikationsstrategien vor.[11] Dabei wird häufig vereinfachend unterstellt, daß Unternehmen mit hohen Marktanteilen auch überdurchschnittlich erfolgreich sind.[12] Die Arbeiten gehen unterschiedlichen Zusammenhängen nach: *Montgomery* findet in ihrer Studie Anhaltspunkte für die Hypothese, daß die Produkte stark diversifizierter Unternehmen geringere Marktanteile aufweisen als die von spezialisierten Unternehmen.[13] *Christensen/Montgomery* ermitteln für Unternehmen einen Zusammenhang zwischen unverwandter Diversifikation, niedrigen Marktanteilen und niedriger Profitabilität.[14] *Lubatkin* untersucht, ob die Marktanteile zweier in unterschiedlichen Branchen agierender Unternehmen nach erfolgtem Zusammenschluß ansteigen.[15]

Markterfolgsmaße sind insbesondere in Märkten, die sich noch in der Entwicklungsphase befinden, aussagekräftiger als die Kennzahlen Umsatz oder Gewinn. So ist im Handel häufig zu beobachten, daß einige Jahre vergehen, bis sich Konsumentengewohnheiten zugunsten eines neu am Markt eingeführten Betriebstyps verändern. Auch bieten Markterfolgsmaße den Vorteil, daß sie relative, die Konkurrenz berücksichtigende Größen darstellen. Es könnte z.B. gefragt werden, ob das Fachmarktengagement des KAUFHOFS mit den Vertriebstypen SATURN und MEDIA MARKT in der Region Köln zu einer kombinierten Marktanteilssteigerung im Einzelhandel mit Erzeugnissen der Unterhaltungselektronik geführt hat.[16] Die Beurteilung des Erfolgs von Diversifikationsstrategien mit Hilfe von Marktanteilen stellt aus theoretischer Sicht eine interessante Untersuchungsperspektive dar. Demgegenüber ist jedoch zu bedenken, daß diversifizierte Handelsunternehmen eine Vielzahl

---

11 Vgl. hierzu z.B. Biggadike, R.E.: Corporate Diversification: Entry, Strategy, and Performance, Cambridge (Mass.) 1979a; Biggadike, R.E.: The Risky Business of Diversification, in: Harvard Business Review, 57. Jg., 1979, H. 5/6, S. 103-111; Christensen, H.K./Montgomery, C.A., 1981; Yip, G.S.: Barriers to Entry - A Corporate-Strategy Perspective, Lexington (Mass.), Toronto 1982a; Montgomery, C.A./Singh, H., 1984; Montgomery, C.A.: Product-Market Diversification and Market Power, in: Academy of Management Journal, 28. Jg., 1985, Nr. 4, S. 789-798; Meyer, J./Heyder, B.: Das Start-up-Geschäft: Erkenntnisse aus dem PIMS-Programm, in: Riekhof, H.-C. (Hrsg.): Strategieentwicklung, Stuttgart 1989, S. 351-369; Jacobs, S., 1992; Lubatkin, M.: Market Power Gains, in: Academy of Management Journal, 1994 geplant.

12 Schwalbach und Hildebrandt gehen von einem signifikanten Zusammenhang zwischen Marktanteil und Gewinn bzw. Rentabilität aus. Vgl. Schwalbach, J.: Marktanteil und Unternehmensgewinn, in: ZfB, 58. Jg., 1988, H. 4, S. 535 ff.; Hildebrandt, L.: Wettbewerbssituation und Unternehmenserfolg - Empirische Analysen, in: ZfB, 62. Jg., 1992, H. 10, S. 1071 ff.

13 Vgl. Montgomery, C.A., 1985, S. 790.

14 Vgl. Christensen, H.K./Montgomery, C.A., 1981, S. 339.

15 Vgl. Lubatkin, M., 1994.

16 Diese Entwicklung wurde z.B. vom Bundeskartellamt angenommen. Die vermutete überragende Marktstellung führte zur zeitweisen Untersagung der Übernahme von Saturn/Hansa durch die Kaufhof AG. Vgl. Bundeskartellamt, 1991, S. 12.

von Artikeln unter Einschaltung verschiedener Betriebsformen und -typen in verschiedenen lokalen, regionalen und überregionalen Märkten vertreiben. Folglich ist eine empirische Marktanteilsschätzung im Handel, wie sie z.B. vom Bundeskartellamt vorgenommen wird, mit erheblichen Datenerhebungs- und Abgrenzungsproblemen verbunden.

7.1.4 Erfolgsanalysen durch Experteneinschätzungen

Es existieren nur wenige Untersuchungen, die den Erfolg einer Diversifikationsstrategie durch mündliche oder schriftliche Befragung von Experten ermitteln.[17] Befragungen analysieren die unternehmensinterne (oder -externe) Beurteilung eines Zusammenschlusses. Bei unternehmensinternen Befragungen können auch Wirkungen untersucht werden, die durch Zugriff auf extern verfügbare Daten nicht offengelegt werden können (z.B. Einfluß der Ressourcensituation, interne Projektstrukturen und -abläufe). Die empirischen Studien von *Kitching* und *Möller* ermitteln für Unternehmenszusammenschlüsse mit Hilfe des Instruments der Befragung Erfolgsquoten zwischen 60 und 80 %.[18]

Befragungen sind, wie die Untersuchung von *Jacobs* zeigt, insbesondere zur Identifikation einzelner Einflußfaktoren sowie für die Erforschung explorativer Anliegen geeignet. Als Nachteile sind demgegenüber die aufwendige Datenerhebung, das Problem der Zurechenbarkeit der Ergebnisse (interne Validität), die Verzerrungen durch beschränkte Auskunft bei Mißerfolgen (externe Validität)[19] und die unterschiedlichen Bewertungskriterien der Interviewpartner (Reliabilität) zu nennen.[20] Wegen der mit der Befragung verbundenen Probleme wertet z.B. *Hoffmann* seine eigenen Ergebnisse trotz einer vergleichbar hohen Rücklaufquote von 65 % nur als Tendenzaussagen.[21]

7.1.5 Kapitalmarktorientierte Erfolgsanalysen

Insbesondere neuere Untersuchungen zur Diversifikation legen als Erfolgsmaßstab Kennziffern des Kapitalmarktes zugrunde. Untersucht wird die Reaktion der Marktteilnehmer auf eine bedeutende unternehmensspezifische Information, z.B. die Bekanntgabe eines Unternehmenszusammenschlusses oder einer Diversifikation. Als Maß für die durch die Ereignisse hervorgerufenen Gewinne oder Verluste wird

---

17 Vgl. hierzu z.B. Kitching, J., 1967; Kitching, J.: Winning and Losing with European Acquisitions, in: Harvard Business Review, 52. Jg., 1974, H. 2, S. 124-136; Möller, W.P.: Der Erfolg von Unternehmenszusammenschlüssen. Eine empirische Untersuchung, München 1983; Hoffmann, F., 1989; Jacobs, S./Dobler, B., 1989; Jacobs, S., 1992.

18 Vgl. Kitching, J., 1967, S. 84 ff.; Kitching, J., 1974, S. 125; Möller, W.P., 1983.

19 Versandhandelsunternehmen waren z.B. nicht auskunftsbereit, wie in der explorativen Untersuchung von Jacobs/Dobler gezeigt wurde. Vgl. Jacobs, S./Dobler, R., 1989.

20 Vgl. Bühner, R., 1990e, S. 98 f.

21 Vgl. Hoffmann, F., 1989, S. 52.

die **abnormale Rendite**[22] herangezogen. Sie ist definiert als die im Zeitraum t bestehende Differenz zwischen der Rendite der Aktie i und dem Erwartungswert der Rendite der Aktie i.[23] Der Erwartungswert der Rendite wird mit Hilfe eines Gleichgewichtsmodells ermittelt. Eine erfolgreiche Diversifikationsstrategie ist durch eine positive abnormale Rendite gekennzeichnet.

Eine an diese Maße anknüpfende Forschungsmethodik ist mit verschiedenen Vorteilen verbunden. Zu nennen ist erstens die Zukunftsorientierung, da unterstellt wird, daß Aktionäre auch zukünftige, die Diversifikation betreffende Informationen in ihr Bewertungskalkül einbeziehen. Zweitens können Aktienkurse im Vergleich zu jahresabschlußorientierten Maßnahmen nicht bzw. nur begrenzt durch das Management manipuliert werden. Kapitalmarktmaße werden deshalb in der Literatur als „objektive" Erfolgskriterien betrachtet.[24] Drittens wird auf die für die Eigentümer relevante Bezugsgröße, die Wertsteigerung des Aktionärsvermögens ('shareholder value'), zurückgegriffen. Viertens entfällt die Notwendigkeit, eine Kontroll- bzw. Bezugsgruppe in die Untersuchung mit einzubeziehen.

Kapitalmarktorientierte Untersuchungen sind mit dem Problem verbunden, daß die Veränderung von Börsendaten nicht notwendigerweise mit der Ankündigung einer Diversifikation zusammenhängen muß.[25] Weiterhin sind als Nachteile die Beschränkung der Untersuchung auf börsennotierte Unternehmen und externe Diversifikationsprojekte zu nennen. Da die Erfolgskennziffern aus den Modellen der Finanzierungstheorie abgeleitet werden, hängt die Anwendbarkeit von der Erfüllung der jeweilig zugrundegelegten Prämissen ab.[26] Ferner wird kritisiert, daß eine Diversifikation als punktuelles Ereignis betrachtet wird. Diese Annahme wird insbesondere in der Literatur des strategischen Managements hinterfragt, da verschiedene Vertreter davon ausgehen, daß eine Diversifikation mehrere, zeitlich voneinander unabhängige Schritte umfaßt.[27]

7.1.6 Beurteilung und Auswahl

Die Bestandsaufnahme der Untersuchungsmethoden hat gezeigt, daß sich in der Literatur noch keine allgemein anerkannten Bewertungsmaßstäbe herausgebildet haben. Abbildung 7-3 faßt die mit den einzelnen Erfolgsgrößen verbundenen Vor-

---

[22] Die Ermittlung von ereignisbezogenen abnormalen Renditen findet sich erstmals bei Fama, Fisher, Jensen und Roll. Vgl. Fama, E.F./Fisher, L./Jensen, M.C./Roll, R. : The Adjustment of Stock Prices to New Information, in: International Economic Review, 10. Jg., 1969, S. 3 ff.

[23] Vgl. Grandjean, B., 1992, S. 31.

[24] Vgl. hierzu Lubatkin, M./Rogers, R.C.: Diversification, Systematic Risk, and Shareholder Return: A Capital Market Extension of Rumelt's 1974 Study, in: Academy of Management Journal, 32. Jg., 1989, S. 454 f.

[25] Vgl. hierzu z.B. Möller, H.P.: Probleme und Ergebnisse kapitalmarktorientierter empirischer Bilanzforschung in Deutschland, in: Betriebswirtschaftliche Forschung und Praxis, 35. Jg., 1983, H. 4, S. 287.

[26] Vgl. hierzu Jacobs, S., 1992, S. 89 f.; Schüle, F.M., 1992, S. 102 ff.

[27] Vgl. z.B. Porter, M.E., 1987, S. 31.

und Nachteile zusammen. Expertenurteile und das u.a. von *Porter* vorgeschlagene Maß der Desinvestitionsquote bieten im Rahmen einer explorativen Bestandsaufnahme wertvolle Anhaltspunkte.[28] Ob mit den Verfahren statistisch gesicherte Aussagen über den Erfolg einer Diversifikationsstrategie getroffen werden können, ist jedoch fraglich. Markterfolgsmaße sind methodisch interessant, aber aufgrund der Besonderheiten des Handels (z.B. Vielzahl an Artikeln, Betriebstypen und -formen, fragmentierte Märkte) mit Datenerhebungsschwierigkeiten verbunden. Als mögliche Untersuchungskonzepte sind sowohl der jahresabschluß- als auch der kapitalmarktorientierte Ansatz zu berücksichtigen.

Erfolgsmaße	Vorteile	Nachteile
1) Bilanzielle und finanzielle Indikatoren	- Maßstab zur Beurteilung der vom Management zu vertretenden unternehmenspolitischen Handlungen - einfache Berechnung - geringer Datenbeschaffungsaufwand	- unterschiedliche Bilanzierungsgepflogenheiten - Vergangenheitsorientierung der Rechnungslegung - Problem der repräsentativen Kontrollgruppe
2) Liquidation des Diversifikationsprojektes als Erfolgsmaß	- die strategische Dimension einer Diversifikation wird durch die Länge des Untersuchungszeit-raumes berücksichtigt - geringer Erhebungsaufwand	- starke Vereinfachung; Mißerfolge können irrtümlich als Erfolge interpretiert werden - keine Aussage über Höhe des Erfolgs
3) Markterfolgsmaße	- der Marktanteil ist in der Entwicklungsphase von Geschäften aussagekräftiger als der Umsatz oder Gewinn - Marktanteilsmessungen berücksichtigen die Konkurrenz	- hoher Erhebungsaufwand - Problematik der Zurechnung
4) Subjektive Erfolgseinschätzung durch Experten	- Berücksichtigung von nur intern verfügbaren Daten - für explorative Anliegen gut geeignet - zur Identifikation einzelner Erfolgsfaktoren gut geeignet	- Zurechenbarkeit der Ergebnisse (interne Validität) - Verzerrungen durch beschränkte Auskunft bei Mißerfolgen (externe Validität) - unterschiedliche Bewertungskriterien der Interviewpartner (Reliabilität) - aufwendige Datenerhebung
5) Aktienmarktreaktionen („Ereignisstudien")	- Zukunftsorientierung der Daten - Objektivität der Beurteilung - keine Kontrollgruppe notwendig	- Veränderung der Aktienkurse hängt nicht notwendigerweise mit der Diversifikation zusammen - Beschränkung auf börsennotierte Unternehmen und externe Diversifikationsprojekte - Abhängigkeit von theoretischen Annahmen des gewählten Analysemodells (z.B. Marktmodell, CAPM)

Abb. 7-3: Vor- und Nachteile unterschiedlicher Diversifikationserfolgsmaße

---

[28] Zur Verwendung als ergänzendes Erhebungsinstrument vgl. z.B. Nayyar, P.R. 1993, S. 576 ff.

Beide Methoden sind durch Vor- und Nachteile gekennzeichnet:

- Während jahresabschlußorientierte Untersuchungen durch einen ausgeprägten Vergangenheitsbezug charakterisiert sind, werden bei der Analyse von Aktienmarktreaktionen die zukünftigen Erwartungen der Aktionäre bezüglich der Entwicklung eines Diversifikationsprojektes berücksichtigt.
- In den Aktienkursen schlägt sich das unternehmerische Risiko nieder, während rechnungswesengestützte Kennziffern dieses nicht berücksichtigen.
- Die Vergleichbarkeit von Jahresabschlüssen ist durch unterschiedliche Bilanzierungsgepflogenheiten und -wahlrechte eingeschränkt. Demgegenüber gelten Aktienkurse als relativ unempfindlich gegenüber derartigen Einflüssen.
- Kapitalmarktorientierte Untersuchungen sind auf börsennotierte Unternehmen und auf externe Diversifikationsprojekte beschränkt. Diese Einschränkungen betreffen jahresabschlußorientierte Untersuchungen nur teilweise.

Der Vergleich der Vor- und Nachteile zeigt, daß **eine kapitalmarktorientierte Untersuchungskonzeption** zur Analyse des Erfolgs von Diversifikationsstrategien im Handel gut geeignet ist.[29] Auf die Grundlagen kapitalmarktorientierter Untersuchungen geht der nachfolgende Abschnitt ein.

7.2 Grundlagen kapitalmarktorientierter Untersuchungen

Nach einer Diskussion der Annahmen wird im folgenden das Anliegen einer Ereignisstudie am Beispiel des Marktmodells erörtert. Die anschließende Diskussion geht auf die Vor- und Nachteile verschiedener Analysemodelle ein. Weiterhin werden Alternativen zur Verknüpfung von Einzelrenditen und Methoden zur statistischen Überprüfung der Ergebnisse behandelt.

7.2.1 Annahmen kapitalmarktorientierter Ansätze

Ereignisstudien, die die Wirkung eines bedeutenden Ereignisses auf Aktienkurse analysieren, beruhen auf **drei Annahmen**. Erstens muß davon ausgegangen werden, daß eine Diversifikation die Erwartungen der Investoren beeinflußt.[30] Diese Annahme erscheint realitätsnah, da es sich bei einer Diversifikation i.d.R. um ein Ereignis handelt, das einen nachhaltigen Einfluß auf die Unternehmensstrategie und somit auch auf die Entwicklung des Unternehmenswertes hat.

---

[29] Der Weg paralleler Auswertung von Bilanzkennzahlen und von Aktienkursreaktionen, wie er von Bühner beschritten worden ist, zeigte in bezug auf verschiedene Hypothesen nur für die kapitalmarktorientierten Analysen signifikante Ergebnisse. Vgl. z.B. Bühner, R., 1990c, S. 206.

[30] Vgl. hierzu Möller, H.-P., 1983, S. 268; Grandjean, B., 1992, S. 86.

Zweitens setzt der Untersuchungsansatz voraus, daß der Kapitalmarkt die gegebenen Informationen effizient verarbeitet. Der Kapitalmarkt gilt als informationseffizient, wenn die Wertpapierkurse alle für die Anlageentscheidungen relevanten Informationen unverzüglich und vollständig reflektieren.[31] Je nach Umfang bzw. Zugänglichkeit der verarbeiteten Informationen unterscheidet man die schwache, halb-strenge und strenge Form der Informationseffizienzhypothese.[32] Empirische Untersuchungen legen überwiegend die halbstrenge Form der Informationseffizienz zugrunde, die besagt, daß alle öffentlich verfügbaren Informationen im aktuellen Marktpreis berücksichtigt sind.[33]

Drittens muß unterstellt werden, daß der Einfluß des Ereignisses auf den Aktienkurs isoliert werden kann. Wenn angenommen wird, daß die Börse Informationen effizient verarbeitet, reflektieren Aktienkurse die Einflüsse aller verarbeiteten Informationen. Um sicherzustellen, daß keine anderen Informationen wirken, sind die Aktienkursreaktionen von den sonstigen Einflüssen zu bereinigen.[34]

In der Literatur werden verschiedene Methoden zur Bereinigung der Börsendaten diskutiert (z.B. Methode der marktbereinigten Rendite). Alle Methoden sind dadurch gekennzeichnet, daß sie eine ereignisbezogene Aktienmarktreaktion in Form einer abnormalen Rendite quantifizieren. Die abnormale Rendite AR_{it} der Aktie i ist definiert als die **ereignisbezogene Abweichung** einer beobachteten Rendite von einer erwarteten Rendite im Zeitraum t:[35]

[7-1] $$AR_{it} = R_{it} - E(R_{it})$$

wobei: AR_{it} = Abnormale Rendite der Aktie i im Zeitraum t;
          R_{it} = Rendite der Aktie i im Zeitraum t;
          $E(R_{it})$ = Erwartete Rendite der Aktie i für den Zeitraum t.

Grundlage der zu erwartenden Rendite sind die jeweiligen Erwartungswerte der Investoren in bezug auf eine „normale" Kursentwicklung der Aktie i. Da diese in empirischen Untersuchungen nicht ex post erfaßt werden können, bieten Indikatoren, wie z.B. die aus Vergangenheitswerten abgeleitete Durchschnittsrendite der Aktie i, die Entwicklung des Aktienmarktes oder einer einzelnen Branche, Anhaltspunkte.[36]

---

[31] Die Portefeuille-Theorie setzt u.a. voraus, daß die Erwartungen der Investoren bezüglich Erwartungswert, Varianz und Kovarianz der Wertpapiererträge homogen sind. Eine einheitliche Erwartungsbildung kann sich jedoch nur auf einem informationseffizienten Kapitalmarkt vollziehen. Vgl. Perridon, L./Steiner, M., 1993, S. 248.

[32] Vgl. Franke, G./Hax, H., 1990, S. 315; Bühner, R., 1993, S. 201; Perridon, L./Steiner, M., 1993, S. 248.

[33] Vgl. Perridon, L./Steiner, M., 1993, S. 248.

[34] Vgl. Möller, H.-P., 1983, S. 290.

[35] Vgl. Fama, E.F./Fischer, L./Jensen, M.C./Roll, R., 1969, S. 3 ff.; Peterson, P.P.: Event Studies: A Review of Issues and Methodology, in: Quarterly Journal of Business and Economics, 28. Jg., 1989, S. 42; Bühner, R., 1990c, S. 34.

[36] Vgl. z.B. Möller, H.-P., 1983, S. 292.

7.2.2 Das Konzept der Ereignisstudie am Beispiel des Marktmodells

Um eine Aussage über die Abnormalität einer Rendite zu treffen, bedarf es eines Modells, das einen Zusammenhang zwischen der zu erwartenden und der zu beobachtenden Rendite herstellt. Die Literatur zieht hierzu überwiegend das im Rahmen der Portfeuille-Theorie von *Sharpe* entwickelte **Marktmodell** heran.[37] Ausgangspunkt ist die Annahme, daß zwischen der Rendite einer Aktie und der Rendite des gesamten Aktienmarktes eine lineare Beziehung besteht.[38] Die Rendite der Aktie i zum Zeitpunkt t wird wie folgt berechnet:

[7-2] $R_{it} = \alpha_i + \beta_i R_{mt} + \varepsilon_{it}$

wobei: α_i = Aktienspezifische Konstante (Schätzparameter der Regression);

β_i = Maß für die Sensitivität der Aktienrendite gegenüber Schwankungen der Marktrendite (Schätzparameter der Regression);

R_{mt} = Rendite des Aktienmarktes m im Zeitraum t;

R_{it} = Rendite der Aktie i im Zeitraum t;

ε_{it} = Residualgröße, d.h. nicht durch die unabhängige Variable erklärte Abweichung des Beobachtungswertes von dem entsprechenden Schätzwert.

Die α- und β-Parameter werden aus historischen Aktien- und Marktrenditen mit Hilfe der „Methode der kleinsten Quadrate" geschätzt. Die der Schätzung zugrundeliegenden Wertepaare beziehen sich i.d.R. auf einen dem Ereignis vorgelagerten Referenzzeitraum.

Das Marktmodell kann an folgendem **Beispiel** verdeutlicht werden. Abbildung 7-4 gibt an, wie sich die Renditen des Aktienmarktes m und der einzelnen Aktie i entwickeln.[39] Der lineare Zusammenhang wird in Abbildung 7-5 mit Hilfe der gepunkteten „Charakteristischen Linie" ('characteristic line')[40] graphisch veranschaulicht.

---

[37] Vgl. Sharpe, W.F.: A Simplified Model for Portfolio Analysis, in: Management Science, 9. Jg., 1963, S. 277-293. Zu einer einfachen Darstellung vgl. Fama, E.F.: Foundations of Finance, New York 1976, Kap. 3, S. 63 ff.

[38] Die Plausibilität dieser Annahme wird in der Literatur inhaltlich und statistisch gerechtfertigt. Vgl. Möller, H.-P., 1983, S. 291.

[39] Die Rendite einer Aktie i ist definiert als die prozentuale Abweichung des Preises der Aktie i zum Zeitpunkt t vom Preis der Aktie i zum Zeitpunkt t-1. Die Rendite des Aktienmarktes m wird analog als die prozentuale Abweichung des Aktienindexes m zum Zeitpunkt t zur Vorperiode t-1 berechnet. Zur empirischen Berechnung von Markt- und Aktienindizes vgl. Kap. 8.2.5 und 8.2.6.

[40] Vgl. Haugen, R.A.: Modern Investment Theory, Englewood Cliffs 1986, S. 44; Bühner, R., 1993, S. 197.

Periode t	1	2	3	4	5	∅
Rendite der Aktie i (R_{it})	2%	3%	6%	-4%	8%	3%
Rendite des Aktienmarktes M (R_{mt})	4%	-2%	8%	-4%	4%	2%

Abb. 7-4: Renditeentwicklung von Aktie i und dem Aktienmarkt m (fiktives Beispiel); Quelle: Haugen, R.A., 1986, S. 44.

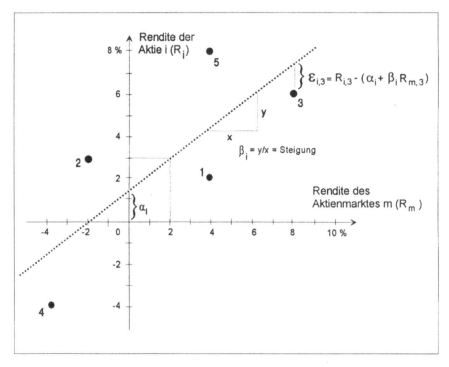

Abb. 7-5: Linearer Renditezusammenhang zwischen der Aktie i und dem Aktienmarkt m; Quelle: Haugen, R.A., 1986, S. 44.

Im Marktmodell setzt sich die **(Gesamt-)Rendite**[41] einer Aktie aus einer systematischen und einer unsystematischen Komponente zusammen:[42]

---

[41] Analog besteht auch das Gesamtrisiko aus einer systematischen und einer unsystematischen Komponente. Die Varianz des Gesamtrisikos $\sigma^2 (R_i)$ setzt sich aus der Varianz der systematischen Renditen $\beta_i^2 \sigma^2 (R_M)$ und der Varianz der unsystematischen Renditen $\sigma^2 (\varepsilon_i)$ zusammen. Vgl. hierzu z.B. Brigham, E.F./Gapenski, L.C.: Intermediate Financial Management, New York 1984, S. 71; Perridon, L./Steiner, M., 1993, S. 256.

[42] Vgl. Modigliani, F./Pogue, G.A.: An Introduction to Risk and Return. Concepts and Evidence, in: Financial Analysts Journal, 30. Jg., 1974, S. 76; Bühner, R., 1990c, S. 35; Bühner, R., 1993, S. 197.

1) Systematische Rendite-Komponente ($\beta_i R_{mt}$):

Die systematische Komponente berücksichtigt die Einflußfaktoren, die sich auf die Renditen aller Aktien auswirken. Als Stellvertreter ('proxies') für die Entwicklung des Wertpapiermarktes R_{mt} werden in der Literatur verschiedene Marktindizes, z.B. der DAX, DAFOX oder Commerzbank-Index, herangezogen.[43] Der Zusammenhang zwischen der Marktrendite R_{mt} und der systematischen Rendite der Aktie i wird mit Hilfe des β-Faktors hergestellt. Er stellt das Maß für die Empfindlichkeit einer Aktie i in bezug auf die Entwicklung des Marktes dar. β_i ergibt sich dabei aus der Kovarianz zwischen den Renditeerwartungen der Aktie i und des Aktienmarktes m, dividiert durch die Varianz der Renditeerwartungen des Aktienmarktes:[44]

$$[7\text{-}3a] \quad \beta_i = \frac{Cov(R_i, R_m)}{\sigma^2_{Rm}} = \frac{\sum_{t=1}^{N} \frac{\left[(R_{i,t} - \overline{R}_i)(R_{m,t} - \overline{R}_m)\right]}{N-1}}{\sum_{t=1}^{N} \frac{(R_{m,t} - \overline{R}_m)^2}{N-1}}$$

Im Beispiel ergibt sich:

$$[7\text{-}3b] \quad \beta_i = \frac{0,0017}{0,0024} = 0,708$$

Der Beta-Faktor beträgt laut Berechnung [7-3b] 0,708, d.h. wenn die Rendite des Marktes um 1 % zunimmt, dann steigt die zu erwartende Aktienrendite um 0,708 %.

2) Unsystematische Rendite-Komponenten (α_i und ε_{it})[45]:

Die unsystematische Rendite wird unabhängig von der Entwicklung des Marktes erzielt und spiegelt den Einfluß unternehmensspezifischer Informationen wider. Sie setzt sich wiederum aus zwei Bestandteilen zusammen. Zum einen aus der **Rendite** α_i, die durch die gewöhnliche Geschäftstätigkeit des Unternehmens erzielt wird. Das konstante Glied α_i kann wie folgt berechnet werden[46]:

$$[7\text{-}4a] \quad \alpha_i = \overline{R}_i - \beta_i \overline{R}_m$$

wobei: $\overline{R}_i$ = Mittelwert der Renditen der Aktie i;
$\overline{R}_m$ = Mittelwert der Renditen des Aktienmarktes m.

Durch Einsetzen in die Formel ergibt sich im Beispiel:

---

[43] Zu den verschiedenen Marktindizes vgl. Kap. 8.2.5.

[44] Vgl. Perridon, L./Steiner, M., 1993, S. 254.

[45] Möller geht entgegen der Meinung von Modigliani/Pogue davon aus, daß α_i als Bestandteil der systematischen Rendite zu betrachten ist. Vgl. hierzu Möller, H.-P., 1983, S. 291.

[46] Vgl. zur Ermittlung der Parameter der Regressionsfunktion Backhaus, K./Erichson, B./Plinke, W./Weiber, R., 1994, S. 16.

[7-4b] $\alpha_i = 0,03 - 0,708 \, (0,02) = 0,0158$

Wenn im Monat t die Rendite des Aktienmarktes 0 % beträgt, dann kann eine normale Rendite der Aktie i von 1,58 % (Ordinatenabschnitt) erwartet werden. In empirischen Untersuchungen sind α-Werte mit Vorsicht zu interpretieren, da sie ökonomisch nur schwer zu erklären und i.d.R. durch eine geringe Stabilität gekennzeichnet sind.[47]

Neben der normalen Rendite ist zum anderen die **abnormale Rendite** ε_{it} zu berücksichtigen, die durch Ereignisse, die außerhalb der normalen Geschäftätigkeit liegen, beeinflußt wird. Durch **Umformung des Marktmodells** ergibt sich folgende Formel zur Berechnung der Residualgröße ε_{it}[48]:

[7-5a] $\varepsilon_{it} = R_{it} - (\alpha_i + \beta_i \, R_{mt})$

Wenn die in Abbildung 7-4 dargestellten Werte in die Formel eingesetzt werden, ergibt sich z.B. für den dritten Monat (t = 3) folgende Residualgröße:

[7-5b] $\varepsilon_{i3} = 0,06 - [0,0158 + 0,708(0,08)] = -0,0124$

Die zu beobachtende Aktienrendite von 6 % liegt demnach im dritten Monat um 1,24 % unter dem mit Hilfe der Regressionsgeraden errechneten Schätzwert von 7,24 %. Werden alle Restschwankungen der Wertepaare (R_{it}; R_{mt}) addiert, ergeben sie in ihrer Summe Null.[49]

Ereignisstudien interpretieren die Residualgrößen als **abnormale Rendite AR$_{it}$**:[50]

[7-6] $AR_{it} = R_{it} - (\alpha_i + \beta_i \, R_{mt})$

Zur Berechnung von AR$_{it}$ wird in zwei Schritten vorgegangen. Zuerst wird eine vor dem definierten Ereignis liegende Periode als Referenzzeitraum festgelegt. Mit Hilfe der Regressionsanalyse werden die Parameter α_i und β_i geschätzt. Anschließend wird ein auf das Ereignis abgestimmter Untersuchungszeitraum definiert. Die für den Referenzzeitraum ermittelte Regressionsgerade ('characteristic line') wird als Anhaltspunkt für die „normalerweise" zu erwartenden Renditen zugrundegelegt. Die Differenz zwischen geschätzter und tatsächlich beobachteter Rendite stellt die abnormale Rendite dar.

---

[47] Vgl. Modigliani, F./Pogue, G.A., 1974, S. 77; Domke, H.M.: Rendite und Risiko von Aktien kleiner Börsengesellschaften - Eine empirische Untersuchung der Performance deutscher Nebenwerte in den Jahren 1971 bis 1980, Frankfurt a.M./Bern/New York 1987, S. 19.

[48] Zur Definition der Residualgröße (Störgröße) vgl. Backhaus, K./Erichson, B./Plinke, W./Weiber, R., 1994, S. 13 f.

[49] Vgl. Modigliani, F./Pogue, G.A., 1974, S. 76.

[50] Vgl. zur grundlegenden Methodik Brown, S.J./Warner, J.B.: Using Daily Stock Returns: The Case of Event Studies, in: Journal of Financial Economics, Vol. 14, 1985, S. 7.

Um den Gesamtgewinn oder -verlust für die Aktionäre auszudrücken, werden die in der Ereignisperiode ermittelten AR_{it} kumuliert. In Abbildung 7-6 sind die abnormalen Renditen einer Aktie i über einen Zeitraum von 21 Tagen aufsummiert worden.[51] Am Ereignistag zeigt sich eine starke positive Reaktion. Der Sachverhalt, daß vor und nach dem Ereignis keine bedeutenden Veränderungen der kumulierten abnormalen Rendite zu beobachten sind, deutet auf das Vorliegen der halb-strengen Form der Informationseffizienzhypothese hin.

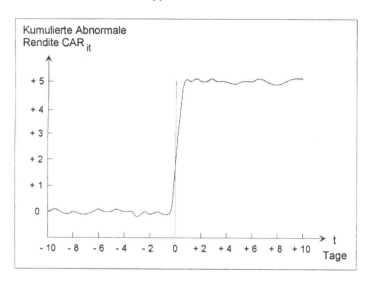

Abb. 7-6: Aktienmarktreaktion auf Ereignis in t_0 (unter Annahme halb-strenger Informationseffizienz); Quelle: in Anlehnung an Haugen, R.A., 1986, S. 489.

Bevor auf die verschiedenen Kumulierungs- und Verknüpfungsmöglichkeiten abnormaler Renditen eingegangen wird, werden im folgenden Abschnitt zunächst weitere Analysemodelle vorgestellt.

7.2.3 Diskussion kapitalmarktorientierter Analysemodelle

Im Laufe der letzten beiden Jahrzehnte sind eine Vielzahl unterschiedlicher Modelle zur Ermittlung abnormaler Renditen entwickelt worden. Die Verfahren können in drei Kategorien unterteilt werden:[52]
• Marktmodelle,

---

[51] Abb. 7-6 liegt der gesamte tägliche Kursverlauf der Aktie i zugrunde.

[52] Zu einem Überblick über die Methoden der Messung abnormaler Renditen vgl. Brown, S.J./Warner, J.B.: Measuring Security Price Performance, in: Journal of Financial Economics, Vol. 8, 1980, S. 205 ff.; Peterson, P.P., 1989, S. 42; Bühner, R., 1990e, S. 9 f.; May, A.: Pressemeldungen und Aktienindizes, Kiel 1994, S. 67 ff.

- CAPM und Modellvarianten sowie
- bereinigte Analysemodelle.

7.2.3.1 Varianten des Marktmodells

Das bereits dargestellte Marktmodell von *Sharpe* impliziert, daß die systematischen Renditen einzelner Aktien bzw. Aktienportefeuilles durch die Rendite des Marktportefeuilles erklärt werden. Diese Annahme wird u.a. von *Halpern* und *Barnes* mit dem Hinweis kritisiert, daß branchenspezifische Einflüsse die Ergebnisse verfälschen können.[53] Abhilfe schafft das **industriebereinigte Marktmodell**, das neben der Rendite des Marktportefeuilles (R_{mt}) auch eine branchenspezifische Rendite ($R_{ind.,t}$) berücksichtigt.[54] Die abnormale Rendite kann durch Umformung des in Gleichung [7-6] dargestellten Zusammenhanges wie folgt berechnet werden:

[7-7a] $R_{it} = \alpha_i + \beta_i R_{mt} + \delta R_{ind.,t} + \varepsilon_{it}$

[7-7b] $AR_{it} = R_{it} - (\alpha_i + \beta_i R_{mt} + \delta R_{ind.,t})$

wobei: δ_i = Sensitivität der Aktienrendite gegenüber Renditeschwankungen eines branchenspezifischen Wertpapierportefeuilles;

$R_{ind.,t}$ = Rendite eines branchenspezifischen Wertpapierportefeuilles im Zeitraum t.

Die zusätzliche Bereinigung um branchenbezogene Einflüsse hat zur Folge, daß bei der Ermittlung abnormaler Renditen die unternehmensindividuellen Gegebenheiten stärker berücksichtigt werden. Ein Informationsgewinn wird insbesondere bei Branchen erzielt, deren Renditeentwicklung einen geringen Zusammenhang mit dem Gesamtmarkt aufweist.[55]

Die vorliegende Untersuchung beschränkt sich auf börsennotierte Handelsunternehmen. Die Entwicklung des Gesamtmarktes und des Einzelhandels sind, wenn z.B. der DAFOX (Gesamtmarktindex) und der DAFOX-Kaufhäuser (Branchenindex) als Indikatoren zugrundegelegt werden, über den Zeitraum Januar 1974 bis Dezember 1993 mit 95,2 % (nach *Pearson*) relativ hoch korreliert. Einerseits könnte deshalb angenommen werden, daß der Verzicht auf branchenspezifische Informationen unproblematisch ist. Andererseits sollte der branchenspezifische Einfluß im Rahmen einer Untersuchung zumindest kontrolliert werden.

In der Literatur findet sich weiterhin das von *Fama/Fisher/Jensen/Roll* entwickelte **logarithmierte Marktmodell**.[56] Es ist durch eine fast symmetrische Verteilung

---

53 Vgl. Halpern, P.J.: Empirical Estimates of the Amount and Distribution of Gains to Companies in Mergers, in: The Journal of Business, 46. Jg., 1973, S. 565; Barnes, P.: The Effect of a Merger on the Share Price of the Attacker, Revisited, in: Accounting and Business Reserarch, 15. Jg., 1984, S. 46.

54 Falls der ausgewählte branchenspezifische Index Bestandteil des Marktindex ist, kommt es zur Doppelmessung bestimmter Einflüsse.

55 Vgl. Bühner, R., 1990e, S. 14.

56 Vgl. Fama, E.F./Fisher, L./Jensen, M.C./Roll, R., 1969, S. 1 ff.

der Werte von $\ln R_i$ und $\ln R_m$ gekennzeichnet.[57] Damit sind zwei Vorzüge verbunden. Zum einen sind die Abweichungen der Schätzwerte für α_i und β_i von den realen Gegebenheiten kleiner.[58] Zum anderen entsprechen die logarithmierten Werte eher den statistischen Anforderungen.[59] Das Modell hat folgende Form:

[7-8] $\ln R_{it} = \alpha_i + \beta_i \ln R_{mt} + \varepsilon_{it}$ bzw. $AR_{it} = \ln R_{it} - (\alpha_i + \beta_i \ln R_{mt})$

wobei: $\ln R_{it}$ = Rendite der Aktie i im Zeitraum t;
          $\ln R_{mt}$ = Marktrendite im Zeitraum t.

Ergebnisvergleiche haben jedoch keine signifikanten Unterschiede zwischen der „normalen" und der logarithmierten Methode ergeben.[60] In der in Kapitel 8 zu entwickelnden Untersuchungskonzeption wird von der Verwendung des logarithmierten Modells abgesehen.

7.2.3.2 Das Capital Asset Pricing Model

In seiner Originalversion geht das Capital Asset Pricing Model (CAPM) auf *Sharpe*, *Lintner* und *Mossin* zurück.[61] Das Modell impliziert, daß sich optimale Investitionsentscheidungen ergeben, wenn der Renditeerwartungswert einer Aktie $E(R_i)$ aus der Rendite einer risikofreien Anlage R_f, aus der erwarteten Rendite des Aktienmarktes $E(R_m)$ und aus dem mit einem Wertpapier verbundenen Ertragsrisiko β_i hergeleitet wird. Dieser Rendite-Risiko-Zusammenhang wird von *Sharpe* als Wertpapierlinie ('security market line') bezeichnet und nimmt folgende Gestalt an:

[7-9] $E(R_i) = R_f + \left(E(R_m) - R_f \right) \beta_i$

wobei: $E(R_i)$ = Erwartete Rendite des Wertpapiers i;
          $E(R_m)$ = Erwartete Rendite des Marktportefeuilles;
          R_f = Risikolose Renditerate;
          β_i = β-Faktor des Wertpapiers i.

Das CAPM ist in Erwartungswerten formuliert. Da sich die Erwartungswerte im Zeitablauf infolge neuer Informationen ändern, stellt das CAPM ein zeitpunktbezogenes Modell dar, das den Aktienmarkt im Gleichgewicht beschreibt.[62] In empirischen Untersuchungen können die Erwartungswerte nicht ex post erfaßt werden. Für empirische Tests wird deshalb das einperiodische ex ante CAPM in eine **ex post Form** gebracht. Dabei werden die Variablen R_i und R_m als Zufallsvariablen

---

[57] Vgl. Bühner, R., 1990e, S. 14.
[58] Vgl. z.B. Domke, H.M., 1987, S. 12.
[59] Vgl. z.B. Domke, H.M., 1987, S. 12.
[60] Vgl. Fama, E.F./Fisher, L./Jensen, M.C./Roll, R., 1969, S. 4.
[61] Vgl. Sharpe, W.F., 1963, S. 277 ff.; Lintner, J.: The Valuation of Risk Assets and the Selection of Risky Investments in Stock Portfolios and Capital Budgets, in: The Review of Economics and Statistics, 47. Jg., 1965, S. 13 ff.; Mossin, J.: Equilibrium in a Capital Asset Market, in: Econometrica, 34. Jg., 1966, S. 768 ff.
[62] Vgl. Möller, H.-P., 1983, S. 293.

aufgefaßt, so daß auf Vergangenheitswerte zurückgegriffen werden kann. Die Erwartungswertoperatoren E entfallen. Anleihen der öffentlichen Hand mit einer kurzen Restlaufzeit können als Approximation für die risikofreie Anlagemöglichkeit R_f verwendet werden.[63] Das β_i des CAPM läßt sich in das β_i des Marktmodells [7-3a] überführen.[64] Gleichung [7-8] ist um den Korrekturterm ε_i für Zufallsabweichungen zu ergänzen. Die ex post Form besitzt folgendes Aussehen:

$$[7\text{-}10] \quad R_{it} = R_{ft} + \left(R_{mt} - R_{ft} \right) \beta_i + \varepsilon_{it}$$

Durch Umformung ergibt sich die Formel zur Berechnung der abnormalen Rendite:

$$[7\text{-}11] \quad AR_{it} = R_{it} - \left[R_{ft} + \left(R_{mt} - R_{ft} \right) \beta_i \right]$$

Verschiedene Autoren verwenden das CAPM im Rahmen von Ereignisstudien.[65] Die Zulässigkeit des Vorgehens ist an das Vorliegen von zahlreichen Annahmen geknüpft, die erfüllt sein müssen:[66]

a) Alle Anleger bzw. Investoren weisen risikoscheues Verhalten auf.

b) Investoren haben homogene Erwartungen bezüglich der Renditen der Wertpapiere, die eine Normalverteilung aufweisen.

c) Der relevante Planungshorizont umfaßt eine Periode.

d) Es existiert ein risikoloser Sicherheitszinssatz.

e) Die Menge der umlaufenden Wertpapiere ist vorgegeben.

f) Der Kapitalmarkt ist vollkommen. Transaktionskosten und Steuern können vernachlässigt werden.

Wie ist das CAPM als Analyseverfahren zu bewerten? Die Fähigkeit zum Aufdecken von abnormalen Renditen wird mit Hilfe von Simulationsergebnissen von *Brown/Warner* nachgewiesen.[67] Das Modell gilt als besonders geeignet, wenn bestimmte, ergebnisverzerrende Einflußgrößen kontrolliert werden sollen.[68] Das CAPM unterscheidet sich vom Marktmodell sowohl in formaler als auch in inhalt-

---

63 Zur Diskussion der an einen geeigneten risikofreien Zinssatz zu stellenden Anforderungen vgl. Brigham, E.F./Gapenski, L.C., 1984, S. 74; Coenenberg, A.G./Sautter, M.T., 1988, S. 705 ff.; Steiner, M./Kleeberg, J.: Zum Problem der Indexauswahl im Rahmen der wissenschaftlichen-empirischen Anwendung des Capital Asset Pricing Model, in: DBW, 51. Jg., 1991, H. 2, S. 175.

64 Vgl. Perridon, L./Steiner, M., 1993, S. 256.

65 Zur empirischen Anwendung des CAPM vgl. z.B. Lubatkin, M., 1987, S. 42 ff.; Franks, J.R./Harris, R.S., 1989, S. 225 ff.; Göppl, H./Sauer, A.: Die Bewertung von Börsenneulingen: Einige empirische Ergebnisse, in: Ahlert, D./Franz, K.-P./Göppl, H. (Hrsg.): Finanz- und Rechnungswesen als Führungsinstrument, Wiesbaden 1990, S. 157 ff.

66 Vgl. Möller, H.-P., 1983, S. 294; Bühner, R., 1993, S. 201; Perridon, L./Steiner, M., 1993, S. 250.

67 Vgl. Brown, S.J./Warner, J.B., 1980, S. 214 ff.

68 Vgl. May, A.: Zum Stand der empirischen Forschung über Informationsverarbeitung am Aktienmarkt - Ein Überblick, in: ZfbF, 43. Jg., 1991, H. 4, S. 323.

licher Hinsicht. Als Modellparameter berücksichtigt das CAPM zusätzlich die risikofreie Renditerate. Der inhaltliche Unterschied besteht darin, daß das Marktmodell die Rendite einer Aktie in linearer Abhängigkeit von der Marktrendite darstellt, während das CAPM von einem linearen Zusammenhang zwischen dem erwarteten Ertrag einer Aktie und dem systematischen Risiko ausgeht. Im CAPM können Unterschiede zwischen den Renditen folglich nur durch verschiedene systematische Risiken begründet werden.[69]

Gegen das Modell werden verschiedene Einwände vorgebracht. Erstens beruht das Modell auf realitätsfernen Prämissen. Zweitens wird kritisiert, daß das Marktportefeuille als theoretisches Konstrukt nicht exakt bestimmbar ist. Die Abbildung des Marktportefeuilles durch einen deutschen Aktienindex stellt eine Vereinfachung dar, die den theoretischen Anforderungen nicht gerecht wird.[70] Drittens wirft die Erwartungswertbildung Probleme auf. Die Zeitpunktbezogenheit des CAPM erfordert für jeden betrachteten Zeitpunkt die Kenntnis der jeweiligen Erwartungen, es sei denn, diese hätten sich nicht geändert. Wenn aber Erwartungen trotz tatsächlicher Erwartungsänderungen, wie z.B. in Gleichung [7-10], als Mittelwerte der Realisationen von Zufallszahlen eines Zeitraumes aufgefaßt werden, wird gegen die Prämissen verstoßen.[71] Viertens wird teilweise die Haltbarkeit der Modellaussagen, wie z.B. in der vielbeachteten Studie von *Fama/French*, in Frage gestellt.[72] Die kurze Diskussion verdeutlicht, daß die Anwendung des CAPM im Rahmen einer Ereignisstudie mit sehr restriktiven Prämissen verbunden ist.

In der Literatur wird die Verwendung von Varianten des CAPM diskutiert, um verschiedenen gegen das Modell gerichteten Einwänden Rechnung zu tragen. Beispielsweise berücksichtigt das Zero-Beta-CAPM von *Black* den Sachverhalt, daß eine risikolose Anlagemöglichkeit in der Realität nicht existiert.[73] Zu bedenken ist jedoch, daß *Black* den Verzicht auf die Voraussetzung eines Sicherheitszinsfußes durch eine neue Modellannahme „erkauft".[74] *Mandelker* zieht zur Ermittlung der abnormalen Renditen eine Variante, die der **empirischen Kapitalmarktlinie** ähnelt, heran.[75] Das Modell ermöglicht eine bessere Anpassung der verschiedenen Parameter an die realen Gegebenheiten.[76] In empirischen Studien wird diese Variante eher selten angewendet.

---

[69] Vgl. Bühner, R., 1990e, S. 15.

[70] Zu den theoretischen Anforderungen an die Zusammensetzung des Marktportefeuille vgl. Steiner, M./Kleeberg, J., 1991, S. 171 ff.

[71] Vgl. Möller, H.-P., 1983, S. 294.

[72] Vgl. Fama, E.F./French, K.R.: The Cross-Section of Expected Stock Returns, in: Journal of Finance, 47. Jg., 1992, S. 427 ff.

[73] Vgl. Black, F.: Capital Market Equilibrium with Restricted Borrowing, in: The Journal of Business, 45. Jg., 1979, S. 444 ff.; Perridon, L./Steiner, M., 1993, S. 256.

[74] Vgl. Perridon, L./Steiner, M., 1993, S. 256.

[75] Vgl. Mandelker, G.: Risk and Return: The Case of Merging Firms, in: Journal of Financial Economics, 1. Jg., 1974, S. 309 ff.

[76] Vgl. Copeland, T.E./Weston, J.F.: Financial Theory and Corporate Policy, Reading et al. 1983, S. 208 u. 318; Bühner, R., 1990e, S. 15 f.

7.2.3.3 Bereinigte Analysemodelle

Bereinigte Modelle sind vergleichsweise einfache Verfahren, die zur Berechnung der abnormalen Rendite die Differenz zwischen der realen Rendite und
- dem einfachen Durchschnitt der Renditen für diese Aktie,
- der Rendite eines risikoähnlichen Portefeuilles oder
- der Rendite des Marktportefeuilles heranziehen.[77]

Die Methode der **mittelwertbereinigten Rendite** ('mean adjusted returns') setzt voraus, daß eine konstant erwartete Rendite K_i bestimmt wird. Sie ist definiert als durchschnittliche Rendite einer Aktie i innerhalb eines Referenzzeitraumes. Um die abnormale Rendite zu ermitteln, wird von der tatsächlich beobachteten Rendite R_{it} die konstant erwartete Rendite K_i subtrahiert:[78]

$$[7\text{-}12] \quad R_{it} = K_i + \varepsilon_{it} \quad \text{bzw.} \quad AR_{it} = R_{it} - K_i$$

wobei: K_i = Durchschnittliche Rendite einer Aktie i in einem Referenzzeitraum.

Die Methode setzt voraus, daß im Referenzzeitraum keine ereignisbezogenen Strukturbrüche (z.B. Kapitalherabsetzungen) vorliegen. Für die Methode spricht, daß *Brown/Warner* mit ihr in empirischen Vergleichstests, z.B. hinsichtlich t-Test und Vorzeichenrangtest nach *Wilcoxon*, gute Ergebisse erzielt haben.[79] Gegen die Methode kann eingewendet werden, daß sie verschiedene Einflußgrößen, wie z.B. das Risiko oder marktbezogene Faktoren, nicht berücksichtigt. So erweisen sich, wenn bestimmte ergebnisverzerrende Einflußgrößen kontrolliert werden müssen, andere Modelle als vorteilhafter.[80] Weiterhin weist *Frantzmann* darauf hin, daß die Methode der mittelwertbereinigten Rendite für „event studies" am deutschen Aktienmarkt nicht verwendet werden sollte. So beeinträchtigen saisonale Schwankungen und Ereignisse, wie z.B. Dividendenzahlungen, die gehäuft zu einem Termin auftreten, das Ergebnis.[81]

Asquith et al. verwenden in ihren Studien die Methode der **portefeuillebereinigten Renditen.**[82] Der Ansatz sieht vor, daß alle börsennotierten Unternehmen nach der Höhe ihres systematischen Risikos β_i in zehn gleich große Portefeuilles ein-

---

[77] Vgl. Bühner, R., 1990e, S. 16 f.

[78] Zur ersten Anwendung der Methode vgl. Masulis, R.: The Effects of Capital Structure Change on Security Prices, Dissertation, Chicago 1978. Für eine auf deutsche Unternehmen bezogene Untersuchung vgl. Grandjean, B., 1992.

[79] Vgl. Brown, S.J./Warner, J.B., 1980, insb. S. 215 ff.

[80] Vgl. Klein, A./Rosenfeld, J.: The Influence of Market Conditions on Event-Study Residuals, in: Journal of Financial and Quantitative Analysis, 22. Jg., 1987, 345 ff.; May, A., 1991, S. 323; May, A., 1994, S. 69 f.

[81] Vgl. Frantzmann, H.-J.: Saisonalitäten und Bewertung am deutschen Aktien- und Rentenmarkt, Diss., Karlsruhe 1989, S. 170.

[82] Vgl. Asquith, P.: Merger Bids, Uncertainty, and Stockholder Returns, in: Journal of Financial Economics, 11. Jg., 1983, S. 54 ff.; Asquith, P./Bruner, R.F./Mullins, D.W.: The Gains to Bidding Firms from Merger, in: Journal of Financial Economics, 11. Jg., 1983, S. 126.

geteilt werden. Stichprobenunternehmen werden dann mit den Portefeuille-Renditen verglichen, die ein korrespondierendes systematisches Risiko aufweisen. Da Kontrollrechnungen zeigen, daß die erzielten Ergebnisse nur unbedeutend von denen des Marktmodells abweichen, wird der Ansatz im Rahmen dieser Arbeit nicht weiter verfolgt.[83]

Die dritte Methode legt **marktbereinigte Renditen** ('market adjusted returns') zugrunde.[84] Die abnormale Rendite AR_{it} wird definiert als die Abweichung der beobachteten Rendite R_{it} von der Rendite des Marktportefeuilles R_{mt}:

$$[7\text{-}13] \quad R_{it} = R_{mt} + \varepsilon_{it} \quad \text{bzw.} \quad AR_{it} = R_{it} - R_{mt}$$

Es fällt auf, daß die Gleichung des Marktmodells [7-5a] in die Modellgleichung [7-13] überführt werden kann, wenn für $\alpha_i = 0$ und $\beta_i = 1{,}0$ gilt. Bei einer Betrachtung des Modells ist positiv zu bewerten, daß zur Ermittlung der abnormalen Renditen auf einen Referenzzeitraum verzichtet werden kann. Da im Handel verschiedene Unternehmungen erst seit wenigen Jahren börsennotiert sind, erhöht sich die Zahl der untersuchungsrelevanten Ereignisse. Simulationen von *Brown/Warner* zeigen, daß sich die Methode der marktbereinigten Rendite in vielen Situationen als trennstark und robust erweist. Komplexere Modelle erweisen sich in Vergleichen nicht generell als überlegen.[85] Gegen das Verfahren kann eingewendet werden, daß verschiedene Einflußgrößen ausgeklammert werden.

Sowohl die Methode der mittelwertbereinigten Rendite als auch die der marktbereinigten Rendite sind für die im Rahmen der Arbeit zu entwickelnde Untersuchungskonzeption geeignet. Nach der Diskussion der Untersuchungsmodelle geht der nachfolgende Abschnitt auf verschiedene Verfahren zur Verknüpfung abnormaler Renditen ein.

7.2.4 Die Aggregation abnormaler Renditen

Eine sinnvolle Überprüfung von Hypothesen setzt voraus, daß sie sich auf eine größere Stichprobe von (Diversifikations-)Ereignissen bezieht. Für alle Ereignisse wird die Renditereaktion im Monat t als **gleichgewichteter Mittelwert** berechnet:[86]

$$[7\text{-}14] \quad AR_t = \frac{1}{N} \sum_{i=1}^{N} AR_{it}$$

---

[83] Vgl. Bühner, R., 1990e, S. 16 f.

[84] Vgl. Brown, S.J./Warner, J.B., 1985, S. 7. Zur Anwendung vgl. z.B. Franks, J.R./Harris, R.S., 1989, S. 225 f.; Nayyar, P.R., 1993, S. 569 ff.

[85] Vgl. Malatesta, P.H.: Measuring Abnormal Performance: The Event Parameter Approach using Joint Generalized Least Squares, in: Journal of Financial and Qualitative Analysis, 21. Jg., 1986, H. 1, S. 27 ff. Zu einem Vergleich der unterschiedlichen Schätzmethoden vgl. Brown, S.J./Warner, J.B., 1980, S. 205 ff.; Brown, S.J./Warner, J.B., 1985, S. 3 ff.

[86] Vgl. Peterson, P.P., 1989, S. 45.

wobei: AR_t = (Durchschnittliche) abnormale Rendite für alle Zusammenschlüsse im
Monat t;

N   = Anzahl der Zusammenschlüsse.

Um die abnormale Gesamtwirkung der Ereignisse zu quantifizieren, werden alle in einem festgelegten Zeitfenster ermittelten (durchschnittlichen) abnormalen Renditen aufsummiert. Die **(durchschnittliche) kumulierte abnormale Rendite** berechnet sich wie folgt[87]:

$$[7\text{-}15] \qquad CAR\,[v;w] = \sum_{t=v}^{w} AR_t \; ; \qquad \text{mit:} \quad v \leq t \leq w \leq T$$

wobei: $CAR\,[v;w]$ = (Durchschnittliche) kumulierte abnormale Rendite
von Monat v bis einschließlich Monat w;

T   = der letzte betrachtete Monat der Beobachtungsperiode.

Um auch Zinsen und Zinseszinsen bei der Berechnung der abnormalen Rendite zu berücksichtigen, haben *Ball/Brown* einen **Abnormal Performance Index** entwickelt.[88] Inhaltlich kann er als der Wert einer Investition von einer DM in eine Aktie i interpretiert werden:

$$[7\text{-}16] \qquad API_i = \prod_{t=1}^{T} (1 + AR_{it})$$

Um ein Portefeuille aus mehreren Aktien zu berechnen, wird der Abnormal Performance Index mit den gleichgewichteten API-Werten analog [7-15] berechnet.[89] Obwohl dieser Index zusätzlich die Verzinsung berücksichtigt, dominiert in der Literatur der CAR-Maßstab. Um die Ergebnisse dieser Arbeit mit denen anderer Studien vergleichen zu können, bietet sich die Verwendung des CAR-Erfolgsmaßes an.

7.2.5 Signifikanzprüfung der abnormalen Renditen

Signifikanzprüfungen können mit parametrischen und nicht-parametrischen Tests durchgeführt werden. Zur Gruppe der parametrischen Tests gehören die **T-Test-Varianten** von *Brown/Warner*, die entweder die Unabhängigkeit der individuellen abnormalen Renditen (ohne 'dependence adjustment')[90] annehmen oder eine mögli-

---

[87] Vgl. Peterson, P.P., 1989, S. 46; Bühner, R., 1990e, S. 13.

[88] Vgl. Ball, R./Brown, P.: An empirical Evaluation of Accounting Income Numbers, in: Journal of Accounting Research, 6. Jg., 1968, S. 168 f.

[89] Vgl. Coenenberg, A.G./Schmidt, F./Werhand, M.: Bilanzpolitische Entscheidungen und Entscheidungswirkungen in manager- und eigentümerkontrollierten Unternehmen, in: BFuP, 35. Jg., 1983, H. 4, S. 335 f.; Bühner, R., 1990e, S. 13.

[90] Vgl. Brown, S.J./Warner, J.B., 1980, S. 253. Zum einfachen T-Test vgl. Bleymüller, J./Gellert, G./Gülicher, H., 1989, S. 108; Hartung, J.: Lehr- und Handbuch der angewandten Statistik, München/ Wien 1989, S. 179.

che Korrelation zwischen den abnormalen Renditen der Aktien i des Monats t berücksichtigen ('crude dependence adjustment')[91]. Die Tests prüfen, ob die ermittelten abnormalen Renditen statistisch signifikant von den erwarteten abnormalen Renditen abweichen. Die Null- und die Alternativhypothese lauten:

H_0: Die durchschnittliche abnormale Rendite ist gleich Null.
H_A: Die durchschnittliche abnormale Rendite ist ungleich Null.

Die zweiseitige Fragestellung ist zu wählen, da sowohl positive als auch negative Reaktionen zu erwarten sind. Für die Überprüfung werden i.d.R. drei Signifikanzniveaus gewählt ($p_1 = 0{,}01$, $p_2 = 0{,}05$, $p_3 = 0{,}10$). Im folgenden wird das z.B. von *Franks/Harris* und *Grandjean* empfohlene Testverfahren mit 'crude dependence adjustment' dargestellt.[92] Zur Ermittlung der Prüfgröße muß die **abnormale Rendite** durch die geschätzte Standardabweichung geteilt werden ($\varepsilon_0 = 0$):[93]

$$[7\text{-}17] \quad T\,(AR) \;=\; \frac{AR_t}{S\,(AR_t)}$$

Als Schätzwert für die Standardabweichung verwenden *Brown/Warner* die Standardabweichung der abnormalen Rendite des Referenzzeitraumes. Sie wird berechnet als die Summe der Quadrate der Abweichungen der durchschnittlichen abnormalen Rendite von dem arithmetischen Mittel der durchschnittlichen abnormalen Rendite für den Monat t dividiert durch die Anzahl der Differenzen minus eins. Wenn angenommen wird, daß der Referenzzeitraum 24 Monate und der Beobachtungszeitraum 25 Monate umfaßt, dann wird die Standardabweichung wie folgt berechnet:

$$[7\text{-}18] \quad S\,(AR_t) \;=\; \sqrt{\frac{1}{23} \sum_{t=-36}^{-13} (AR_t - \overline{AR})^2}$$

mit: $$\overline{AR} = \frac{1}{24} \sum_{t=-36}^{-13} AR_t$$

wobei: T = t-Statistik;
        $S\,(AR_t)$ = Standardabweichung des arithmetischen Mittels der (durchschnittlichen) abnormalen Rendite;
        $\overline{AR}$ = Arithmetisches Mittel der (durchschnittlich) abnormalen Rendite.

Die Prüfgröße ist mit 23 Freiheitsgraden ($v = n - 1$) T-verteilt. H_0 wird verworfen, wenn der Betrag der empirisch ermittelten Größe über dem theoretischen Wert liegt

---

[91] Vgl. Brown, S.J./Warner, J.B., 1980, S. 251; Brown, S.J./Warner, J.B, 1985, S. 7.
[92] Zur Anwendung dieser Prüfgröße vgl. z.B. Franks, J.R./Harris, R.S., 1989, S. 231 f.; Grandjean, B., 1992, S. 105 ff.
[93] Zur Prüfgröße der abnormalen Rendite vgl. Brown, S.J./Warner, J.B., 1985, S. 7.

$(T_{c1} = 2,807, T_{c2} = 2,069, T_{c3} = 1,714)$. In diesem Fall sind die abnormalen Renditen signifikant.

Für die kumulierten abnormalen Renditen schlägt *Bühner* mit dem nicht zutreffenden Hinweis auf *Brown/Warner* vor[94], die **kumulierte abnormale Rendite** (CAR) durch die Standardabweichung der durchschnittlichen abnormalen Rendite zu dividieren:

$$[7\text{-}19] \quad T(CAR) = \frac{CAR_t}{S(AR_t)}$$

Brown/Warner schlagen demgegenüber eine strengere Prüfformel vor. Sie untersuchen den Verlauf der CAR unter der Annahme, daß die CAR gleich Null ist. Sie zeigen, daß die CAR von dem Wert Null im Laufe des kumulativen Prozesses immer mehr abweichen kann, obwohl keine abnormale Rendite vorhanden ist:

„CARs will be a random walk if the average residuals in event time are independent and identically distributed." (Brown, S. J./Warner, J.B., 1980, S. 228, Fn. 31)

Um den Fehler, daß CAR ohne Vorliegen eines abnormalen Verhaltens leicht statistisch signifikant positiv oder negativ erscheinen können, zu reduzieren, erachten *Brown/Warner* es für notwendig, die Prüfgröße zu korrigieren:

„A confidence band ... should increase with the square root of the number of months over which cumulation takes place." (Brown, S.J./Warner, J.B., 1980, S. 228, Fn. 31)

Wenn die Standardabweichung analog zu [7-17] berechnet wird, können die **kumulierten abnormalen Renditen** für das Zeitintervall vom Tag v bis einschließlich des Tages w mit folgender Prüfgröße auf Signifikanz getestet werden:[95]

$$[7\text{-}20a] \quad T(CAR[v;w]) = \frac{\dfrac{1}{w-v+1}CAR[v;w]}{\dfrac{S(AR_t)}{\sqrt{w-v+1}}}$$

Die Prüfgröße für die CAR der Testperiode von t_{-12} bis t_{+12} wird wie folgt berechnet:

$$[7\text{-}20b] \quad T(CAR[_{-12;+12}]) = \frac{\dfrac{1}{25}CAR[_{-12;+12}]}{\dfrac{S(AR_t)}{\sqrt{25}}}$$

Da die Anwendungsvoraussetzungen für parametrische Testverfahren nicht immer erfüllt sind[96], werden im Rahmen von Ereignisstudien auch nicht-parametrische

---

94 Vgl. den Hinweis von Bühner, R., 1990d, S. 299, Fn. 12 und die Darstellung von Brown, S.J./Warner, J.B., 1980, S. 251 u. 253; Brown, S.J./Warner, J.B, 1985, S. 7.

95 Vgl. Brown, S.J./Warner, J.B., 1980, S. 251 f.

96 Vgl. Gebhardt, G./Entrup, U.: Kapitalmarktreaktionen auf die Ausgabe von Optionsanleihen,

Testverfahren eingesetzt: Zum einen der **Binomial-Vorzeichentest**, der die Signifikanz der Anteile positiver und negativer Einzelergebnisse überprüft.[97] Das Verfahren verhindert, daß einzelne Ereignisse mit extremen Werten die gesamte Stichprobe verzerren. Zum anderen der von *Brown/Warner* verwendete **Vorzeichenrangtest** von *Wilcoxon* [98] ('Wilcoxon-Signed-Rank-Test') bzw. das **Rangplatztestverfahren** von *Corrado*.[99] Der Vorzug dieser Verfahren besteht darin, daß die Prüfgröße durch einen Anstieg der Varianz der abnormalen Rendite weniger als bei parametrischen Tests beeinflußt wird und daß gleichzeitig Aussagen über das Zentrum der beobachteten Werte getestet werden können. Ferner ermittelt *Corrado* in einer Simulationsstudie bei einem künstlich erzeugten Überrenditeniveau von 0,5 % für den Rangplatztest signifikant höhere Ablehnungsquoten der Nullhypothese als bei Anwendung parametrischer Verfahren.[100]

7.3 Probleme bei der Ermittlung und Interpretation der Ergebnisse

Bei der Ermittlung und Interpretation des Diversifikationserfolgs mit Hilfe von Ereignisstudien können aus verschiedenen Gründen Schwierigkeiten auftreten. Zusätzlich zu den Problemen, die aufgrund der implizierten Modellannahmen entstehen, besteht die Gefahr, daß Änderungen des systematischen Risikos, Größeneffekte und strategische Rahmenbedingungen die Ergebnisse von kapitalmarktorientierten Untersuchungen verfälschen.

7.3.1 Schätzung des systematischen Risikos

Verschiedene Untersuchungen zeigen, daß sich **während der Übernahme die systematischen Risiken** der beteiligten Unternehmen verändern.[101] Wie in Abbil-

---

in: ZfbF, Sonderheft 31, 1993, S. 14.

[97] Zum Testverfahren vgl. Schaich, E./Köhle, D./Schweitzer, W./Wegner, W.: Statistik für Volkswirte, Betriebswirte und Soziologen, München 1982, S. 134 ff.; Hartung, J., 1989, S. 242 f. Zur Anwendung vgl. Franks, J.R./Harris, R.S., 1989, S. 232; Bühner, R., 1991a, S. 39.

[98] Vgl. Hartung, J., 1989, S. 243 ff.; Brown, S.J./Warner, J.B., 1980, S. 214 ff.

[99] Vgl. Corrado, C.J.: A Nonparametric Test for Abnormal Security-Price Performance in Event-Studies, in: Journal of Financial Economics, 23. Jg., 1989, S. 388 u. 392.

[100] Vgl. Corrado, C.J., 1989, S. 389 ff.

[101] Vgl. z.B. Weston, F.J./Mansinghka, S.K., 1971, S. 919 ff.; Mandelker, G., 1974, S. 303 ff.; Brenner, M./Downes, D.H.: A Critical Evaluation of the Measurement of Conglomerate Performance Using the Capital Asset Pricing Model, in: The Review of Economics and Statistics, 61. Jg., 1979, S. 292 ff.

dung 7-7 dargestellt, ermittelten *Elgers/Clark* sowohl für übernehmende als auch für übernommene Unternehmen vor einem Zusammenschluß ein sinkendes systematisches Risiko. Nach dem Zusammenschluß steigt das Risiko für Gesamtunternehmen wieder leicht an.[102] Der Anstieg könnte als die Kombination der Einzelrisiken interpretiert werden.[103]

Untersuchungs- monat	Übernehmendes Unternehmen	Übernommenes Unternehmen
- 24	1,003	1,057
- 3	0,986	1,026
+ 70	1,002	-

Abb. 7-7: Entwicklung des systematischen Risikos (β) bei Zusammenschlüssen; Quelle: Elgers, P.T./Clark, J.J., 1980, S. 68.

Bühner kritisiert, daß in verschiedenen Untersuchungen bei der **Stichprobenbildung** nur große Zusammenschlüsse berücksichtigt werden. Diese Vorgehensweise vernachlässigt i.d.R. alle übrigen strategischen Maßnahmen, die innerhalb der Testperiode die abnormale Rendite beeinflussen. Falls diese Maßnahmen den Referenzzeitraum zur Feststellung des systematischen Risikos betreffen, können auch hier positive und negative Schätzfehler auftreten. Die Gefahr verzerrter Ergebnisse besteht insbesondere bei „akquisitionsorientierten" Handelsunternehmen[104] (z.B. ASKO), die im Untersuchungszeitraum neben der betrachteten Diversifikation noch weitere kleine Zusammenschlüsse vollzogen haben.[105]

Conn führt ferner aus, daß ein **Zusammenhang zwischen makroökonomischem Umfeld und systematischem Risiko** besteht.[106] In Phasen wirtschaftlichen Aufschwungs steigt nicht nur die Zahl der Zusammenschlüsse, sondern auch das systematische Risiko. Da aber das Risiko auf der Basis von Vergangenheitsdaten geschätzt wird, besteht die Gefahr, daß mit einem geringeren systematischen Risiko als dem zur Zeitpunkt der Diversifikation gültigen gerechnet wird. Die abnormalen Renditen würden im Falle eines zu niedrig angesetzten Risikos systematisch überschätzt.

---

[102] Vgl. Elgers, P.T./Clark, J.J.: Mergers Types and Stockholder Returns, Additional Evidence, in: Financial Management, 9. Jg., 1980, H. 2, Summer, S. 66 ff.

[103] Vgl. Bühner, R., 1990e, S. 17.

[104] Zur Definition von Akquisitionsorientierung und -erfahrung vgl. Kap. 9.4.

[105] Vgl. Bühner, R., 1990e, S. 20.

[106] Vgl. Conn, R.L.: A Re-Examination of Merger Studies that use the Capital Asset Pricing Model Methodology, in: Cambridge Journal of Economics, 9. Jg., 1985, S. 53.

7.3.2 Größeneffekte

Abnormale Renditen sind mit Vorsicht zu interpretieren, wenn die relativen Wertänderungen der an Zusammenschlüssen beteiligten Unternehmen miteinander verglichen werden. Da das akquirierende Unternehmen häufig erheblich größer als das übernommene Unternehmen ist, kann trotz einer geringen abnormalen Rendite für das übernehmende Unternehmen eine bedeutende absolute Wertänderung entstanden sein.[107] Um den **relativen Charakter abnormaler Renditen** zu berücksichtigen, gewichtet *Jensen* die abnormalen Renditen mit dem Buchwert des jeweiligen Unternehmens, um somit Aussagen über absolute Wertänderungen zu treffen.[108]

Weiterhin beeinflußt das **Größenverhältnis** ('size effect') der am Unternehmenszusammenschluß beteiligten Unternehmen die abnormale Rendite des zu übernehmenden Unternehmens.[109] *Asquith/Bruner/Mullins* stellen einen positiven Zusammenhang zwischen der relativen Unternehmensgröße der übernommenen Unternehmen und der abnormalen Rendite fest. Bei einem Größenverhältnis zwischen übernehmenden und übernommenen Unternehmen von 2:1 wird eine um 1,8 % höhere abnormale Rendite ausgewiesen als beim Verhältnis von 10:1.[110]

7.3.3 Übernahmeprogramme und strategische Einbindung

Unternehmenszusammenschlüsse können als Bestandteil ganzer **Übernahme-programme** aufgefaßt werden. *Jensen/Ruback* und *Schipper/Thompson* stellten fest, daß bereits bei Ankündigung des Übernahmeprogramms abnormale Renditen erzielt werden und daß die zum Durchführungszeitpunkt gemessenen abnormalen Renditen nur noch Korrekturwerte der ursprünglichen Gewinnerwartungen darstellen.[111] Eine Analyse des Diversifikationserfolgs wird deshalb auf das Bestehen von Übernahmeprogrammen zu überprüfen sein. Beispielsweise kündigten verschiedene Handelsunternehmen Übernahmeprogramme im Zusammenhang mit der Expansion in die neuen Bundesländer an.

Diversifikationsprojekte können auch in eine **langfristige Strategie zum Eintritt in neue Märkte** eingebunden sein. Sie sind beispielsweise im Zusammenhang mit weiteren strategischen Schritten zum Markteintritt zu untersuchen, wenn der Erfolg einer Akquisition z.B. das Zustandekommen eines Kooperationsabkommens voraus-

---

[107] Vgl. Jensen, M.C.: Takeovers: Folklore and Science, in: Harvard Business Review, 62. Jg., 1984, H. 6, S. 115.

[108] Vgl. Bühner, R., 1990e, S. 21.

[109] Vgl. Seth, A., 1990, S. 108.

[110] Vgl. Asquith, P./Bruner, R.F./Mullins, D.W., 1983, S. 135.

[111] Vgl. Jensen, M.C./Ruback, R.S.: The Market for Corporate Control - The Scientific Evidence, in: Journal of Financial Economics, 11. Jg., 1983, H. 4, S. 18; Schipper, K./Thompson, R.: Evidence on the Capitalized Value of Merger Activities for Acquiring Firms, in: Journal of Financial Economics, 11. Jg., 1983, S. 85 ff.

setzt.[112] Um die Gefahr einer Fehlbewertung auszuschließen, ist der Untersuchungszeitraum so weit auszudehnen, daß er alle zugehörigen strategischen Schritte mit einschließt.[113]

7.4 Empirische Untersuchungen zum Erfolg von Diversifikationsstrategien

Der Erfolg von Diversifikationsstrategien wird in einer Vielzahl von Untersuchungen empirisch analysiert. Mit Ausnahme dreier amerikanischer Studien, die sich explizit mit Handels- und Dienstleistungsunternehmen auseinandersetzen, beschränken sich die Untersuchungen auf Industrieunternehmen.[114] Um Anhaltspunkte für die Entwicklung einer Untersuchungskonzeption zu gewinnen, wird im folgenden ein Überblick über relevante empirische Arbeiten gegeben. Nach einer Beurteilung der Befunde wird exemplarisch die Untersuchung von *Bühner* aufgegriffen und im Hinblick auf ihre Eignung zur Entwicklung einer Forschungskonzeption diskutiert.

7.4.1 Überblick über empirische Untersuchungen

Einen Überblick über relevante kapitalmarktorientierte Studien gibt Abbildung 7-8. In der ersten Spalte werden die Autoren und das Jahr der Publikation genannt. Die zweite Spalte beinhaltet das Forschungsanliegen. Gemeinsames Kennzeichen der Fragestellungen ist die Erfolgsanalyse von Unternehmenszusammenschlüssen. Viele Untersuchungen legen dabei einen sehr weiten Diversifikationsbegriff zugrunde und setzen Akquisition und Diversifikation gleich.[115] Definitionsgemäß werden horizontale Zusammenschlüsse ohne Produktausweitung der Strategie der Marktdurch-

---

112 Z.B. wurde der Erwerb von Dean Witter Reynolds durch Sears mit Hilfe verschiedener Akquisitionen abgesichert, um eine bedeutende Marktposition im Finanzdienstleistungsmarkt aufzubauen. Vgl. hierzu Lubatkin, M., 1987, S. 48.

113 Vgl. Bühner, R., 1990e, S. 23.

114 Die Studie von Kerin/Varaiya analysiert die Auswirkungen von 18 Unternehmenszusammenschlüssen auf den Unternehmenswert der akquirierenden Handelsunternehmen. Kumar/Kerin/Pereira untersuchen finanzierungs-, marketing- und unternehmensbezogene Indikatoren, die eine bevorstehende Übernahme eines Handelsunternehmens anzeigen. Nayyar führt eine Ereignisstudie zur Messung des Diversifikationserfolgs von Dienstleistungsunternehmen durch, die auch Handelsunternehmen miteinschließt. Vgl. hierzu Kerin, R.A./Varaiya, N.: Mergers and Acquisitions in Retailing: A Review and Critical Analysis, in: Journal of Retailing, 61. Jg., 1985, S. 9 ff.; Kumar, V./Kerin, R.A./Pereira, A.: An Empirical Assessment of Merger and Acquisition Activity in Retailing, in: Journal of Retailing, 8. Jg., 1991, H. 3, S. 321 ff.; Nayyar, P.R., 1993, S. 569 ff.

115 Vgl. z.B. Seth, A., 1990, S. 100, Fn. 2.

dringung zugeordnet.[116] Die Studien sind inhaltlich jedoch dann von Interesse, wenn deren Befunde nach verschiedenen Diversifikationsarten aufgeschlüsselt sind, so daß eine nachträgliche Zuordnung möglich ist. Die Mehrzahl der Studien kontrolliert neben dem Zusammenhang zwischen Zusammenschluß und Erfolg auch verschiedene Drittvariablen (z.B. Projektgröße, Nähe zum Kerngeschäft).

Die dritte Spalte beschreibt die Größe der Stichprobe, den Untersuchungszeitraum und das Erhebungsland. Die Stichproben unterscheiden sich relativ stark in ihrer Größe. Sie umfassen 57 bis 1031 Zusammenschlüsse. Die Beobachtungsperioden liegen innerhalb eines Zeitraums von 1929 bis 1991 und streuen bezüglich ihrer Dauer von 4 bis zu 40 Jahren relativ stark. Mit Ausnahme der Untersuchungen von *Bühner*, *Grandjean* und *Franks/Harris* beziehen sich die Studien auf amerikanische Unternehmen.

Der Untersuchungsansatz wird in Spalte 4 skizziert. Als Analysemodell dominiert das Marktmodell, wenngleich auch die Methoden der mittelwert- und marktbereinigte Rendite sowie Varianten des CAPM zur Anwendung kommen. Als Beurteilungsgröße werden sowohl tägliche als auch monatliche Renditen verwendet. Monatliche Renditen werden herangezogen, wenn der Zeitpunkt eines Ereignisses nicht exakt zu bestimmen ist. Als Erfolgsmaß wird die kumulierte abnormale Rendite (CAR) verwendet.[117] Um Diversifikationsstrategien nach ihrer Richtung klassifizieren zu können, werden von amerikanischen Autoren die Systematiken von *Salter/Weinhold*[118], der Federal Trade Commission (FTC)[119] oder der Standard Industry Code (SIC) herangezogen. Deutsche Untersuchungen legen die Klassifikation des Bundeskartellamtes zugrunde.

Gegenstand der fünften Spalte sind die Untersuchungsergebnisse. Die Bildung eines Gesamturteils erscheint schwierig, da in den 16 Studien bei Unternehmensübernahmen sowohl positive als auch negative Aktienmarktreaktionen beobachtet werden konnten. In bezug auf die Diversifikationsrichtung ergibt sich ebenfalls kein klares Bild.

---

[116] Zur Definition vgl. Kap. 2.1.

[117] Vgl. Brown, S.J./Warner, J.B., 1980, S. 227.

[118] Vgl. Salter, M.S./Weinhold, W.A., 1979.

[119] Die FTC unterscheidet vier Kategorien: (1) 'product concentric mergers', (2) 'horizontal and market concentric mergers', (3) 'conglomerate mergers' und (4) 'vertical mergers'. Zur Anwendung vgl. z.B. Lubatkin, M., 1987, S. 41.

Autor(en) /Jahr	Forschungs- anliegen	Stichprobe/ Zeitraum/ Land	Analysemodell/ Methodik/ Kategorien	Ergebnisse
Nayyar (1993)	Welcher Erfolg wird mit der Diversifikation in den Dienstleistungsbe- reich erzielt? Welchen Einfluß haben 'Economies of Scope' und 'Informations- asymmetrie'?	- 163 Über- nahmen - 1981-1991 - USA	- Marktbereinigte Rendite - tägliche Rendi- ten; ein Tag vor bis ein Tag nach Ankündigung - Standard In- dustry Code	Diversifikationen in den Dienstleistungsbereich sind mit positiven CAR (+0,62 %) ver- bunden. Das Vorliegen von Economies of Scope führt zu unterdurchschnittlichen, die Ausnutzung von Informati- onsasymmetrie zu überdurch- schnittlichen CAR.
Grandjean (1992)	Wie verteilt sich bei Zusammenschlüssen die abnormale Aktienrendi- te zwischen den Aktio- nären der übernehmen- den und der übernom- menen Gesellschaften?	- 92 Über- nahmen - 1982-1986 - Deutschland	- Mittelwertbe- reinigte Rendite - tägliche Rendi- ten; 60 Tage vor der Ankündi- gung bis 60 Ta- ge nach der Durchführung	Übernehmende Gesellschaften weisen in unterschiedlichen Analysen sowohl positive als auch negative CAR auf. Über- nahmekandidaten sind durch positive CAR gekennzeichnet.
Bühner (1991)	Welchen Erfolg erzielen deutsche Unternehmen mit grenzüberschreiten- den Unternehmensüber- nahmen?	- 57 Über- nahmen - 1973-1987 - Deutschland	- Marktmodell - monatl. Rendi- ten; 24 Monate vor bis 24 Mo- nate nach Anzei- ge beim Bundes- kartellamt - Klassifikation des Bundeskar- tellamtes	Die Zusammenschlüsse erzie- len eine positive CAR (+4,07 %). Das beste Ergebnis ergab sich bei Diversifikation in ver- wandte Tätigkeitsbereiche. Erfahrung wirkt sich positiv aus; große Zusammenschlüsse werden eher skeptisch betrach- tet.
Bühner (1990)	Welchen Erfolg erzielen inländische Unter- nehmenszusammen- schlüsse? Welchen Ein- fluß haben Richtung, Größe und Akquisition- sorientierung?	- 90 Über- nahmen - 1976-1983 - Deutschland	- Marktmodell - monatl. Rendi- ten; 24 Monate vor bis 24 Mo- nate nach Anzei- ge beim Bundes- kartell-amt - Klassifikation des Bundeskar- tellamtes	Die Übernahmen weisen eine negative CAR von -9,38 % auf. Horizontale und vertikale Diversifikationen werden über- durchschnittlich bewertet. Konglomerate Diversifikation, große Übernahmeprojekte und geringe Akquisitionserfahrung werden unterdurchschnittlich bewertet.
Seth (1990)	Führen Akquisitionen zu einer Steigerung des Aktionärsvermögens? Ist das Ausmaß der Wertsteigerung von der Art der Diversifikati- onsstrategie abhängig?	- 104 Über- nahmen - 1962-1979 - USA	- Marktmodell - tägliche Rendi- ten; 40 Tage vor Ankündi- gung bis zum 5. Tag nach Durchführung - FTC-Schema; Porter- Typologie	Diversifikation in verwandte und unverwandte Tätigkeitsfel- der ist mit positiven CAR ver- bunden (signifikant). Unab- hängig vom Beziehungsgrad ergeben sich Synergien.

Autor(en) /Jahr	Forschungs- anliegen	Stichprobe/ Zeitraum/ Land	Analysemodell/ Methodik/ Kategorien	Ergebnisse
Shelton (1988)	Besteht zwischen stra-tegischem Beziehungs-grad der Unternehmen und der Wertsteigerung bei einer Akquisition ein Zusammenhang?	- 218 Über-nahmen - 1962-1983 - USA	- Marktmodell - tägliche Rendi-ten; 3 Tage vor bis 3 Tage nach der Ankündi-gung - Systematik nach Salter/Weinhold	Zusammenschlüsse mit iden-tischen und ergänzend-verwandten Unternehmen er-fahren überdurchschnittliche Bewertungen durch den Akti-enmarkt (nicht signifikanter Zusammenhang).
Franks/ Harris (1989)	Welche Wertsteigerun-gen ergeben sich für die Aktionäre von über-nehmenden und über-nommenen Unterneh-men? Welchen Einfluß haben unterschiedliche Analyse-modelle und Drittvariablen (z.B. Größe)?	- über 1800 Übernahmen - 1955-1989 - Großbri-tannien	- CAPM, Markt-modell, marktbe-reinigte Renditen - monatl. Rendi-ten; 4 Monate vor bis 1 Monat bzw. 24 Monate nach Durchfüh-rung	Während Zielunternehmen zum Durchführungszeitpunkt CAR von bis zu 30 % aufweisen, ergeben sich für übernehmende keine bzw. leicht positive CAR. Das gewählte Analyse-modell beeinflußt das Ergebnis. Die Unternehmensgröße hat keinen signifikanten Einfluß auf die CAR.
Lubatkin (1987)	Wie wirken sich unter-schiedliche Diversifika-tionsstrategien auf den Unternehmenserfolg aus?	- 1031 Über-nahmen - 1948-1979 - USA	- CAPM - monatl. Rendi-ten; 18 Monate vor bis 64 Mo-nate nach der Durchführung - FTC-Schema	Kein Einfluß der Diversifika-tionsrichtung auf die CAR. Insgesamt erweisen sich alle Strategien als erfolgreich (nicht signifikant). Der Börsenkurs nimmt die Übernahmewirkung vorweg (Hinweis auf Marktef-fizienz).
Singh/ Mont-gomery (1987)	Werden bei der Diver-sifikation in benachbar-te und unverwandte Tätigkeitsfelder Über-renditen erzielt?	- 105 Über-nahmen - 1975-1980 - USA	- Marktmodell - tägliche Rendi-ten; 50 Tage vor bis 100 Tage nach der An-kündigung - FTC-Schema; Systematik nach Salter/Weinhold	Für die übernehmenden Unter-nehmen ergeben sich keine signifikanten CAR. Übernom-mene Unternehmen weisen bei verwandter Diversifikation hö-here abnormale Renditen auf als bei unverwandten Über-nahmen.
Chatterjee (1986)	Wie wirken sich unter-schiedliche Diversifika-tionsstrategien ('related/unrelated') auf den Unternehmens-wert aus?	- 157 Über-nahmen - 1969-1972 - USA	- Marktmodell - tägliche Rendi-ten; 50 Tage vor bis 50 Tage nach der Ankündi-gung - FTC-Schema	Diversifikation in unverwandte Tätigkeitsbereiche ist der in benachbarte Bereiche überle-gen (nicht signifikant). Diver-sifikation zur Steigerung der Marktmacht ('collusive syner-gies') ist mit einer überdurch-schnittlichen Wertsteigerung verbunden.
Asquith (1983)	Zu welchen abnormalen Renditen führen erfolg-reiche und unerfolgrei-che Übernahmeangebote und -durchführungen für die Käuferunter-nehmen und die Kaufobjekte?	- 211 Über-nahmen - 1962-1976 - USA	- Portefeuilleb e-reinigte Renditen - tägliche Rendi-ten; 2 Jahre vor der Ankündi-gung bis 1 Jahr nach der Durch-führung	Akquirierte Zielunternehmen erzielen positive CAR bei An-kündigung und Durchführung (signifikant). Käuferunterneh-men erzielen bei erfolgreichen Angeboten leicht positive CAR (nicht signifikant).

Autor(en) /Jahr	Forschungs- anliegen	Stichprobe/ Zeitraum/ Land	Analysemodell/ Methodik/ Kategorien	Ergebnisse
Malatesta (1983)	Führen Unternehmens- zusammenschlüsse (langfristig) zu einer Wohlstandsvermehrung der Aktionäre?	- 336 Über- nahmen - 1969-1974 - USA	- CAPM - tägliche Rendi- ten, unterschied- liche Intervalle; von 60 Monate vor bis 12 Mo- nate nach An- kündigung	Zusammenschlüsse führen langfristig sowohl für über- nehmende als auch für über- nommene Unternehmen zu einer negativen Wohlstands- entwicklung (signifikanter Zu- sammenhang). Übernommene Gesellschaften gewinnen kurz- fristig an Wert.
Choi/ Philippatos (1983)	Sind Unternehmens- zusammenschlüsse ('conglomerate/non- conglomerate') mit Synergien verbunden?	- 81 Über- nahmen - 1950-1973 - USA	- Marktmodell - monatl. Rendi- ten; Monat der Durchführung - FTC-Schema	Synergien können sowohl in konglomeraten als auch in verwandten Zusammenschlüs- sen realisiert werden.
Elgers/ Clark (1980)	Welche Bewertung erfahren konglomerate und nicht-konglomerate Übernahmen durch die Aktionäre?	- 377 Über- nahmen - 1957-1975 - USA	- Marktmodell - tägliche Rendi- ten; Tag der Durchführung - FTC-Schema	Aktionäre bewerten konglo- merate Zusammenschlüsse besser als verwandte.
Langetieg (1978)	Wie wirken sich Über- nahmen auf den Aktio- närswohlstand aus? Zu welchen Ergebnissen führt die Anwendung unterschiedlicher Ana- lysemodelle?	- 149 Über- nahmen - 1929-1969 - USA	- CAPM / Zero- Beta-CAPM mit 2 branchenspe- zifischen Varia- blen - monatl. Renditen 72 Monate vor bis 72 Monate nach der Durch- führung	Mit den vier Modellen werden grundsätzlich konsistente Er- gebnisse erzielt. Übernehmende Unternehmen erzielen im Zeit- raum von 70 bis 7 Monaten vor dem Zusammenschluß positive und im nachfolgenden Zeitraum bis zum Zusammen- schluß negative CAR. Nach erfolgtem Zusammenschluß werden negative Renditen er- zielt.
Man- delker (1974)	Welchen Einfluß haben Unternehmensüber- nahmen auf die Aktien- renditen der beteiligten Unternehmen?	- 252 Über- nahmen - 1948-1967 - USA	- CAPM-Variante - monatl. Renditen 40 Monate vor und 40 Monate nach der Durch- führung	Die Aktionäre erhalten „normale" Aktienrenditen, die mit den Renditen einer risiko- ähnlichen Investition vergleich- bar sind. Die CAR der über- nehmenden Unternehmen stei- gen im Zeitraum von 40 Mona- ten vor bis 12 Monate nach dem Zusammenschluß kontinu- ierlich an.

▨ = Diversifikation wird nicht explizit berücksichtigt

Abb. 7-8: Kapitalmarktorientierte Untersuchungen zum Diversifikationserfolg

7.4.2 Beurteilung der Untersuchungsmethoden und Ergebnisse

Die Betrachtung der Studien im Überblick hat gezeigt, daß die Vergleichbarkeit der Studien durch die Heterogenität der zugrundegelegten Datenbasis eingeschränkt ist. Um die Ergebnisse vergleichen zu können, müssen sich jedoch nicht nur die Untersuchungsobjekte, sondern auch die Betrachtungszeiträume und die Analysemodelle entsprechen.

In den dargestellten Studien variieren sowohl die zugrundegelegten Ereigniszeitpunkte als auch die Betrachtungszeiträume. Als **Bezugsdatum für das Ereignis** wählen einige Autoren den Tag der Ankündigung der Übernahme im Wall Street Journal, andere beziehen sich auf den Tag des effektiven Zusammenschlusses oder auf beide Zeitpunkte. Obwohl in amerikanischen Untersuchungen vorzugsweise der Tag der Ankündigung als Bezugspunkt gewählt wird, können an beiden Zeitpunkten Aktienmarktreaktionen beobachtet werden.[120] In Deutschland ist es ungleich schwieriger, den Ereigniszeitpunkt einer Diversifikation zu bestimmen, da sich weniger Aktien im Streubesitz befinden und der Aufkauf von größeren Aktienpaketen häufig keiner Vorankündigung bedarf (etwa in Form eines Übernahmeangebotes an eine Vielzahl außenstehender Aktionäre).[121] Neben der Analyse von Übernahmeankündigungen im Handelsblatt bzw. in der FAZ wird deshalb auch auf die Anzeigen beim Bundeskartellamt zurückgegriffen. Studien, die verschiedene Ereigniszeitpunkte analysieren, zeigen, daß sich die ermittelten abnormalen Renditen in Abhängigkeit vom gewählten Zeitpunkt unterscheiden.[122]

Auch die **Länge des Bezugszeitraumes** beeinflußt das Ergebnis. Je kürzer der Zeitraum, desto weniger wahrscheinlich ist es, daß die geschätzten Renditen von sonstigen Ereignissen verfälscht werden. Bei kurzen Betrachtungszeiträumen besteht dagegen die Gefahr, daß nicht alle, den Zusammenschluß betreffenden Informationen ausgenutzt werden. *Lubatkin* weist darauf hin, daß Strategien aus einer Serie von taktischen Schritten bestehen, die sich als Aktienmarktreaktion nicht nur an einem einzigen Tag, sondern über einen längeren Zeitraum in den Kursen niederschlagen.[123] Um längere Perioden zu untersuchen, bieten sich für die Er-

---

[120] Vgl. z.B. Asquith, P., 1983, S. 57 ff.

[121] Vgl. Bühner, R., 1990c, S. 33; Bühner, R., 1990d, S. 298.

[122] Vgl. z.B. Asquith, P., 1983, S. 57 ff.

[123] Vgl. Lubatkin, M., 1987, S. 43. Die Ansicht, daß eine Diversifikation als eine Serie einzelner, taktischer Ereignisse aufzufassen ist, findet sich in verschiedenen Studien, die sich auf die Analyse eines einzelnen taktischen Schrittes beschränken: (1) die Entscheidung, ein Akquisitionsprogramm aufzulegen (Schipper, K./Thompson, R., 1983, S. 85 ff.), (2) die Abgabe des Übernahmeangebotes (Dodd, P./Ruback, R.S.: Tender Offers and Stockholder Returns: An Empirical Analysis, in: Journal of Financial Economics, 5. Jg., 1977, S. 352 ff.), (3) die Durchführung der Verhandlung (Dodd, P.: Merger Proposals. Management Discretion and Stockholder Wealth, in: Journal of Financial Economics, 8. Jg., 1980, S. 105 ff.), (4) die amtliche Genehmigung des Zusammenschlusses (Malatesta, P.H.: Measuring Abnormal Performance: The Event Parameter Approach using Joint Generalized Least Squares, in: Journal of Financial and Qualitative Analysis, 21. Jg., 1986, H. 1, S. 155) und (5) die rechtsgültige Durchführung des Zusammenschlusses (Choi, D./Philippatos, G.C.: An Examination of Merger

fassung der Aktienmarktreaktion wöchentliche oder monatliche Renditen an. Tägliche Renditen sind von Vorteil, wenn innerhalb eines kürzeren Bezugszeitraums der Ereignistag präzise bestimmt werden kann. Die Wahrscheinlichkeit, daß sich auf ein punktuelles Ereignis eine meßbare Reaktion der Marktteilnehmer einstellt, fällt bei täglichen Renditen höher aus.[124]

In den Untersuchungen kommen verschiedene **Analysemodelle** zur Anwendung. Simulationsergebnisse von *Brown/Warner* haben ergeben, daß die von ihnen untersuchten Analysemodelle in fast allen Situationen gleich gut geeignet sind, um abnormale Renditen aufzudecken.[125] *Langetieg*, der in seiner Untersuchung vier alternative Modelle anwendet, kommt zu dem Schluß, daß die Modelle konsistente Ergebnisse liefern.[126] Jedoch stellen sich auch bei ihm bei Anwendung der von *Mandelker* verwendeten Zero-Beta-CAPM-Variante abweichende Ergebnisse ein. *Malatesta* hat seine Ergebnisse mit dem Verfahren der portefeuillebereinigten Renditen von *Asquith* verglichen und kommt teilweise zu unterschiedlichen Resultaten.[127] *Franks/Harris*, die die abnormale Rendite von 1.800 Übernahmen mit Hilfe von drei Analysemodellen errechnen, kommen teilweise zu unterschiedlichen Ergebnissen, wobei sich die Ergebnisse des CAPM und der Methode der marktbereinigten Rendite entsprechen.[128]

Untersuchungen, die die **Verteilung der abnormalen Renditen** zwischen übernehmenden und übernommenen Gesellschaften analysieren, weisen für übernommene Gesellschaften einheitliche Ergebnisse aus. *Grandjean* ermittelt für deutsche Übernahmekandidaten positive CAR.[129] In Form von Ankündigungseffekten werden diese Ergebnisse z.B. von *Dodd*, *Asquith* und *Malatesta* bestätigt.[130] Für Käuferunternehmen werden hingegen in Abhängigkeit von der Zeit abweichende abnormale Renditen ermittelt. Tendenziell werden vor der Übernahme geringe positive abnormale Renditen und in der Verhandlungsphase sowie im Zeitraum nach dem Zusammenschluß negative CAR realisiert.[131]

Synergism, in: Journal of Financial Research, 6. Jg., 1983, S. 239 ff.).

[124] Vgl. Peterson, P.P., 1989, S. 55. Die Verwendung täglicher Renditen ist jedoch auch mit verschiedenen Nachteilen verbunden. So unterliegen sie stärker verschiedenen Saisonalitäten, wie z.B. dem Day-of-the-week-Effekt. Vgl. hierzu Möller, H.P.: Die Informationseffizienz des deutschen Aktienmarktes - eine Zusammenfassung und Analyse empirischer Untersuchungen, in: ZfbF, 37. Jg., 1985, S. 507 f.; Haugen, R.A., 1986, S. 497 f.; Steiner, M./Bauer, C.: Die fundamentale Analyse und Prognose des Marktrisikos deutscher Aktien, in: ZfB, 44. Jg., 1992, S. 356.

[125] Vgl. Brown, S.J./Warner, J.B., 1980, S. 238.

[126] Vgl. Langetieg, T.C.: An Application of a Three-Factor Performance Index to Measure Stockholder Gains from Merger, in: Journal of Financial Economics, 6. Jg., 1978, S. 381.

[127] Vgl. Malatesta, P.H., 1983, S. 176 ff.; Asquith, P., 1983, S. 54 f.

[128] Vgl. Franks, J.R./Harris, R.S., 1989, S. 246 ff.

[129] Vgl. Grandjean, B., 1992, S. 159 ff.

[130] Vgl. z.B. Dodd, P., 1980; Asquith, P., 1983; Malatesta, P.H., 1983.

[131] Zu einer Aggregation der Ergebnisse vgl. Bühner, R., 1990e, S. 26 f.

Einige Autoren differenzieren ihre Stichproben nach der **Diversifikationsrichtung** eines Unternehmenszusammenschlusses.[132] *Elgers/Clark* finden heraus, daß konglomerate Diversifikationen eher zu Erfolgen führen als nichtkonglomerate Zusammenschlüsse.[133] *Lubatkin* stellt für die vertikale und konglomerate Diversifikation tendenziell einen positiven und für horizontale Zusammenschlüsse eher einen negativen Erfolgszusammenhang fest, der sich jedoch nicht als signifikant erweist.[134] Demgegenüber ermittelt *Bühner*, der in vier Richtungen unterscheidet, daß konglomerate Zusammenschlüsse deutlich schlechter als horizontale und vertikale abschneiden.[135] Die empirischen Ergebnisse lassen demnach keine eindeutige Aussage zu.[136]

Studien, die die **Verwandtschaft** als Einflußvariable untersuchen, kommen ebenfalls zu uneinheitlichen Ergebnissen. Bei grenzüberschreitenden Diversifikationsstrategien ermittelt *Bühner* für die Diversifikation in unverwandte Tätigkeitsfelder deutlich schlechtere Ergebnisse (CAR_{t24}: -11,5 %) als für Zusammenschlüsse, die verwandte Bereichen betreffen (CAR_{t24}: +18,7 %).[137] Im Gegensatz dazu kommt *Chatterjee* zu dem Ergebnis, daß die Diversifikation in nicht verwandte Tätigkeitsfelder lohnenswerter ist.[138] *Shelton* stellt auf den strategischen Beziehungsgrad ('strategic fit') ab und ermittelt einen positiven Zusammenhang zwischen der Höhe des Beziehungsgrades und der Wertsteigerung der Akquisition.[139] Die in der Literatur abgeleitete Hypothese, daß eine Übernahme von verwandten Unternehmen zu höheren abnormalen Renditen führt als die Akquisition nicht verwandter Unternehmen, kann angesichts der Ergebnisse nicht bestätigt werden.[140]

Zusammenfassend kann festgestellt werden, daß die Befunde der Studien nicht konsistent sind: In bezug auf die verschiedenen Fragestellungen liegen sowohl positive als auch negative Befunde vor. Die Arbeiten zeigen insgesamt, daß Diversifikation den Unternehmenswert bestenfalls in geringem Maße steigern konnte. In Anbetracht der Heterogenität der Stichproben, der unterschiedlichen Analysemodelle

---

[132] Vgl. Elgers, P.T./Clark, J.J., 1980; Chatterjee, S., 1986; Lubatkin, M., 1987; Singh, H./Montgomery, C.: An Application of a Three-Factor Performance Index to Measure Stockholder Gains from Merger, in: Journal of Financial Economics, 6. Jg., 1978, S. 377-386; Shelton, L.M., 1988; Bühner, R., 1990c.

[133] Vgl. Elgers, P.T./Clark, J.J., 1980, S. 66 ff.

[134] Vgl. Lubatkin, M., 1987, S. 45 ff.

[135] Vgl. Bühner, R., 1990c, S. 75 ff.

[136] Das Ergebnis von Elgers, P.T./Clark, J.J., 1980 und Lubatkin, M. 1987 steht im Widerspruch zu verschiedenen früheren Untersuchungen, die ergeben haben, daß konglomerate Zusammenschlüsse tendenziell als weniger erfolgreich einzustufen sind. Vgl. hierzu z.B. Melicher, R.W./Rush, D.F.: The Performance of Conglomerate Firms. A Portfolio Approach, in: Journal of Finance, 31. Jg., 1973, S. 39-48; Smith, K.V./Weston, J.F.: Further Evaluation of Conglomerate Performance, in: Journal of Business Research, 5. Jg., 1977, S. 5-14; Bühner, R., 1983.

[137] Vgl. Bühner, R., 1991a, S. 90 f.

[138] Vgl. Chatterjee, S., 1986, S. 131 ff.

[139] Vgl. Shelton, L.M., 1988, S. 283 f.

[140] Vgl. hierzu auch Ganz, M., 1991, S. 129 ff.

und der sich im Laufe der Zeit ändernden Sachverhalte (z.B. Organisationsstruktur, konjunkturelle Situation, Gesetzgebung der *Reagan*-Regierung) kann die Frage aufgeworfen werden, inwieweit die Ergebnisse überhaupt vergleichbar sind.[141] Im Hinblick auf die Analyse des Diversifikationserfolgs im Handel erscheint eine vorsichtige Interpretation der Ergebnisse angeraten.

7.4.3 Die Untersuchung von Bühner und ihre Eignung zur Entwicklung einer Forschungskonzeption

Bühner untersucht in zwei Ereignisstudien den Erfolg von Mehrheitsbeteiligungen deutscher Industrieunternehmen[142], die eine Unternehmensübernahme nach § 23 GWB beim Bundeskartellamt angezeigt haben.[143] Da sich die Arbeiten explizit auf die deutschen Verhältnisse beziehen, sind sie sowohl inhaltlich als auch methodisch für die Entwicklung einer eigenen Untersuchungskonzeption von Interesse. Im folgenden werden die zentralen Elemente der Studien vor dem Hintergrund der in Kapitel 7.4.2 gewonnenen Erkenntnisse bewertet.

(1) Festlegung der Datenbasis

Bühner beschränkt seine Untersuchung auf große Aktiengesellschaften des verarbeitenden Gewerbes. Die Gesellschaften müssen strategische Eigenständigkeit besitzen, an einer deutschen Börse notiert sein und zwischen übernommenen und übernehmenden Unternehmen ein Nominalkapitalverhältnis von mindestens 1 % aufweisen. Als Untersuchungsperiode wählt *Bühner* die Zeiträume von 1976-1985 für nationale Zusammenschlüsse und von 1973-1987 für länderübergreifende. Die Datenbasis umfaßt in der ersten Untersuchung 90 nationale Akquisitionen von 35 deutschen Unternehmen und in der zweiten Untersuchung 39 Auslandsakquisitionen von 33 deutschen Erwerbern.[144]

Bezüglich der Datenbasis fällt zum einen auf, daß einige Unternehmen mit zahlreichen Übernahmen berücksichtigt sind (z.B. KLÖCKNER mit sieben Akquisitionen). Zum anderen bestehen teilweise starke zeitliche Überschneidungen der Beobachtungszeiträume ('confounding events'). So liegen z.B. zwei in die Untersuchung einbezogene Übernahmen der AEG nur vier Monate auseinander. Eine

---

[141] Schüle beschäftigt sich im Rahmen einer Metaanalyse mit der Vergleichbarkeit der Studien. Vgl. Schüle, F.M., 1992 sowie hierzu Greune, M.: Rezension des Buches von F.M. Schüle: Diversifikation und Unternehmenserfolg - Eine Analyse empirischer Forschungsergebnisse, in: ZfbF, 45. Jg., 1993, S. 580 f.

[142] Vgl. Bühner, R., 1990d, S. 295-316; Bühner, R., 1992, S. 445-461. Zur Veröffentlichung der empirischen Untersuchungen in ausführlicher Form vgl. Bühner, R., 1990c; Bühner, R., 1991a.

[143] Eine vergleichbare Untersuchungskonzeption findet sich bei Lubatkin. Vgl. Lubatkin, M., 1987, S. 39 ff.

[144] Vgl. Bühner, R., 1990c, S. 22 ff.; Bühner, R., 1991a, S. 19 ff.

ereignisgerechte Zuordnung der abnormalen Renditen ist deshalb mit Schwierigkeiten verbunden.[145]

(2) Wahl der zeitlichen Parameter (Ereigniszeitpunkt, Untersuchungszeitraum)

Als Zeitpunkt für die Durchführung eines Zusammenschlusses wählt *Bühner* den
Monat der Anzeige beim Bundeskartellamt. Aus diesem Grund rechnet er mit
monatlichen und nicht mit täglichen Renditen. Der Untersuchungszeitraum zur
Berechnung der abnormalen Renditen beginnt 24 Monate vor der Anzeige und endet
24 Monate danach.[146]

Grandjean weist darauf hin, daß die untersuchte Information eine öffentlich
bekanntgegebene, d.h. öffentlich verfügbare Information sein muß. Da das Bundeskartellamt die ihm angezeigten Zusammenschlüsse erst im nachhinein veröffentlicht,
stellen sie à priori keine den Marktteilnehmern zugängliche Information dar.
Grandjean kritisiert, daß folglich eine Reaktion der Marktteilnehmer im Ereignismonat t_0 nicht zwingend zu erwarten ist.[147] Auch ist zu bedenken, daß zwischen der
Durchführung des Zusammenschlusses und der Anzeige beim Bundeskartellamt eine
zeitliche Verzögerung eintreten kann. Um die angeführten Probleme zu vermeiden,
schlägt *Grandjean* ein Untersuchungskonzept auf der Basis a) von täglichen Renditen, b) eines kurzen Beobachtungszeitraumes von mindestens 121 Tagen und c) von
in der Tagespresse publizierten Übernahmeankündigungen vor.

Demgegenüber kann eingewendet werden, daß strategische Ereignisse wie eine
Diversifikation zeitlich nicht präzise bestimmt werden können. Vielmehr handelt es
sich um eine Serie von kleinen taktischen Schritten, die nur innerhalb längerer Zeiträume angemessen erfaßt werden können:

„... long horizons ... will better capture the valuation of the full series of related
tactics which preceded the final outcome." (Lubatkin, M., 1987, S. 43)

„... abnormal returns estimated over a short time horizon for a merger's legal transaction date will reflect *only* the valuation of the marginal information contained in
that event." (Lubatkin, M., 1987, S. 43)

Weiterhin zeigen *Franks/Harris*, daß zwischen der ersten Annäherung ('first
approach') und der Durchführung der Übernahme ('unconditional date') im Durchschnitt 86 Tage vergehen.[148] Angesichts der Schwierigkeiten, die mit der Ermittlung
eines Ereignistages für eine Übernahmestrategie verbunden sind, erscheint die
Ereignisbestimmung mit Hilfe von Anzeigen in Verbindung mit einer längeren
Beobachtungsperiode dem von *Bühner* verfolgtem Anliegen angemessen. Um
sicherzustellen, daß es sich bei dem Ereignis auch um eine öffentlich zugängliche

---

[145] Vgl. May, A., 1991, S. 320.
[146] Vgl. Bühner, R., 1990d, S. 298 f.; Bühner, R., 1992, S. 448 f.
[147] Vgl. Grandjean, B., 1992, S. 64.
[148] Vgl. Franks, J.R./Harris, R.S., 1989, S. 228 f.

Information im Sinne von *Fama* handelt[149], bietet es sich an, den Anzeigemonat mit Hilfe von Zeitungspublikationen und Geschäftsberichten zu überprüfen.

(3) Berechnung der Markt- und Aktienkursrenditen

Als Näherungswert für die Entwicklung des Markteportfeuilles zieht *Bühner* den Commerzbank-Index heran.[150] Der Index enthält 60 deutsche Standardwerte und wird um Kapitalveränderungen korrigiert.[151] Da der gewählte Marktindex nicht um Dividendenzahlungen bereinigt wird, besteht die Gefahr einer Fehleinschätzung.[152] Die Untersuchung von *Bühner* beschränkt sich auf das verarbeitende Gewerbe und deckt somit nur ca. 50 % der im Indexkorb enthaltenen Werte ab. Sonderentwicklungen einzelner Branchen, wie z.B. Banken, Versicherungen oder Handel, führen zu einer Unter- bzw. Überbewertung der betrachteten Akquisitionsprojekte. Es stellt sich die Frage, inwieweit ein auf das verarbeitende Gewerbe beschränkter Index zu anderen Ergebnissen führen würde. Die Wahl des Marktindexes wird nicht näher erläutert.

Zu den zugrundegelegten Aktienkursrenditen werden ebenfalls keine Angaben gemacht. Grundsätzlich besteht die Möglichkeit, daß *Bühner* in seiner Untersuchung a) unbereinigte, b) um Kapitalveränderungen bereinigte oder c) um Kapitalveränderungen und Dividendenzahlungen bereinigte Aktienkurse verwendet. Unbereinigte Kurse können, wenn im Beobachtungszeitraum z.B. eine Kapitalerhöhung gegen Bareinzahlung vorgenommen wurde, starke Fehleinschätzungen zur Folge haben. Weiterhin sind um Kapitalveränderungen und Dividendenzahlungen korrigierte Kurse nicht mit dem COMMERZBANK-Index kompatibel. Die Frage, inwieweit die Ergebnisse durch die Wahl des Marktindexes bzw. die Bereinigung der Aktienkurse beeinflußt worden sind, muß folglich unbeantwortet bleiben.

(4) Wahl des Analysemodells

Als Analysemodell verwendet *Bühner* das Marktmodell von *Sharpe*. Die Schätzwerte für α und β werden in einer Referenzperiode von 72 bis 25 Monaten vor der Anzeige des Zusammenschlusses ermittelt.[153] Das Modell wird in zahlreichen

---

[149] Vgl. Fama, E.F., 1976, S. 136.

[150] Vgl. Bühner, R., 1990c, S. 35; Bühner, R., 1991a, S. 36.

[151] Vgl. Göppl, H./Schütz, H.: Die Konzeption eines Deutschen Aktienindex für Forschungszwecke (DAFOX), Diskussionspapier Nr. 162, Universität Karlsruhe, Institut für Entscheidungstheorie und Unternehmensforschung, Karlsruhe 1992, S. 20.

[152] Der durchschnittliche jährliche Wertzuwachs einer Aktie beträgt in Deutschland ca. 7,5 %. Hinzu kommt die durchschnittliche jährliche Dividendenrendite, die mit 3-4 % angesetzt werden kann. Der Unterschied verdeutlicht, daß von der Art der Bereinigung (mit oder ohne Dividendenkorrektur) ein erheblicher Einfluß auf die zu ermittelnden abnormalen Renditen ausgeht. Zu der durchschnittlichen Rentabilität von Aktien vgl. Norf, S.: Börse 1993: Wann Käufe lohnen, in: Wirtschaftswoche, 5.2.1993, H. 6, S. 78.

[153] Vgl. Bühner, R., 1990c, S. 34 f.; Bühner, R., 1991a, S. 35 f.

Studien angewandt und hat sich in einigen Arbeiten als geeignet zur Ermittlung abnormaler Renditen herausgestellt.[154]

Es irritiert, daß das umgeformte Marktmodell teilweise falsch dargestellt wird, da die rechnerischen Auswirkungen nicht unerheblich sind.[155] Zusammenschlüsse, die in der Referenzperiode der zu schätzenden Regressionsparameter α und β durchgeführt werden, können die Schätzung der Parameter nachfolgender Projekte verzerren.[156] Ein Vergleich mit anderen Analyseverfahren, z.B. den markt- oder mittelwertbereinigten Modellen, hätte darüber Aufschluß gegeben, inwieweit die Modellwahl die ermittelten Ergebnisse beeinflußt. Entgegen der häufig vorzufindenden Annahme, daß die Modelle ähnliche Ergebnisse ermitteln, zeigen z.B. *Franks/Harris* eindrucksvoll, daß die Ergebnisse relativ stark vom gewählten Analysemodell beeinflußt werden.[157]

(5) Prüfung auf Signifikanz

Bühner überprüft die Signifikanz der Ergebnisse in der ersten Studie anhand eines T-Tests[158] und in der zweiten Studie sowohl mit Hilfe eines T-Tests als auch mit einem Binomialvorzeichentest.[159] Bezüglich des zugrundegelegten T-Tests verweist *Bühner* auf zwei Quellen von *Brown/Warner*, die jedoch unterschiedliche Ansätze darstellen: eine Teststatistik ohne „dependence adjustment"[160] und eine mit „crude dependence adjustment".[161] Die von *Bühner* letztlich angewandte Methode der „crude dependence adjustment" berücksichtigt in der Berechnung der T-Statistik eine mögliche Korrelation zwischen den abnormalen Renditen der einbezogenen Aktien i des Monats t. *Bühners* Hinweis, daß seine Prüfgröße auch in den Studien von *Asquith/Bruner/Mullins* und *Ruback* angewendet wird, ist nicht richtig.[162] Beide Studien berücksichtigen in der Formel zur Berechnung des T-Statistikwertes die Autokorrelation erster Ordnung zwischen den durchschnittlichen abnormalen Renditen.[163] Bei der Berechnung der Prüfgröße wirken verschiedene Ungenauigkeiten

---

[154] Zur Eignung vgl. Brown, S.J./Warner, J.B., 1980, S. 205 ff. Zur Anwendung vgl. Abb. 7-8.

[155] Vgl. hierzu Bühner, R., 1990d, S. 299 (mit Klammer); Bühner, R., 1990c, S. 35 (ohne Klammer).

[156] Dieser Sachverhalt trifft z.B. auf Zusammenschlüsse der Firmen Klöckner, Siemens und Veba zu.

[157] Vgl. Franks, J.R./Harris, R.S., 1989, S. 246 ff.

[158] Vgl. Bühner, R., 1990d, S. 299 f.; Bühner, R., 1990c, S. 36 f.

[159] Vgl. Bühner, R., 1991a, S. 38 f.; Bühner, R., 1992, S. 450.

[160] Vgl. Brown, S.J./Warner, J.B., 1980, S. 253 und Hinweis von Bühner, R., 1990d, S. 299, Fn. 12.

[161] Vgl. Brown, S.J./Warner, J.B., 1980, S. 251; Brown, S.J./Warner, J.B., 1985, S. 7 und Hinweis von Bühner, R., 1990d, S. 299, Fn. 12.

[162] Vgl. Asquith, P./Bruner, R.F./Mullins, D.W., 1983, S. 127; Ruback, R.S.: Assessing Competition in the Market for Corporate Control, in: Journal of Financial Economics, Vol. 11, 1983, S. 147.

[163] Vgl. Grandjean, B., 1992, S. 69.

störend: Wurzelzeichen fehlen[164], Freiheitsgrade werden falsch spezifiziert (45 anstelle von 47)[165], Beobachtungsperioden werden falsch summiert (37 anstelle von 48)[166] und gleiche Prüfgrößen werden unterschiedlich dargestellt.[167] Da die von *Bühner* verwendete Prüfgröße nicht der von *Brown/Warner* vorgeschlagenen Formel entspricht[168], kann davon ausgegangen werden, daß der von *Bühner* ermittelte T-Statistikwert zur Prüfung der CAR eine verzerrte Größe darstellt.

(6) Ergebnisse

Die ermittelten Ergebnisse sind für die Unternehmenspraxis brisant, zeigen sie doch, daß das Management deutscher Großunternehmen mit einer bei nationalen Unternehmensübernahmen erzielten negativen abnormalen Gesamtrendite von -9,4 Prozent Aktionärswerte vernichtet.[169] Aber auch für grenzüberschreitende Zusammenschlüsse kann trotz einer ermittelten positiven abnormalen Gesamtrendite von 4,1 Prozent noch für 36 Prozent der Unternehmen eine negative kumulierte abnormale Rendite festgestellt werden.[170]

Nach einer Analyse der Gesamtstichprobe untersucht *Bühner* mit Hilfe von bivariaten Analysen, inwieweit sich Erfolgsunterschiede erklären lassen. Bei diesen Analysen zieht er als potentielle Erfolgsdeterminanten die Projektgröße, die Mitsprache durch Eigentümer, die Verwendung freier liquider Mittel, die Akquisitionserfahrung und die Diversifikationsrichtung heran.[171]

Wie sind die Studien von *Bühner* zu **beurteilen**? Die Studien sind aus zwei Gründen hervorhebenswert. Erstens leisten sie einen Beitrag zur Weiterentwicklung der kapitalmarktorientierten Analysemethoden. Mit der Ereignisstudie wendet *Bühner* einen in der deutschen Strategieforschung bislang wenig beachteten Forschungsansatz an. Seine Vorschläge zur Operationalisierung sind, obwohl sie Anlaß zur Kritik bieten, hilfreich. Zweitens ist der inhaltliche Beitrag der Untersuchungen anzuführen, da erstmals inländische und länderübergreifende Akquisitions- und Diversifikationserfolge deutscher Unternehmen empirisch quantifiziert werden. Bezüglich der Ergebnisse bleibt jedoch anzumerken, daß angesichts der methodischen

---

[164] Die Standardabweichung der abnormalen Rendite wird fälschlicherweise ohne Wurzelzeichen dargestellt. Vgl. Bühner, R., 1990c, S. 37; Bühner, R., 1991a, S. 38.

[165] Die korrekte Zahl der Freiheitsgrade der T-verteilten Teststatistik beträgt 47 Freiheitsgrade. Vgl. Bühner, R., 1990c, S. 37; Bühner, R., 1990d, S. 300.

[166] Der Mittelwert der durchschnittlichen abnormalen Renditen wird über den Referenzzeitraum von 72 (und nicht 73) Monate bis 25 Monate vor der Anzeige beim Bundeskartellamt ermittelt, so daß die Addition der durchschnittlichen abnormalen Renditen 48 und nicht wie dargestellt 37 beträgt. Vgl. Bühner, R., 1990d, S. 299.

[167] Vgl. Bühner, R., 1990d, S. 299; Bühner, R., 1991a, S. 39.

[168] Vgl. Brown, S.J./Warner, J.B., 1980, S. 251 f.

[169] Vgl. Bühner, R., 1990d, S. 301.

[170] Vgl. Bühner, R., 1991a, S. 59.

[171] Auf die von Bühner ermittelten Ergebnisse wird detailliert in Kap. 9 eingegangen.

Probleme und Ungenauigkeiten die zentralen Befunde der Studien nur sehr vorsichtig interpretiert werden sollten.

7.5 Zusammenfassung

Um den Erfolg von Diversifikationsstrategien bestimmen zu können, bedarf es einer geeigneten Untersuchungskonzeption. Zentrales Anliegen des siebten Kapitels war deshalb die Analyse der in der Literatur vorhandenen Ansätze und die Auswahl und Diskussion eines geeigneten Forschungsansatzes.

Im ersten Abschnitt wurden Erfolgsanalysen auf Basis von Desinvestitionsquoten, Jahresabschlüssen, Markterfolgsmaßen, Experteneinschätzungen und Kapitalmarktmaßen diskutiert. Es wurde gezeigt, daß ein kapitalmarktorientierter Forschungsansatz wegen der Objektivität von Aktienkursen, der Berücksichtigung von Zukunftsaspekten und der Möglichkeit, auf eine Kontrollgruppe verzichten zu können, besonders geeignet ist.

Im Mittelpunkt des zweiten Abschnitts stand die Darstellung der methodischen Grundlagen kapitalmarktorientierter Untersuchungen, die am Beispiel des Marktmodells verdeutlicht wurden. Unter den anschließend vorgestellten Analyseverfahren hat sich kein Modell als überlegen herausgestellt. Einfachere Methoden zeigen in Simulationen nicht weniger Erklärungskraft als komplexere Modelle. Der Abschnitt schloß mit einer Darstellung verschiedener Verfahren zur Signifikanzprüfung.

Der dritte Abschnitt behandelte Probleme bei der Ermittlung und Interpretation der Ergebnisse. Veränderungen des systematischen Risikos während der Übernahme, Größeneffekte sowie Übernahmeprogramme und die strategische Einbindung beeinflussen das zu ermittelnde Ergebnis.

Gegenstand des vierten Abschnitts waren empirische Untersuchungen, die den Erfolg von Akquisitions- und Diversifikationsstrategien unter kapitalmarktorientierten Gesichtspunkten analysieren. Ein Überblick über 16 Studien zeigte, daß bei Unternehmensübernahmen sowohl positive als auch negative Aktienmarktreaktionen beobachtet werden konnten. Auch bezüglich der Analyse verschiedener Drittvariablen (z.B. Diversifikationsrichtung) erweisen sich die Studien nicht als konsistent. Anschließend wurde festgestellt, daß die Studien von *Bühner* einerseits verschiedene Probleme aufweisen, andererseits aber in ihrer Anlage als Ausgangsbasis für die Entwicklung einer eigenen Untersuchungskonzeption geeignet sind.

Im nachfolgenden Kapitel wird der eigene Forschungsansatz und die zugrundegelegte Datenbasis vorgestellt.

8 Empirische Analyse des Diversifikationserfolgs im Handel

Das zentrale Anliegen dieses Kapitels ist die Durchführung der empirischen Untersuchung zum Diversifikationserfolg im Handel. Vor diesem Hintergrund sind in einem ersten Schritt verschiedene Parameter der Ereignisstudie festzulegen. Dabei ist auf das Verfahren der Renditeberechnung und die Datenbasis einzugehen. In einem zweiten Schritt werden die empirischen Ergebnisse vorgestellt und analysiert. Diesbezüglich stellen sich inhaltliche und methodische Fragen:

(1) Wie beurteilen die Aktionäre die Diversifikationsstrategien der ausgewählten Unternehmen? Welche Unternehmen schneiden am besten, welche am schlechtesten ab? Welche Ergebnisse erzielt der Handel im Vergleich zur Industrie?

(2) Wie sensitiv sind die Ergebnisse gegenüber Veränderungen im Aufbau der Untersuchung? Welcher Einfluß geht von der Wahl des Analysemodells aus? Beeinflußt der gewählte Marktindex das Ergebnis?

Die ersten beiden Abschnitte behandeln die Festlegung der Methodik und die Ermittlung der Datengrundlage. Im dritten Abschnitt wird für jedes ermittelte Diversifikationsprojekt die abnormale Rendite berechnet. Um den Gesamteffekt zu bestimmen, werden die Einzelrenditen kumuliert. Danach wird der Erfolg der in der Gesamtstichprobe enthaltenen Unternehmenszusammenschlüsse mit Hilfe von drei Analysemodellen und drei Marktindizes untersucht. Anschließend wird ein Ergebnisvergleich zwischen Industrie und Handel vorgenommen. Gegenstand des vierten Abschnitts ist eine kritische Beurteilung der Ergebnisse.

8.1 Methodik der empirischen Untersuchung

Der in Kapitel 6 durchgeführte Vergleich von 16 empirischen Studien zeigt, daß eine Vielzahl an unterschiedlichen Verfahren zur Bestimmung der zu erwartenden Rendite angewendet wird. Nur wenige Autoren haben zu Vergleichszwecken mit unterschiedlichen Methoden ermittelte Ergebnisse veröffentlicht.[1] Auch fällt auf, daß die Wahl des der Untersuchung zugrundegelegten Modells von den Verfassern häufig nicht näher begründet wird.[2] Die zentrale Frage, inwieweit die Methode das Ergebnis beeinflußt, wird in der Literatur uneinheitlich beantwortet. Während einige Untersuchungen mit unterschiedlichen Verfahren konsistente Ergebnisse erzielt haben,[3] ermitteln z.B. *Franks/Harris* stark abweichende Ergebnisse.[4] Da die wissenschaftliche Diskussion weder über die Wahl des geeigneten Verfahrens noch über die Auswirkungen der Modelle einen Konsens erzielt hat, bietet sich die Verwendung von mehreren Verfahren an.[5] Folgende Modelle werden den eigenen Berechnungen zugrundegelegt:

(1) Das Marktmodell
Das Marktmodell wird als vergleichsweise anspruchsvolles Analyseverfahren betrachtet und stellt das in empirischen Studien dominierende Modell dar. Für das Marktmodell spricht, daß es sich in einer Simulationsstudie von *Brown/Warner* als sehr trennstark und robust erwiesen hat.[6] Weiterhin ermöglicht die Verwendung des Marktmodells einen Vergleich mit den von *Bühner* für das verarbeitende Gewerbe ermittelten Ergebnissen. Gegen das Marktmodell kann eingewendet werden, daß der Parameter α_i zum einen ökonomisch nur schwer zu interpretieren ist und zum anderen die Ergebnisse stark beeinflussen kann.[7] Auch wird die auf *Fama* zurückgehende „theoretische Fundierung" hinterfragt.[8]

(2) Das Capital Asset Pricing Model
Das CAPM gehört zur Gruppe der komplexen Preisbildungsmodelle und wurde bislang nur selten in Ereignisstudien angewandt.[9] Während die theoretische Fundierung des CAPM als Vorteil herausgestellt werden kann, sprechen die teilweise realitätsfernen Modellprämissen gegen das Modell.[10]

---

1   Vgl. z.B. Langetieg, T.C., 1978; Franks, J.R./Harris, R.S., 1989.
2   Bühner begründet die Wahl des Marktmodells mit der häufigen Anwendung des Verfahrens in der amerikanischen Kapitalmarktforschung. Vgl. Bühner, R., 1990c, S. 34; Bühner, R., 1990d, S. 298; Bühner, R., 1991a, S. 35; Bühner, R., 1992, S. 449.
3   Vgl. z.B. Brown, S.J./Warner, J.B., 1980, S. 238; Malatesta, P.H., 1983, S. 176 ff.
4   Zu diesem Vorgehen vgl. z.B. Franks, J.R./Harris, R.S., 1989, S. 244 ff.
5   Vgl. Franks, J.R./Harris, R.S., 1989, S. 231.
6   Vgl. Brown, S.J./Warner, J.B., 1985; Gebhardt, G./Entrup, U., 1993, S. 12.
7   Vgl. Domke, H.-M., 1987, S. 19.
8   Vgl. Fama, E.F., 1976, S. 63-98. Zur Kritik vgl. Copeland, T.E./Weston, J.F., 1983, S. 318; Domke, H.-M., 1987, S. 19.
9   Zur Anwendung vgl. z.B. Malatesta, P.H., 1983, S. 164 ff.; Lubatkin, M., 1987, S. 42 ff.; Franks, J.R./Harris, R.S., 1989, S. 231 ff.
10   In dieser Arbeit besteht die Aufgabenstellung nicht in der Überprüfung der Modellaussagen, sondern in der Anwendung des CAPM. Dabei wird angenommen, daß das Modell auch ohne die Erfüllung der realitätsfernen Prämissen die Realität angemessen beschreibt.

(3) Die Methode der marktbereinigten Rendite

Die Methode der marktbereinigten Rendite wird zur Gruppe der einfachen Renditeerwartungsmodelle gerechnet. Das Verfahren erhält durch *Brown/Warner* und *Malatesta* eine vergleichsweise gute Beurteilung.[11] Auch weist das Modell den für deutsche Verhältnisse wichtigen Vorzug auf, daß auf einen der Beobachtungsperiode vorgelagerten Referenzzeitraum verzichtet werden kann und somit auch Unternehmen analysiert werden können, die erst seit kurzer Zeit an der Börse eingeführt sind.

Zur Signifikanzprüfung der Ergebnisse wird die T-Test-Variante von *Brown/Warner* mit 'crude dependence adjustment' herangezogen.[12] Zu Vergleichszwecken wird auch die weniger strenge Prüfgrößenformel von *Bühner* verwendet.[13] Nachdem die Methoden zur Bestimmung der abnormalen Renditen und die Verfahren zur Signifikanzprüfung festgelegt sind, wird im folgenden auf Aspekte der Datenbasis eingegangen.

8.2 Ermittlung der Datenbasis

Um den Diversifikationserfolg deutscher Handelsunternehmen empirisch untersuchen zu können, sind zunächst eine Unternehmens- und dann eine Zusammenschlußauswahl durchzuführen. Anschließend sind die Datierung des Diversifikationsprojektes und die Wahl des Untersuchungszeitraumes festzulegen. Weiterhin ist die Ermittlung und Bereinigung der Unternehmensrenditen, die Wahl des risikofreien Zinssatzes und die Bestimmung eines Aktienindexes zu klären.

8.2.1 Auswahl der Unternehmen

Grundlage der Unternehmensauswahl sind die Unternehmen der Bundesrepublik. Um die Grundgesamtheit bzw. „Stichprobe"[14] für den Untersuchungszweck einzugrenzen, wurden die Zusammenstellungen der *Schmacke*-Liste, der *Frankfurter Allgemeine Zeitung* und der *Lebensmittelzeitung* sowie das *Hoppenstedt*-Handbuch

---

[11] Vgl. z.B. Brown, S.J./Warner, J.B., 1980, insb. S. 215 ff.; Malatesta, P.H., 1986, S. 27 ff. sowie mit kritischen Einschränkungen May, A., 1994, S. 69 f. u. 79.

[12] Vgl. Brown, S.J./Warner, J.B., 1980, S. 251; Brown, S.J./Warner, J.B., 1985, S. 7 sowie Kap. 7.2.5.

[13] Vgl. Bühner, R., 1990c, S. 37; Bühner, R., 1990d, S. 300. Zur Kritik der Prüfgröße vgl. Kap. 7.4.3.

[14] Im folgenden wird von Unternehmensstichprobe gesprochen, da nur ein kleiner Teil der Grundgesamtheit der Handesunternehmen einbezogen wird. Da keine echt Stichprobe gezogen wird, handelt es sich jedoch streng genommen um eine **Vollerhebung** aller Handelsunternehmen (= Grundgesamtheit), die bestimmte Kriterien erfüllen.

der deutschen Aktiengesellschaften herangezogen.[15] Um in die Stichprobe der Untersuchung aufgenommen zu werden, mußten die in den Zusammenstellungen angeführten Unternehmen folgenden Kriterien genügen:

(1) Tätigkeitsschwerpunkt

Erstens wurden Handelsunternehmen berücksichtigt, deren Tätigkeitsschwerpunkt im **Einzelhandel** liegt und denen nach der Systematik der Wirtschaftszweige des Bundeskartellamtes die Branchenkennziffer 71 (Handel und Handelshilfsgewerbe) zugeordnet ist. Zweitens wurden Unternehmen aus dem Bereich des **Großhandels** berücksichtigt. Da zum Großhandel eine Vielzahl von Unternehmen wie z.B. OTTO WOLFF oder THYSSEN HANDELSUNION gehören, die aufgrund ihrer Tätigkeitsfelder (z.B. Stahlhandel und industrielle Kundschaft) und ihrer unterschiedlichen Geschäftssysteme wenig Gemeinsamkeiten mit Unternehmen des Einzelhandels aufweisen, wurden nur solche Großhändler in die Stichprobe einbezogen, die mit konsumnahen und nicht für die industrielle Weiterverarbeitung bestimmten Gütern handeln. Diese Einschränkung erscheint sinnvoll, da eine homogene Stichprobe die Voraussetzung für eine hohe Aussagekraft der empirischen Untersuchung darstellt.[16] Drittens wurden auch Hersteller in die Stichprobe einbezogen, die durch Vorwärtsvertikalisierung mit **unternehmenseigenen Vertriebssystemen** schwerpunktmäßig im Handel engagiert sind und somit als „Hersteller-Händler" aufgefaßt werden können.[17]

(2) Rechtsform, Börsennotierung und Streubesitz

Auf der zweiten Auswahlstufe wurde für die Unternehmen die Rechtsform der Aktiengesellschaft vorausgesetzt. Verschiedene namhafte Handelsunternehmen wie z.B. ALDI, TENGELMANN oder C&A erfüllen diese Anforderung nicht. Weiterhin mußten die Unternehmen im Zeitraum zwischen Januar 1974 und Dezember 1993 zumindest zeitweise an der Börse notiert gewesen sein.[18]

Ferner wurde vorausgesetzt, daß sich die Aktien zu mindestens 5 % in Streubesitz befinden. Damit soll sichergestellt werden, daß die Aktien noch Gegenstand des

---

15 Vgl. Hoppenstedt (Hrsg.): Hoppenstedt-Handbuch der deutschen Aktiengesellschaften, Darmstadt u.a. 1974-1994; Lebensmittelzeitung (Hrsg.): Die marktbedeutenden Handelsunternehmen, Frankfurt 1991; Lebensmittelzeitung, 1993; Schmacke, E.: Die großen 500. Deutschlands führende Unternehmen und ihr Management 1993/94, Neuwied 1993; Frankfurter Allgemeine Zeitung: Die hundert größten Unternehmen, in: FAZ, Nr. 198, 28. August 1982, S. 11; Frankfurter Allgemeine Zeitung, 1994, S. 15.

16 Vgl. Grandjean, B., 1992, S. 73.

17 Vgl. hierzu Specht, G.: Distributionsmanagement, Stuttgart/Berlin/Köln 1992, S. 181. Zum Begriff des „Hersteller-Händlers" vgl. Tietz, B., 1994, S. 36 ff.

18 Bedeutende nichtbörsennotierte Handelsunternehmen, die die Rechtsform der Aktiengesellschaft aufweisen, sind: BVA AG, Cornelius Stüssgen AG, Deutsche Supermarkt AG, Kaiser's Kaffee Geschäft AG, Kathreiner AG, MHB Handel AG, Nordostdeutsche Spar Handel AG, Promohypermarkt AG, Quelle AG, Rewe Zentral AG.

Börsenhandels sind.[19] Abbildung 8-1 gibt einen Überblick über die Vorgehensweise.

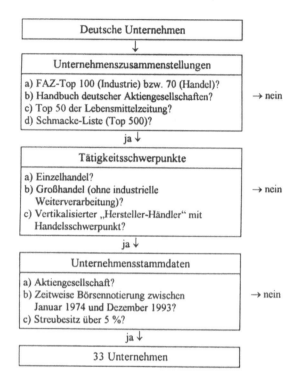

```
┌─────────────────────────────────────────────┐
│            Deutsche Unternehmen              │
└─────────────────────────────────────────────┘
                       ↓
┌─────────────────────────────────────────────┐
│         Unternehmenszusammenstellungen        │
├─────────────────────────────────────────────┤
│ a) FAZ-Top 100 (Industrie) bzw. 70 (Handel)? │
│ b) Handbuch deutscher Aktiengesellschaften?  │      → nein
│ c) Top 50 der Lebensmittelzeitung?           │
│ d) Schmacke-Liste (Top 500)?                 │
└─────────────────────────────────────────────┘
                     ja ↓
┌─────────────────────────────────────────────┐
│            Tätigkeitsschwerpunkte            │
├─────────────────────────────────────────────┤
│ a) Einzelhandel?                             │
│ b) Großhandel (ohne industrielle            │      → nein
│    Weiterverarbeitung)?                      │
│ c) Vertikalisierter „Hersteller-Händler" mit │
│    Handelsschwerpunkt?                        │
└─────────────────────────────────────────────┘
                     ja ↓
┌─────────────────────────────────────────────┐
│           Unternehmensstammdaten             │
├─────────────────────────────────────────────┤
│ a) Aktiengesellschaft?                       │
│ b) Zeitweise Börsennotierung zwischen       │      → nein
│    Januar 1974 und Dezember 1993?            │
│ c) Streubesitz über 5 %?                     │
└─────────────────────────────────────────────┘
                     ja ↓
┌─────────────────────────────────────────────┐
│             33 Unternehmen                   │
└─────────────────────────────────────────────┘
```

Abb. 8-1: Mehrstufige Unternehmensauswahl

Von den ursprünglich über 500 betrachteten Unternehmen verblieben nach der Selektion noch 33 Unternehmen, die in die Unternehmensstichprobe aufgenommen wurden. Die ausgewählten Unternehmen sind in Abbildung 8-2 zusammengestellt.

8.2.2 Auswahl der Unternehmenszusammenschlüsse

Unternehmensübernahmen müssen, wenn sie der Anzeigepflicht nach § 23 GWB unterliegen, dem Bundeskartellamt angezeigt werden.[20] Die Ausgangsbasis für die

---

[19] Zu den Angaben über den Anteil des an den Aktien gehaltenen Streubesitzes vgl. Hoppenstedt, 1974-1994.

[20] Seit Inkrafttreten des Gesetzes gegen Wettbewerbsbeschränkungen (GWB) im Jahre 1957 besteht eine Anzeigepflicht für Unternehmenszusammenschlüsse, wenn durch den Zusammenschluß ein Marktanteil von 20 Prozent erreicht wird, die beteiligten Unternehmen zusammen mehr als 10.000 Beschäftigte aufweisen oder mehr als 500 Millionen DM Umsatz erzielen. Vgl. Bühner, R., 1990d, S. 1.

Zusammenschlußstichprobe bilden die dem Bundeskartellamt für die Stichproben-unternehmen gemeldeten Zusammenschlüsse.

Unternehmen der Stichprobe		
Asko Deutsche Kaufh. AG	Hach AG	Massa AG
AVA AG	Hageda AG	Neckermann Versand AG
BayWa AG	Hako AG	Oppermann Versand AG
Bijou Brigitte AG	Hornbach AG	PAG Pharma-Holding AG
Coop AG	Horten AG	(F.) Reichelt AG
Deutsche SB-Kauf AG	Jean Pascale AG	(Otto) Reichelt AG
Douglas AG	Karstadt AG	Salamander AG
Einhell AG	Kaufhalle AG	Schwab AG
Escada AG	Kaufhof AG	Sinn AG
Garant Schuh AG	Kaufring AG	Spar Handels AG
Gehe AG	Leffers AG	Wünsche AG

Abb. 8-2: Ergebnis der Unternehmensauswahl

Um in die Zusammenschlußstichprobe aufgenommen zu werden, mußten folgende Kriterien erfüllt werden:

(1) Untersuchungszeitraum
In die Untersuchung wurden nur Zusammenschlüsse einbezogen, die im Zeitraum von 1976 bis 1992 dem Bundeskartellamt angezeigt worden sind. Der Beginn des Stichprobenzeitraumes orientiert sich an dem vom Bundeskartellamt[21] und der deutschen Finanzdatenbank[22] zur Verfügung gestellten Datenmaterial. Durch das Ende des Stichprobenzeitraumes im Jahre 1992 kann bei den empirischen Analysen

---

[21] Die Publikation der Unternehmenszusammenschlüsse durch das Bundeskartellamt erfolgte bislang uneinheitlich. Bis 1973 sind Unternehmenszusammenschlüsse vom Bundeskartellamt nur in Gesamtstatistiken veröffentlicht worden. Erst seit der zweiten Novelle des GWB im Jahre 1973 wurden die dem Bundeskartellamt angezeigten Zusammenschlüsse unter namentlicher Nennung der beteiligten Unternehmen aufgeführt. Für den Zeitraum von 1973 bis 1976 liegen namentliche Nennungen der beteiligten Unternehmen vor, jedoch ohne Angabe der Veröffentlichungen im Bundesanzeiger (Bundesanzeigernummer, Datum, Bekanntmachungsnummer). Ab 1976 veröffentlichte das Bundeskartellamt einen Tätigkeitsbericht, der die an den Zusammenschlüssen beteiligten Unternehmen und das Datum der Bekanntmachung im Bundesanzeiger angibt. Ab 1983 ist das Bundeskartellamt wieder zur Publikation von Gesamtstatistiken übergegangen, wobei einzelne Zusammenschlüsse nur noch in den monatlichen Bekanntmachungen im Bundesanzeiger erscheinen. Zur Auswertung der Zusammenschlüsse mußte deshalb auf internes Datenmaterial des Bundeskartellamtes zurückgegriffen werden, welches dem Verfasser von Herrn Lehmann-Stanislowski freundlicherweise zur Verfügung gestellt worden ist.

[22] Die deutsche Finanzdatenbank stellt bereinigte Aktienkurse erst ab 1974 zur Verfügung. Vgl. hierzu in Kap. 8 die Abschnitte 2.5 (Auswahl des Marktindex) u. 2.6 (Aktienkurse der Handelsunternehmen).

berücksichtigt werden, daß die Wirkungen von Zusammenschlüssen unter Umständen erst mit zeitlicher Verzögerung eintreten.

(2) Strategische Bedeutung der Beteiligung

Um die strategische Bedeutung des Zusammenschlusses sicherzustellen, wurden nur Mehrheitsbeteiligungen, 50 %-Beteiligungen und Gemeinschaftsunternehmen berücksichtigt.[23] Andere dem Bundeskartellamt angezeigte Verbindungen, wie z.B. der Vermögenserwerb, der Beteiligungserwerb, der Betriebsüberlassungsvertrag oder der Unternehmensvertrag, wurden nicht betrachtet.

(3) Nominalkapitalverhältnis

Um unbedeutende Zusammenschlüsse mit Kleinstunternehmen von der Untersuchung auszuschließen, wurde festgelegt, daß das Nominalkapital des übernommenen Unternehmens zum Zeitpunkt des Zusammenschlusses mindestens ein Prozent des Nominalkapitals des übernehmenden Unternehmens betragen muß.[24]

(4) Art des Zusammenschlusses

Weiterhin mußten die Zusammenschlüsse auf das Vorliegen von Diversifikation überprüft werden. Hierzu wurde mit Hilfe von Geschäftsberichten und dem *Hoppenstedt*-Handbuch der deutschen Aktiengesellschaften für jedes Stichprobenunternehmen ein Unternehmensprofil erstellt, das die Tätigkeitsgebiete und die wesentlichen im Jahre 1975 gehaltenen Beteiligungen enthält.

Mit Hilfe dieser Profile wurde entschieden, ob es sich bei der jeweilig zu prüfenden Unternehmensübernahme lediglich um eine Marktdurchdringungsstrategie oder um eine Diversifikation handelt. Der gesamte Auswahlprozeß ist in Abbildung 8-3 zusammengefaßt.

Es zeigt sich, daß nach Anwendung der Auswahlkriterien von den ursprünglich über 300 für die Stichprobenunternehmen nach § 23 GWB angezeigten Zusammenschlüssen nur 44 in die Zusammenschlußstichprobe aufgenommen werden konnten. Viele Zusammenschlüsse stellten nur Vermögenserwerbe oder Minderheitsbeteiligungen dar. Auch erwiesen sich zahlreiche Mehrheitsbeteiligungen bzw. Gemeinschaftsunternehmen als unbedeutend, da sie den Zusammenschlüssen mit Kleinunternehmen zuzurechnen waren. Weiterhin waren einige Übernahmen der Strategie der Marktdurchdringung zuzuordnen. Abbildung 8-4 gibt eine Übersicht über die in die Analyse eingehenden Projekte.

---

[23] Zu diesem Schritt vgl. Bühner, R., 1990c, S. 28 f.
[24] Vgl. Bühner, R., 1990e, S. 29.

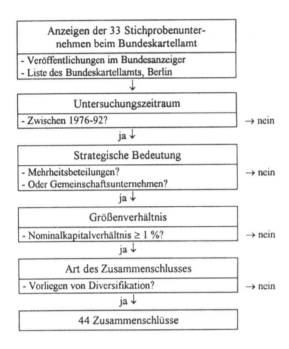

Abb. 8-3: Mehrstufige Auswahl der Zusammenschlüsse

8.2.3 Datierung des Diversifikationsereignisses

Die ereignisbezogene Analyse von Kapitalmarktreaktionen setzt voraus, daß die zu untersuchenden Ereignisse möglichst exakt und einheitlich datiert werden können.[25] Da eine Diversifikationsstrategie aus einer Serie von taktischen Schritten besteht, ist die präzise zeitliche Bestimmung des Ereignisses mit Schwierigkeiten verbunden.[26] Im zeitlichen Ablauf einer Diversifikation können drei Phasen und zwei Ereignisse identifiziert werden (vgl. Abb. 8-5).[27] Obwohl schon vor der Veröffentlichung einer Übernahmeabsicht Kursreaktionen beobachtbar sind, stellt sich in der Regel erst zum **Ankündigungszeitpunkt** t_1 eine deutliche Kursreaktion ein.[28] Im folgenden Entscheidungszeitraum werden die ursprünglichen Erwartungen des Aktienmarktes an die neuen Informationen angepaßt.

---

[25] Vgl. May, A., 1994, S. 63 f.
[26] Vgl. Lubatkin, M., 1987, S. 43.
[27] Vgl. Asquith, P., 1983, S. 57.
[28] Vgl. Asquith, P., 1983, S. 57 ff.

Nr.	Übernehmendes Unternehmen	Übernommenes Unternehmen	Zeit- punkt
1.	Asko AG	Praktiker Baumärkte; Bay. Gartencenter	08/79
2.	Asko AG	Südwestdt. Lebensm. AG; Adler Bekleidung AG	01/82
3.	Asko AG	Deutsche SB-Kauf AG	02/86
4.	Asko AG	Adolf Schaper KG	03/87
5.	Asko AG	Massa AG	09/88
6.	Asko AG	Comco Holding	10/89
7.	Asko AG	Coop AG	01/92
8.	AVA AG	Backstube Siebrecht GmbH	12/88
9.	AVA AG	BVA AG	12/92
10.	Baywa AG	Erfurter Saaten; 7 weitere Unt.	02/92
11.	Douglas AG	Wandmaker GmbH	05/76
12.	Douglas AG	Uhren Weiss GmbH	06/79
13.	Douglas AG	Stilke Kiosk GmbH	12/82
14.	Douglas AG	Voswinkel GmbH & Co. KG	01/84
15.	Douglas AG	Appelrath-Cüpper; 3 weit. Unt.	03/87
16.	Douglas AG	Werdin GmbH	08/91
17.	Escada AG	Kurt Neumann GmbH	04/91
18.	Gehe AG	Jenapharm GmbH	11/91
19.	Hako AG	Batavia KG	07/91
20.	Hageda AG	EPG-Einkaufgesellschaft	05/80
21.	Horten AG	HS-Touristik Bet. GmbH	11/77
22.	Horten AG	Peter Hahn GmbH	04/80
23.	Horten AG	Jacques' Weindepot GmbH	10/83
24.	Horten AG	Merkur Einkaufsges. mbH	04/91
25.	Horten AG	Horten Konsument; TUI-Beteilg.	11/91
26.	Karstadt AG	Neckermann Versand AG	02/77
27.	Karstadt AG	Gut-Reisen (NUR)	03/78
28.	Karstadt AG	TRI-Kottmann, Versandh. Walz	03/89
29.	Karstadt AG	Saalfrank, ADAC Flugr.; Karstadt-Spar-WHG	11/91
30.	Kaufhof AG	Friedrich Wenz GmbH & Co.	02/80
31.	Kaufhof AG	Reno Schuhversandhdl. GmbH	12/85
32.	Kaufhof AG	Oppermann Versand AG	12/89
33.	Kaufhof AG	Vobis Microcomp. AG	03/90
34.	Kaufhof AG	Kaufhaus Kerber GmbH	08/91
35.	Kaufhof AG	Reisebüro Kuoni AG	12/92
36.	Kaufring AG	Kaufring-Jola Kaufhaus GmbH	02/93
37.	F. Reichelt AG	EPG-Einkaufgesellschaft	05/80
38.	F. Reichelt AG	Chemie Meiendorf GmbH	01/87
39.	Salamander AG	Klawitter & Co. GmbH	03/81
40.	Salamander AG	Dt. Industriewartung GmbH	12/85
41.	Salamander AG	Sioux Schuhfabriken GmbH	05/92
42.	Spar AG	H. Pankow, Karstadt-Spar-WHG	11/91
43.	Wünsche AG	Bau-Verein zu Hamburg GmbH	11/90
44.	Wünsche AG	Jean Pascale AG	02/92

Abb. 8-4: Übersicht über ausgewählte Projekte

Das zweite bedeutende Ereignis stellt die **Durchführung** der Übernahme zum Zeit-punkt t_2 dar. Eine Kursreaktion ist auch hier zu erwarten, da mit der Durchführung einer Übernahme verschiedene Unsicherheiten verbunden sind.[29] Obgleich t_1 und t_2 auch zusammenfallen können, liegt im Normalfall zwischen den Ereignissen ein längerer Zeitraum. Als durchschnittliche Dauer des Entscheidungszeitraumes werden in der Literatur für Deutschland 74 und für England 86 Börsenhandelstage sowie für die USA fünf Monate angegeben.[30] Vollzogene Übernahmen werden vom Bundeskartellamt im Bundesanzeiger veröffentlicht. Zum Zeitpunkt der Publikation haben die Informationen in der Regel bereits öffentlichen Charakter. Zwischen den Zeitpunkten t_1 und t_2 liegen möglicherweise noch weitere kursrelevante Ereignisse, z.B. wenn die Möglichkeit der Untersagung durch das Kartellamt nach § 24 Abs. 1 GWB besteht und gegebenenfalls Auflagen erteilt worden sind (vgl. METRO/ASKO).[31]

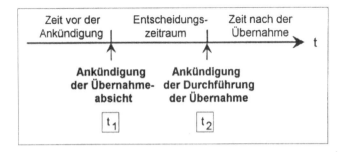

Abb. 8-5: Zerlegung der externen Diversifikation in Perioden und Ereignisse

In amerikanischen Untersuchungen werden i.d.R. die Veröffentlichungen des Wall Street Journals zur Bestimmung der Ereignisse t_1 und t_2 herangezogen.[32] Aufgrund der breiten Streuung des amerikanischen Aktienkapitals müssen Zusammenschlüsse durch ein Übernahmeangebot an eine große Zahl außenstehender Aktionäre öffentlich bekannt gemacht werden, so daß die Zeitpunkte t_1 und t_2 relativ problemlos ermittelt werden können.[33]

In Deutschland werden Übernahmen dagegen häufig mit Hilfe von Banken ohne eine direkte Beteiligung des Kapitalmarktes durchgeführt. Dies hat zur Folge, daß die Zusammenschlüsse teilweise erst nach der Übernahme publik werden und genaue Ankündigungs- bzw. Durchführungsdaten nur selten ermittelt werden kön-

---

29 Vgl. z.B. die gescheiterte Übernahme der Continental AG durch die Pirelli S.A.

30 Vgl. Asquith, P., 1983, S. 57, Fn. 10; Franks, J.R./Harris, R.S., 1989, S. 228 f.; Grandjean, B., 1992, S. 89.

31 Häufig werden in amerikanischen Studien die Untersuchungsfälle, die erst in einem längeren Genehmigungsprozeß durch eine Kommission (z.B. die Interstate Commerce Commission) entschieden werden müssen, von den Untersuchungen ausgenommen. Vgl. Asquith, P., 1983, S. 54 u. S. 54, Fn. 5.

32 Vgl. z.B. Asquith, P., 1983, S. 53.

33 Vgl. Bühner, R., 1990d, S. 298.

nen.[34] Lediglich der Monat der Anzeige des Zusammenschlusses beim Bundeskartellamt kann für alle Diversifikationsprojekte einheitlich bestimmt werden. [35]
Analog zu *Bühner* wird auch in dieser Untersuchung auf die Anzeigedaten des
Bundeskartellamtes als Fixpunkt zur Datierung des Ereignisses zurückgegriffen. Da
das Bundeskartellamt die Daten nur auf monatlicher Basis zur Verfügung stellt, wird
in der folgenden Untersuchung von einer Verwendung täglicher Renditen zur
Quantifizierung der Kapitalmarktreaktion abgesehen und auf monatliche Renditen
zurückgegriffen. Um sicherzustellen, daß es sich bei dem Ereignis auch um eine
öffentlich zugängliche Information im Sinne von *Fama*[36] handelt und um Datie-
rungsfehler[37] zu vermeiden, wurden die Zeitpunkte der Übernahmen mit Hilfe von
Geschäftsberichten und einschlägigen Wirtschaftszeitungen überprüft und in wenigen Fällen korrigiert (z.B. ESCADA-NEUMANN, KAUFHOF-KUONI).
Wie ist die Vorgehensweise zu **bewerten**? Als Nachteil der Methodik erweist
sich, daß die Kapitalmarktreaktionen aufgrund des Charakters des Datenmaterials
nicht mit Hilfe täglicher Renditen gemessen werden können. Berechnungen auf der
Basis von täglichen Renditen weisen in der Regel stärkere Markteffekte aus.[38]
Weiterhin ist zu bedenken, daß nur Ereignisse erfaßt werden können, die auch dem
Bundes-kartellamt angezeigt werden. Z.B. hat sich nachträglich herausgestellt, daß
die zeitweilig bei der WEST-LB geparkten HORTEN-Anteile im Auftrag des METRO-
Konzerns akquiriert worden sind. Ferner könnte eine spätere Anzeige beim Bundes-
kartellamt zu einer Fehleinschätzung führen. Trotz dieser Nachteile kann die disku-
tierte Vorgehensweise als ein vergleichsweise zuverlässiger Weg zur einheitlichen
Datierung der Ereignisse angesehen werden.

8.2.4 Wahl des Untersuchungszeitraumes

Verschiedene empirische Studien zeigen, daß der Kapitalmarkt bereits vor der
Durchführung eines Unternehmenszusammenschlusses über Informationen verfügt
und entsprechende Anpassungen vornimmt.[39] Um diese Markteffekte zu berücksichtigen, werden z.B. in den Studien von *Asquith*, *Malatesta* und *Lubatkin* sehr
lange Untersuchungsperioden gewählt.[40] Auch *Bühner* wählt einen langen Untersuchungszeitraum, der insgesamt 49 Monate umfaßt (vgl. Abb. 8-6).[41] Er begründet
sein Vorgehen damit, daß er nicht nur den Durchführungseffekt berücksichtigen

---

[34] Vgl. Bühner, R., 1990c, S. 33.

[35] Vgl. Bühner, R., 1990c, S. 33.

[36] Vgl. Fama, E.F., 1976, S. 136.

[37] Z.B. besteht die Möglichkeit der zeitlichen Verzögerung, wenn eine durchzuführende Übernahme dem Bundeskartellamt verspätet angezeigt wird.

[38] Vgl. Brown, S.J./Warner, J.B., 1980, S. 225.

[39] Vgl. z.B. Asquith, P., 1983, S. 59; Malatesta, P.H./Thompson, R.: Partially Anticipated
Events. A Model of Stock Price Reactions with an Application to Corporate Acquisitions, in:
Journal of Financial Economics, Vol. 14, S. 237 ff.

[40] Vgl. Asquith, P., 1983, S. 59; Malatesta, P.H., 1983, S. 172; Lubatkin, M., 1987, S. 45.

[41] Vgl. Bühner, R., 1990c, S. 36; Bühner, R., 1991a, S. 37 f.

möchte, sondern auch vor- und nachgelagerte Korrekturen ursprünglicher Kurserwartungen.

Phasen	Inhalt	Zeit in Monaten	
		vorliegende Untersuchung	Bühner (1990), (1991)
Referenz-zeitraum	Schätzung von α und β	-36 bis -13	-72 bis -25
Untersuchungs-zeitraum	Erfassung ursprünglicher Erwartungen	-12 bis -1	-24 bis -1
	Durchführung der Diversifikation	0	0
	Erfassung nachträglicher Korrekturen	1 bis 12	1 bis 24
		$\Sigma = 49$	$\Sigma = 97$

Abb. 8-6: Der gewählte Referenz- und Untersuchungszeitraum im Vergleich mit der Untersuchung von Bühner

Für diese Arbeit wurde ein **Untersuchungszeitraum von 25 Monaten** gewählt, der 12 Monate vor der Anzeige beim Bundeskartellamt beginnt und 12 Monate danach endet. Drei Gründe sprechen für die gewählte Länge des Untersuchungszeitraumes:

(1) Nach der Statistik des Bundeskartellamtes verzeichnet der Handel als Wirtschaftszweig die größte Zahl an Zusammenschlüssen.[42] Um die Reaktion der Marktteilnehmer auf das Ereignis möglichst ohne überlagernde Störeffekte aus anderen unternehmensspezifischen Ereignissen (z.B. Übernahmen) ermitteln zu können, darf der Untersuchungszeitraum nicht zu lang sein. Ansonsten würde die Zahl der überlappenden Ereignisse ('confounding events') schnell ansteigen.[43]

(2) In der vorliegenden Studie wird davon ausgegangen, daß ein 12 Monate umfassender Untersuchungszeitraum für die Erfassung des ereignisbezogenen Markteffektes am deutschen Aktienmarkt ausreichend ist. Eine Verkürzung der von *Bühner* durchgeführten empirischen Analyse um 24 Monate hat zur Folge, daß sich die kumulierte abnormale Rendite von -9,4 % (49 Monate) auf -8,8 % (25 Monate) reduziert. Wie das Beispiel zeigt, wird die Aussage durch eine Verkürzung der Untersuchungsperiode weder in der Richtung noch in der Höhe wesentlich verändert.[44]

(3) Der Untersuchungszeitraum von 25 Monaten ist hinreichend lang, um auch dem strategischen Charakter einer Diversifikation Rechnung zu tragen.[45] Demgegen-

---

[42] Vgl. hierzu Kap. 3.1.

[43] Vgl. May, A., 1994, S. 65 f.

[44] Laut eigener Berechnung auf Basis der von Bühner in Tabelle 4.1 dargestellten abnormalen Renditen. Vgl. Bühner, R., 1990c, S. 43.

[45] Vgl. Lubatkin, M., 1987, S. 43.

über erscheint ein von *Grandjean* vorgeschlagener ereignisbezogener Vor- und Nachlauf von jeweils 60 Tagen m.E. als zu kurz, um die Einschätzung der Marktteilnehmer in ihrer vollen Wirkung zu erfassen.[46]

Zur Schätzung der Parameter des Marktmodells und des CAPM wird in der Literatur ein 50 bis 60 Wertepaare umfassender Referenzzeitraum für ausreichend gehalten.[47] Da zahlreiche Handelsunternehmen erst im Laufe der Datensammlungsperiode (1976-1992) an der Börse notiert worden sind, hätte ein entsprechend langer Referenzzeitraum die auszuwertende Fallzahl deutlich eingeschränkt.[48] Darüber hinaus haben Vergleiche mit Referenzzeiträumen unterschiedlicher Länge (48, 36 und 24 Monaten) ergeben, daß sowohl das Bestimmtheitsmaß als auch die F-Werte nur geringfügig durch die Länge des gewählten Zeitraumes beeinflußt werden. Für die vorliegende Untersuchung wird folglich ein **Referenzzeitraum von 24 Monaten** zugrundegelegt.[49]

8.2.5 Auswahl des Marktindex

Die der Untersuchung zugrundegelegten Analysemodelle benötigen zur Bestimmung der abnormalen Renditen einen Näherungswert für die Entwicklung des Aktienmarktes.[50] In der Literatur werden hierzu verschiedene Marktindizes herangezogen (vgl. Abb. 8-7), die sich in bezug auf das statistische Verfahren der Indexbildung, die Indexbasis, die Zahl der zugrundegelegten Aktien, die Zahl der ausgewiesenen Branchen, die Indexgewichtung und die Korrekturfaktoren unterscheiden.[51]

Ein für die vorliegende Untersuchung geeigneter Index sollte fünf Eigenschaften aufweisen:

(1) Der Index sollte ab 1974 verfügbar sein,
(2) Kapitalveränderungen berücksichtigen,

---

[46] Vgl. Grandjean, B., 1992, S. 92.

[47] Vgl. Bühner, R., 1993, S. 197. Demgegenüber wendet May ein, daß die Schätzperiode so festgelegt werden muß, daß die ermittelten Parameter für den Untersuchungszeitraum als stationär angenommen werden können. Dabei gilt: Je kürzer die zugrundegelegte Periode, desto eher ist diese Annahme erfüllt. Vgl. May, A., 1994, S. 194.

[48] Falls der zur Verfügung stehende Referenzzeitraum für eine Schätzung der Modellparameter dennoch nicht ausreichte, wurden für $\alpha = 0$ und für $\beta = 1,0$ angenommen. Zu diesem Vorgehen vgl. Franks, J.R./Harris, R.S., 1989, S. 231.

[49] Für die Ergebnisse der Schätzung vgl. Anhang A-1.

[50] In amerikanischen Untersuchungen wird z.B. auf den Dow Jones Industrial Index (30 Werte), den Standard & Poor's Index (500 Werte) oder den S & P Retail Index (4 Werte) zurückgegriffen.

[51] Vgl. Bleymüller, J.: Theorie und Technik der Aktienkursindizes, Wiesbaden 1966, S. 29 ff.; Büschgen, H.E.: Wertpapieranalyse - Die Beurteilung von Kapitalanlagen in Wertpapieren, Stuttgart 1966, S. 254 ff.; Rühle, A.-S.: Aktienindizes in Deutschland - Entstehung, Anwendungsbereiche, Indexhandel, Wiesbaden 1991, S. 39 ff. u. 170 ff.; Steiner, M./Kleeberg, J., 1991, S. 171 ff.; Perridon, L./Steiner, M., 1993, S. 225; May, A., 1994, S. 143 ff.

(3) Dividendenzahlungen einbeziehen,
(4) die Entwicklung des gesamten Marktes abbilden[52] und
(5) einen speziellen Branchenindex für den Handel enthalten.

Index	Formel	Basis	Werte/ Anzahl (1991)	Branchen	Index- gewich- tung	Korrek- turfak- toren
Commerzbank	Laspeyres	31.12.53	60	12	GK	KV
Deutscher Aktienindex (DAX) [53]	Laspeyres	31.12.87	30	-	GK	KV, DV
Deutscher Aktienforschungs- index (DAFOX)	Laspeyres	31.12.73	317	12	GK	KV, DV
Frankfurter Allgemeine Zeitung	Paasche	31.12.58	100	12	GKB	KV
Frankfurter Wertpapierbörse	Laspeyres	31.12.68	317	-	GK	KV
Statistisches Bundesamt	Laspeyres	31.12.53	ca. 280	29	GK	KV
Süddeutsche Zeitung	Laspeyres	31.12.58	88 (104)	11	GK	KV
West-LB	Paasche	31.12.68	98	12	GKB	KV, DV

Legende: GK=Grundkapital des Basiszeitpunktes; GKB=Grundkapital des Berichtstages; KV=Kapitalveränderungen; DV=Dividendenzahlungen.

Abb. 8-7: Vergleich wichtiger Elemente deutscher Aktienindizes

Der Vergleich der Indexkonzepte zeigt, daß alle Indizes außerordentliche Kurs-bewegungen, z.B. Kapitalberichtigungen, Kapitalerhöhungen oder ähnliche Vor-gänge, ausschalten. Dividendenzahlungen werden hingegen nur bei der Berechnung des West-LB-Index, des DAX und des DAFOX berücksichtigt ('Performance'-Indizes), wobei sich die zwei letzteren Indizes in ihrer Konzeption decken (*Laspeyres*-Index mit Korrekturen für Dividendenzahlungen und jährlicher Anpas-sung der Gewichte).[54] Indikatoren für die gesamte Aktienmarktentwicklung stellen lediglich die Indizes der Frankfurter Wertpapierbörse und des Statistischen Bundes-amtes sowie der DAFOX dar. Vor diesem Hintergrund werden für die Untersuchung folgende drei Indizes herangezogen:

(1) Deutscher Aktienforschungsindex
Der DAFOX ist in bezug auf die formulierten Anforderungen allen anderen Indizes überlegen. Da die Indizes der Franfurter Wertpapierbörse und des Statistischen Bundesamtes lediglich um Kapitalveränderungen korrigiert werden, steht außer dem DAFOX kein marktbreiter Index über einen längeren Zeitraum für den deutschen Aktienmarkt zur Verfügung.[55] Weiterhin zeigen *Göppl/Schütz* anhand eines Hotel-

---

[52] Falls Untersuchungen mit dem CAPM durchgeführt werden, sollte ein Aktienindex möglichst viele Werte enthalten. Vgl. Göppl, H./Schütz, H., 1992, S. 5.

[53] Der DAX liegt inzwischen auch in einer dividendenkorrigierten Variante mit 100 Werten vor (C-DAX). Er löst den unkorrigierten Frankfurter Wertpapierbörse-Gesamtindex ab. Vgl. o.V.: Dax Composite, in: Wirtschaftswoche, 47. Jg., H. 10 v. 5.3.1993, S. 132.

[54] Vgl. Norf, S., 1993, S. 78.

[55] Vgl. Göppl, H./Schütz, H., 1992, S. 1.

ling T^2-Tests, daß die Effizienz des DAFOX im Gegensatz zu der Effizienz anderer deutscher Aktienkursindizes nicht abgelehnt werden kann.[56]

(2) Deutscher Aktienforschungsindex-„Kaufhäuser"

Mit der Durchschnittsbildung nehmen Indizes bewußt einen Informationsverlust in Kauf. Diesem Informationsverlust kann entgegengewirkt werden, wenn auf ein Indexsystem zurückgegriffen wird. Der DAFOX setzt sich aus 12 Branchenindizes zusammen, wobei die 10 in den DAFOX eingehenden Handelsaktien zum Branchen-Index „Kaufhäuser" zusammengefaßt werden (Stand: 1991). Der Branchen-Index „Kaufhäuser" besitzt mit weniger als 5 % des Marktwertes eine vergleichs-weise geringe Bedeutung für die Indexberechnung. Veränderungen in anderen Branchen müssen jedoch nicht mit Veränderungen im Handel einhergehen. Der DAFOX-Kaufhäuser bietet sich daher als Index an, wenn der Erfolg einer Diversifi-kationsstrategie mit handelsspezifischen Erwartungen gemessen werden soll.[57]

(3) Commerzbank-Index

Der COMMERZBANK-Index umfaßt 60 deutsche Standardwerte und wird seit Ultimo 1953 (Basis: 100) berechnet. Er ist als *Laspeyres*-Index mit einer Gewichtung nach dem zur Börse zugelassenen Grundkapital konzipiert. Während Kapitalver-änderungen korrigiert werden, bleiben Dividendenzahlungen unberücksichtigt.[58] *Bühner* verwendet in seinen auf das verarbeitende Gewerbe beschränkten Studien[59] den COMMERZBANK-Index. Um die für den Handel ermittelten Ergebnisse auch mit denen der Industrie vergleichen zu können, bietet es sich an, den COMMERZBANK-Index im Rahmen dieser Untersuchung zu berücksichtigen.

Die Kurszeitreihen der drei Indexwerte (1974-1993) wurden von der Deutschen Finanzdatenbank (DFDB) zur Verfügung gestellt.[60] Da die Zeitreihen bereits in bereinigter Form vorlagen, konnte die monatliche Marktrendite aus den Index-ständen in t-1 und in t errechnet werden:

$$[8\text{-}1] \qquad R_{mt} = \frac{I_{mt} - I_{mt\text{-}1}}{I_{mt\text{-}1}} \qquad bzw. \qquad R_{mt} = \frac{I_{mt}}{I_{mt\text{-}1}} - 1$$

wobei: R_{mt} = Rendite des Aktienindex m zum Zeitpunkt t;
I_{mt} = Wert des Aktienindex m zum Zeitpunkt t;
$I_{mt\text{-}1}$ = Wert des Aktienindex m zum Zeitpunkt t-1.

---

[56] Vgl. Göppl, H./Schütz, H., 1992, S. 29 ff.

[57] Vgl. Göppl, H./Schütz, H., 1992, S. 16 ff.

[58] Vgl. Büschgen, H.E., 1966, S. 259; Commerzbank AG (Hrsg.): Commerzbank-Index, Frank-furt 1988, S. 10.

[59] Vgl. Bühner, R., 1990c, S. 35; Bühner, R., 1991a, S. 37.

[60] Für die problemlose Abwicklung der Datenanfrage ist der Verfasser dem Institut für Entschei-dungstheorie und Unternehmensforschung der Universität Karlsruhe (TH) zu Dank ver-pflichtet.

8.2.6 Aktienkurse der Handelsunternehmen

Die Aktienkursreihen für die insgesamt 44 Projekte sind, wie auch die Marktindizes, von der Deutschen Finanzdatenbank in Karlsruhe zur Verfügung gestellt worden.[61] Zeiteinheit zur Berechnung der Rendite ist der „Monat". Um Ultimoeffekte zu vermeiden, wurde der Kassakurs des amtlichen Handels am 15. jedes Monats beziehungsweise am nächstfolgenden Öffnungstag der Frankfurter Wertpapierbörse zugrundegelegt.[62] Monatsdurchschnittskurse konnten wegen der vorweggenommenen Bereinigungseffekte nicht verwendet werden. Bei Unternehmen, die nicht an der Frankfurter Wertpapierbörse notiert waren, wurde auf die jeweilige Heimatbörse zurückgegriffen (z.B. München im Falle der BAYWA AG).

Die Rendite einer Aktie kann als absoluter oder als relativer Betrag berechnet werden. In ihrer absoluten Form gibt die Rendite den Kapitalgewinn bzw. -verlust einer Aktie wieder. Die absolute Rendite ist definiert als die Differenz der Aktienkurse zu Beginn und Ende eines Zeitraumes. Demgegenüber setzt der relative Ertrag einer Aktie den Kapitalgewinn bzw. -verlust in Relation zu dem Kapitaleinsatz. Folglich ergibt sich die **relative Rendite einer Aktie i** aus der Differenz der Aktienkurse zu Beginn und Ende des Zeitraumes t dividiert durch den Kapitaleinsatz zum Zeitpunkt t-1. Unter Berücksichtigung der sonstigen im Zeitraum t anfallenden ertragsrelevanten Vorgänge errechnet sich der relative Ertrag einer Aktie i wie folgt:[63]

$$[8\text{-}2] \qquad R_{it} = \frac{P_{it} - P_{it-1} + Z_{it}}{P_{it-1}}$$

wobei: P_{it} = Preis der Aktie i am Ende des Zeitraums t;
P_{it-1} = Preis der Aktie i am Ende des Zeitraums t - 1;
Z_{it} = Zahlungen (Dividenden, Bezugsrechte) an die Aktionäre im Zeitraum t.[64]

Da die Rendite einer Aktie nicht nur von der Kursdifferenz zum Vormonat abhängt, sondern auch noch von den innerhalb der Beobachtungsperiode geleisteten Zahlungen Z_{it}, sind die zu betrachtenden Aktienkurse um diese Zahlungen zu bereinigen.

---

[61] In amerikanischen Untersuchungen werden die Daten der Datenbank des Center for Research in Security Prices (CRSP), Chicago, entnommen. Englische Studien greifen auf die London Share Price Database (LSPD) zurück.

[62] Einige Unternehmen sind nicht im amtlichen Handel, sondern nur im geregelten Markt bzw. im Freiverkehr notiert. Für letztere Marktsegmente gelten weniger strenge Zulassungsanforderungen. Beispielsweise müssen im amtlichen Handel mindestens 25 % der zuzulassenden Aktien im Publikum gestreut sein. Zur Organisation der Finanzmärkte vgl. Perridon, L./Steiner, M., 1993, S. 157 ff.

[63] Zur Ermittlung des rechnerischen Werts von Bezugsrechten vgl. Hax, H.: Bezugsrecht und Kursentwicklung von Aktien bei Kapitalerhöhung, in: ZfbF, 23. Jg., 1971, S. 157 ff.

[64] Eine Gleichsetzung von Dividendenzahlungen und Bezugsrechtsabschlägen ist problematisch, da die Veräußerung eines Bezugsrechts im Wesen dem Verkauf von Aktien entspricht. Vgl. Büschgen, H.E., 1966, S. 273.

Zu berücksichtigen sind z.B. folgende ertragsrelevante Vorgänge:[65]
- Dividendenzahlungen,
- Kapitalerhöhungen (gegen Bareinzahlung und aus Gesellschaftsmitteln),
- Kapitalherabsetzungen (wegen Zusammenlegung, Rückzahlung oder Liquidation),
- Aktiensplits,
- Notizwechsel und
- Bezugsrechte auf eine neue Aktiengattung oder auf andere Wertpapiere.

Die „Bereinigungsereignisse" sind von unterschiedlicher Wirkung. Im Stammdatensatz der Unternehmensstichprobe werden Dividendenzahlungen von 0 DM bis 20 DM ausgewiesen. Lediglich in Ausnahmefällen ergibt sich ein darüber liegender Wert (z.B. AVA AG mit 40 DM). Gravierender als die Vernachlässigung von Dividendenzahlungen sind Kapitalveränderungen, bei denen größere wertmäßige Berichtigungen vorgenommen wurden. Besonders deutlich wird der Effekt bei Kapitalerhöhungen aus Gesellschaftsmitteln. Da hier das Grundkapital ohne Zuführung neuer Mittel vergrößert wird, ergibt sich bei gleichbleibender Ertragslage eine Verschlechterung der Aktienrendite.[66] Beispielsweise ergab sich am 10.9.1984 bei einer von der ASKO AG vorgenommenen Kapitalerhöhung aus Gesellschaftsmitteln ein rechnerischer Abschlag von 625 DM. Wenn Kapitalveränderungen nicht korrigiert werden, besteht bei der Auswertung der Kursreihen die Gefahr, daß ein zu niedriger oder zu hoher Diversifikationserfolg ausgewiesen wird.[67]

Technische Kurssprünge in einer sequentiellen Aktienkursreihe, die nicht auf eine veränderte Einschätzung und Bewertung der Aktie zurückzuführen sind, können mit verschiedenen Methoden bereinigt werden. Die von der Deutschen Finanzdatenbank angewandte Bereinigungsmethode fußt auf der 'Opération Blanche'.[68] Sie geht von der Vorstellung aus, daß der Aktionär während des Investitionszeitraumes der Kapitalanlage weder Kapital hinzufügt noch entnimmt. Es wird dabei unterstellt, daß die ausgezahlten Dividenden bzw. die Verkaufserlöse der Bezugsrechte auf eine neue Aktiengattung oder andere Wertpapiere in die Kapitalanlage reinvestiert werden.[69] Weiterhin bleiben Transaktionskosten und Steuerzahlungen unberücksichtigt. In der Literatur finden sich zwei alternative Verfahren:[70]
- die retrograde Bereinigung und
- die progressive Bereinigung.

Da die Art der Bereinigung keinen Einfluß auf die Höhe der Rendite hat,[71] wird im folgenden nur auf die retrograde Bereinigung eingegangen. Sie weist den Vorteil auf, daß der Aktienkurs am Ende der bereinigten Aktienkursreihe mit der Börsen-

---

[65] Vgl. Grandjean, B., 1992, S. 85; Göppl, H./Lüdecke, T./Sauer, A.: Datenbank-Handbuch - Teil 5 - Beschreibung der Termindaten, Karlsruhe 1993b, S. 5 ff.

[66] Vgl. Büschgen, H.E., 1966, S. 265.

[67] Vgl. Perridon, L./Steiner, M., 1993, S. 225.

[68] Vgl. Göppl, H./Lüdecke, T./Herrmann, R.: Datenbank-Handbuch - Teil 1 - Beschreibung der Kursdaten für Aktien und Optionsscheine, Karlsruhe 1994, S. 13.

[69] Vgl. Grandjean, B., 1992, S. 93.

[70] Vgl. Büschgen, H.E.: Das kleine Börsen-Lexikon, Düsseldorf 1991, S. 96 f.

[71] Vgl. Grandjean, B., 1992, S. 95.

notierung des Titels wertmäßig übereinstimmt.[72] Der retrograde Bereinigungsfaktor berechnet sich bei Dividendenzahlungen und bei Kapitalerhöhungen gegen Bareinlagen wie folgt[73]:

$$[8\text{-}1] \qquad BF_{it} = \frac{P_i^{Ex}}{P_i^{Ex} + Z_i}$$

wobei: BF_{it} = Bereinigungsfaktor der Aktie i zum Zeitpunkt t;
$\quad\quad\quad P_i^{Ex}$ = Kurs-ex-Dividende bzw. Kurs-ex-Bezugsrecht der Aktie i;
$\quad\quad\quad Z_i$ = Bardividende bzw. erster börsennotierter Kurs des Bezugsrechts der Aktie i

Für Kapitalerhöhungen aus Gesellschaftsmitteln gilt:

$$[8\text{-}2] \qquad BF_{it} = \frac{\dfrac{a}{b}}{\dfrac{a}{b} + 1}$$

wobei: a = Anzahl der Altaktien;
$\quad\quad\quad$ b = Anzahl der Gratisaktien.

Kapitalherabsetzungen werden wie folgt korrigiert:

$$[8\text{-}3] \qquad BF_{it} = \frac{a}{b}$$

wobei: a = Anzahl der Altaktien;
$\quad\quad\quad$ b = Anzahl der neuen Aktien.

Bei Aktiensplits und Notizwechseln wird folgende Formel verwendet:

$$[8\text{-}4] \qquad BF_{it} = \frac{NW_{neu}}{NW_{alt}}$$

wobei: NW = Nominalwert.

Zu beachten ist, daß die bereinigten Aktienkursreihen mit dem gewählten Index kompatibel sein müssen. So mußte bei der Verwendung des COMMERZBANK-Indexes auf eine Bereinigung um Dividendenabschläge verzichtet werden.

---

[72] Vgl. Büschgen, H.E., 1991, S. 96.
[73] Vgl. Büschgen, H.E., 1966, S. 263 f.; Göppl, H./Lüdecke, T./Herrmann, R., 1994, S. 13.

8.2.7 Wahl des risikolosen Zinssatzes

In den USA wird der risikofreie Zins im allgemeinen durch die Rendite von US-Treasury Bills mit einer Laufzeit von 30 Tagen oder mit längerlaufenden US-Treasury Bonds approximiert.[74] Bezüglich ihrer Renditeentwicklung weisen sie historisch die geringste Varianz auf. Geldmarkttitel mit ähnlichen Eigenschaften sind in Deutschland nicht vorhanden. *Coenenberg/Sautter* vermuten, daß Finanzierungsschätze des Bundes mit einer Laufzeit von 12 Monaten durch ähnliche Eigenschaften gekennzeichnet sind.[75] Nach *Steiner/Kleeberg* sind Anleihen der öffentlichen Hand mit kurzen Restlaufzeiten ebenfalls geeignet.[76] Kurze Restlaufzeiten sind wichtig, da Kursschwankungen mit steigender Restlaufzeit aufgrund der längeren Duration bei Marktzinsänderungen zunehmen und dann als risikobehaftet einzustufen sind. Für diese Untersuchung wurden daher Umlaufrenditen langlaufender inländischer Inhaberschuldverschreibungen der öffentlichen Hand zugrundegelegt, die nur noch eine mittlere Restlaufzeit von 1 bis 2 Jahren aufweisen.[77] Da die Renditen auf Jahresbasis berechnet werden, mußten sie auf eine monatliche Basis umgestellt werden. Die Zinsdaten wurden von der DEUTSCHEN BUNDESBANK zur Verfügung gestellt.[78]

Nachdem die Methodik und die Aspekte der Datenermittlung geklärt sind, wird im folgenden auf die Ergebnisse der Gesamtanalyse eingegangen.

8.3 Gesamtanalyse der empirischen Ergebnisse

Im folgenden wird der Diversifikationserfolg der in der Datensammlung erfaßten übernehmenden Aktiengesellschaften mit Hilfe von drei verschiedenen Analysemodellen ermittelt. Die Ergebnisse werden sowohl in aggregierter Form und als auch fallspezifisch diskutiert. Der anschließende Abschnitt untersucht, inwieweit das Ergebnis durch den zugrundegelegten Aktienindex beeinflußt wird. Der letzte Abschnitt vergleicht die in dieser Untersuchung ermittelten kumulierten abnormalen Renditen mit denen der Studien von *Bühner* sowie verschiedener amerikanischer Arbeiten.

---

[74] Vgl. Brigham, E.F./Gapenski, L.C., 1984, S. 74; Lubatkin, M., 1987, S. 42.

[75] Vgl. Coenenberg, A.G./Sautter, M.T., 1988, S. 705 ff.

[76] Vgl. Steiner, M./Kleeberg, J., 1991, S. 175.

[77] Als risikoloser Zinssatz bietet sich auch das 6-Monatsgeld des inländischen Geldmarktes an.

[78] Der Deutschen Bundesbank sei an dieser Stelle für die schnelle Bearbeitung der Anfrage gedankt.

8.3.1 Empirische Ergebnisse unterschiedlicher Analysemodelle

Die in Kapitel 3 diskutierten Ansätze zur Erklärung von Diversifikation sind vielfältiger Natur. Verschiedene im Rahmen der Agency-Theorie diskutierte Diversifikationsmotive, wie z.B. das Verfolgen persönlicher Interessen oder die Selbstüberschätzung, lassen vermuten, daß mit einer Diversifikationsstrategie keine Erhöhung des Aktionärswertes einhergehen muß. Demgegenüber sprechen neben der Monopoltheorie (z.B. Erhöhung regionaler Marktmacht) und der Unterbewertungshypothese insbesondere die auf die Erzielung von Synergien abstellenden Effizienztheorien für einen positiven Zusammenhang zwischen Diversifikation und Unternehmenserfolg. Daher wird folgende Hypothese einer empirischen Überprüfung unterzogen:

H 1	Wenn ein Handelsunternehmen zwecks Diversifikation ein Unternehmen akquiriert, dann steigt der Wert des übernehmenden Unternehmens.

Um die Hypothese zu überprüfen, werden die in Abschnitt 1 ausgewählten Analysemodelle verwendet: die Methode der marktbereinigten Rendite, das Marktmodell und das CAPM.[79] Als Marktindex wird der Deutsche Aktienforschungsindex (DAFOX) verwendet, der einen um Dividendenzahlungen und Kapitalveränderungen bereinigten Gesamtindex darstellt. Zur Vereinfachung wird der Zeitpunkt t_0 im folgenden als Monat des Zusammenschlusses bezeichnet.[80]

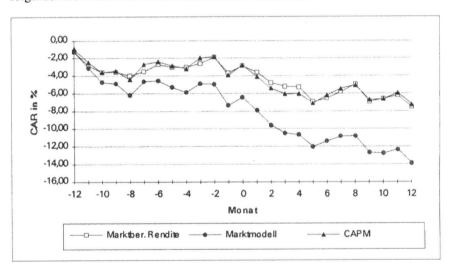

Abb. 8-8: Kumulierte abnormale Renditen übernehmender Handelsunternehmen bei Verwendung unterschiedlicher Analysemodelle und des DAFOX (N= 44)

---

[79] Zur Auswahl der Analysemodelle vgl. Kap. 8.1.
[80] Zu der Vorgehensweise vgl. Bühner, R., 1990c, S. 41.

Abbildung 8-8 zeigt die Entwicklung der kumulierten abnormalen Rendite für 44 Diversifikationsprojekte des Handels. In Abbildung 8-9 werden die abnormalen und die kumulierten abnormalen Renditen dargestellt. Den Abbildungen ist zu entnehmen, daß die ermittelten Ergebnisse die aufgestellte Hypothese (H1) widerlegen. Mit der Methode der **marktbereinigten Rendite** und dem **CAPM** werden für den 25 Monate umfassenden Untersuchungszeitraum mit CAR in Höhe von -7,2 % und -7,5 % sehr ähnliche Ergebnisse ermittelt. Die ermittelten abnormalen Renditen wurden mit dem T-Test (T1) und die kumulierten abnormalen Renditen mit der von *Brown/Warner* vorgeschlagenen strengen T-Test-Variante (T2) auf Signifikanz überprüft.[81] Um einen Vergleich mit den von *Bühner* ermittelten Werten zu ermöglichen, wurde zusätzlich der von ihm vorgeschlagene T-Test (T3) verwendet. Wie in Abbildung 8-9 dargestellt, erweisen sich die mit beiden Modellen im Zeitpunkt t_{12} ermittelten CAR auf einem 5 %-Niveau (T2) als signifikant. Mit Hilfe des T-Tests von *Bühner* (T3) erreichen die Modelle sogar das 1 %-Niveau. Demgegenüber wird auf Basis des **Marktmodells** für den gleichen Zeitraum mit -13,9 % eine erheblich schlechtere CAR ermittelt. Die Nullhypothese, die besagt, daß die durchschnittliche kumulierte abnormale Rendite gleich Null ist, wird mit Hilfe beider T-Tests (T2, T3) auf einem Niveau von p = 0,01 abgelehnt.

Wie sind die zwischen der Methode der marktbereinigten Rendite, dem CAPM und dem Marktmodell bestehenden Ergebnisunterschiede zu begründen? Für eine Erklärung bieten sich zwei Ansatzpunkte an:

(1) Der β-**Faktor** ist sowohl Bestandteil des Marktmodells als auch des CAPM. Das durchschnittliche im Referenzzeitraum geschätzte β der Unternehmensstichprobe weicht mit 0,992 nicht stark von eins ab. Folglich wirkt sich der β-Parameter nur in geringem Maße auf das ermittelte Gesamtergebnis aus. Der β-Wert von ungefähr eins erklärt den geringen Unterschied zwischen den mit Hilfe der Methode der marktbereinigten Rendite und dem CAPM ermittelten CAR.

(2) Das Marktmodell hingegen bezieht zusätzlich den α-**Faktor** in die Berechnung mit ein. Der in der Referenzperiode geschätzte Parameter α weist eine durchschnittliche monatliche Rendite von 0,293 % aus. Diversifizierende Unternehmen schneiden demnach während der Referenzperiode im Durchschnitt monatlich 0,293 % besser ab als der Markt. Falls sich die Leistung während des 25-monatigen Untersuchungszeitraumes „normalisiert", fällt die kumulierte abnormale Rendite um ca. 7 % niedriger aus.[82] *Franks/Harris* stellen in ihrer Untersuchung den gleichen Effekt fest:

---

[81] Vgl. Brown, S.J./Warner, J.B., 1980, S. 251; Brown, S.J./Warner, J.B., 1985, S. 7 sowie Kap. 7.2.5.

[82] Der Wert von ungefähr 7 % ergibt sich, wenn das durchschnittliche für die Unternehmensstichprobe ermittelte α über 25 Perioden in das Marktmodell eingesetzt und kumuliert wird (25 x 0,293 % = 7,325 %). Vgl. zur Berechnung der abnormalen Rendite mit Hilfe des Marktmodelles Kap. 7.2.2.

„Such positive α's, if unsustainable, would introduce a negative drift in abnormal returns, which could be interpreted as too 'high' a control return rather than poor performance by bidders." (Franks, J.R./Harris, R.S.,1989, S. 246)

Monat	Marktbereinigte Rendite					Marktmodell					CAPM				
	AR	T1	CAR	T2	T3	AR	T1	CAR	T2	T3	AR	T1	CAR	T2	T3
-12	-1,23	*	-1,23		*	-1,25	*	-1,25		*	-0,96	+	-0,96		+
-11	-1,60	**	-2,83		***	-1,83	**	-3,08		***	-1,52	**	-2,48		***
-10	-0,77		-3,60		***	-1,68	**	-4,76	+	***	-1,15	*	-3,63		***
-9	0,02		-3,58		***	-0,13		-4,89	+	***	0,18		-3,45		***
-8	-0,42		-4,00		***	-1,33	*	-6,22	*	***	-0,99	+	-4,44	+	***
-7	0,48		-3,52		***	1,57	**	-4,65	+	***	1,74	***	-2,70		***
-6	0,79		-2,73		***	0,08		-4,57	+	***	0,29		-2,41		***
-5	-0,29		-3,02		***	-0,73		-5,30	+	***	-0,46		-2,87		***
-4	-0,01		-3,03		***	-0,58		-5,88	*	***	-0,29		-3,16		***
-3	0,45		-2,58		***	0,98	+	-4,90	*	***	1,18	*	-1,98		***
-2	0,66		-1,92		***	-0,06		-4,96	*	***	0,15		-1,83		***
-1	-1,72	**	-3,64		***	-2,40	***	-7,36	**	***	-2,11	***	-3,94		***
0	0,76		-2,88		***	0,92	+	-6,43	*	***	1,16	*	-2,78		***
1	-0,70		-3,58		***	-1,51	**	-7,94	**	***	-1,29	**	-4,07		***
2	-1,22	*	-4,80		***	-1,64	**	-9,58	***	***	-1,34	**	-5,41	*	***
3	-0,41		-5,21		***	-0,92	+	-10,50	***	***	-0,66		-6,07	*	***
4	-0,06		-5,27		***	-0,18		-10,68	***	***	0,04		-6,03	*	***
5	-1,69	**	-6,96	**	***	-1,34	*	-12,02	***	***	-1,07	*	-7,10	**	***
6	0,43		-6,53	*	***	0,62		-11,40	***	***	0,89	+	-6,21	*	***
7	0,72		-5,81	*	***	0,54		-10,86	***	***	0,78		-5,43	*	***
8	0,84		-4,97	+	***	0,06		-10,80	***	***	0,36		-5,07		***
9	-1,94	***	-6,91	*	***	-1,87	***	-12,67	***	***	-1,65	**	-6,72	**	***
10	0,31		-6,60	*	***	-0,13		-12,80	***	***	0,08		-6,64	**	***
11	0,40		-6,20	*	***	0,45		-12,35	***	***	0,70		-5,94	*	***
12	-1,33	**	-7,53	**	***	-1,53	**	-13,88	***	***	-1,28	**	-7,22	**	***

Für den T-Test verwendete Prüfgrößenformeln:	
a) T1: T-Test nach Brown, S.J./Warner, J.B., 1980, S. 251.	$p \leq 0.01$: ***
b) T2: T-Test nach Brown, S.J./Warner, J.B., 1980, S. 251 f.	$p \leq 0.05$: **
c) T3: T-Test nach Bühner, R., 1990c, S. 37.	$p \leq 0.10$: *
	$p \leq 0.20$: +

Abb. 8-9: Abnormale und kumulierte abnormale Renditen übernehmender Unternehmen im Handel; Basis: verschiedene Analysemodelle, DAFOX

Ob diese von *Franks/Harris* vorgeschlagene Erklärung zutrifft, muß offen bleiben. Wegen des ökonomisch nur schwer zu interpretierenden, aber einflußreichen α-Parameters sind die Ergebnisse des Marktmodells zumindest mit Vorbehalt zu interpretieren.[83]

Obwohl mit den drei Analysemodellen unterschiedliche Ergebnisse ermittelt werden, ist die Entwicklung der kumulierten abnormalen Renditen in ihrer Richtung tendenziell ähnlich. Der Verlauf der Kurven in den ersten 11 Monaten (t $_{-12}$ bis t $_{-2}$) zeigt, daß die Erfolgsaussichten der diversifizierenden Unternehmen von den Aktio-

---

[83] Zu den Schwierigkeiten der ökonomischen Interpretation des α-Faktors vgl. Copeland, T.E./Weston, J.F., 1983, S. 318; Domke, H.-M., 1987, S. 19.

nären insgesamt eher skeptisch beurteilt werden. Während die Methode der markt-bereinigten Rendite und das CAPM kumulierte abnormale Renditen um -2 % er-mitteln, pendeln die mit Hilfe des Marktmodells festgestellten Werte um -5 % (vgl. Abb. 8-8). Einen Monat vor dem Zusammenschluß (t $_{-1}$) ergeben sich bei allen Modellen signifikante abnormale Renditen (AR).[84] Nach einer leichten Erholung von dieser starken Einzelreaktion im Ereignismonat stellt sich anschließend ein stetig negativer Trend ein.

In den letzten 8 Monaten der Untersuchungsperiode deutet sich bei der Methode der marktbereinigten Rendite und dem CAPM keine größere Veränderung an. Das leichte Pendeln der CAR um -6 % könnte auch als zufallsbedingtes Schwanken ('random walk') interpretiert werden, das anzeigt, daß die Bewertung des Ereig-nisses abgeschlossen ist und keine ereignisspezifischen Korrekturen mehr vorge-nommen werden.[85] Demgegenüber zeigt sich beim Marktmodell im Jahr nach dem Zusammenschluß ein deutlicher Abwärtstrend, der sich in den letzten Monaten der Untersuchungsperiode jedoch verlangsamt.

Die vom Handel durchgeführten Diversifikationsstrategien werden in der Summe negativ bewertet. Es liegt die Vermutung nahe, daß die Aktionäre den positiv wirkenden Faktoren, wie z.B. Synergieerzielung, weniger Gewicht beimessen als das Management. *Kerin/Varaiya*, die 18 Übernahmen im amerikanischen Handel mit Hilfe des 'shareholder value'-Ansatzes untersuchen, begründen negative Markt-effekte mit überhöhten Kaufpreisen:

„Why are premiums being paid for acquiring firms so large?" (Kerin, R.A./Varaiya, N., 1985, S. 30)

„... it appears that at least 70 percent of these acquisitions are unlikely to create va-lue for the acquiring firm's shareholders ... ." (Kerin, R.A./Varaiya, N., 1985, S. 27)

Wenngleich die Gesamtanalyse keine Aussagen über die Gründe zuläßt, so kann zumindest festgestellt werden, daß die ermittelten Ergebnisse nicht im Widerspruch zu anderen den Handel betreffenden Befunden stehen.[86]

Eine Betrachtung der **einzelnen Zusammenschlüsse** ist in Abbildung 8-10 dar-gestellt. Die Analyse der Einzelergebnisse zeigt, daß trotz des schlechten Gesamt-ergebnisses die untersuchten Gesellschaften bei 19 von 44 Unternehmens-zusammenschlüssen positive kumulierte abnormale Renditen aufweisen.

---

[84] Da die Anzeige beim Bundeskartellamt und die Veröffentlichung des Ereignisses nicht zu-sammenfallen müssen, kann es sich im Monat t-1 auch um die eigentliche ereignisbezogene Reaktion handeln. Bei der gewählten Untersuchungskonzeption besteht generell die Gefahr, daß eine Reaktion vor oder nach dem festgelegten Veröffentlichungszeitpunkt eintritt. Ähn-liche Probleme können jedoch auch bei Untersuchungen auftreten, die tägliche Daten analysie-ren. So können Bekanntmachungen während einer Börsensitzung direkt Marktreaktionen auslösen, obwohl die Veröffentlichung erst am folgenden Tag erfolgt. Vgl. Dodd, P., 1980, S. 113.

[85] Zu dieser Sicht vgl. Lubatkin, M., 1987, S. 51. Zur Random-Walk-Hypothese vgl. Perridon, L./Steiner, M., 1993, S. 206 f.

[86] Vgl. Kerin, R.A./Varaiya, N., 1985, S. 23 ff.; Kumar, V./Kerin, R.A./Pereira, A., 1991, S. 322.

Rang	Übernehmendes Unternehmen	Übernommenes Unternehmen	Bezugs-zeitpunkt	CAR in % (-12;+12)
1.	AVA AG	Backstube Siebrecht GmbH	12/88	89,22
2.	Escada AG	Kurt Neumann GmbH	04/91	76,20
3.	Asko AG	Deutsche SB-Kauf AG	02/86	63,54
4.	Gehe AG	Jenapharm GmbH	11/91	45,29
5.	Asko AG	Adolf Schaper KG	03/87	32,19
6.	Douglas AG	Appelrath-Cüpper; 3 weit. Unt.	03/87	30,32
7.	AVA AG	BVA AG	12/92	24,42
8.	Kaufhof AG	Reno Schuhversandhdl. GmbH	12/85	21,76
9.	Salamander AG	Dt. Industriewartung GmbH	12/85	14,15
10	Douglas AG	Uhren Weiss GmbH	06/79	11,98
11	Douglas AG	Stilke Kiosk GmbH	12/82	11,95
12	Kaufhof AG	Oppermann Versand AG	12/89	10,60
13	Wünsche AG	Bau-Verein zu Hamburg GmbH	11/90	8,86
14	Douglas AG	Voswinkel GmbH & Co. KG	01/84	8,46
15	Asko AG	Südwestdt. Lebensm. AG; Adler Bekleidung. AG	01/82	7,85
16	Horten AG	Peter Hahn GmbH	04/80	5,51
17	Asko AG	Praktiker Baumärkte; Bay. Gartencenter KG	08/79	3,80
18	F. Reichelt AG	Chemie Meiendorf GmbH	01/87	2,52
19	Karstadt AG	TRI-Kottmann, Versandh. Walz	03/89	0,94
20	Kaufhof AG	Kaufhaus Kerber GmbH	08/91	-1,80
21	Kaufhof AG	Vobis Microcomp. AG	03/90	-4,01
22	Salamander AG	Klawitter & Co. GmbH	03/81	-6,59
23	Salamander AG	Sioux Schuhfabriken GmbH	05/92	-7,80
24	Karstadt AG	Saalfrank, ADAC Flug.; Karstadt-Spar-WHG	11/91	-8,36
25	Kaufring AG	Kaufring-Jola Kaufhaus GmbH	02/93	-10,02
26	Karstadt AG	Gut-Reisen (NUR)	03/78	-15,07
27	Kaufhof AG	Reisebüro Kuoni AG	12/92	-15,71
28	Horten AG	Jacques' Weindepot GmbH	10/83	-15,75
29	Horten AG	Horten Konsument; TUI-Beteilg.	11/91	-17,54
30	Horten AG	HS-Touristik Bet. GmbH	11/77	-18,07
31	Douglas AG	Wandmaker GmbH	05/76	-19,95
32	Asko AG	Comco Holding	10/89	-20,43
33	Baywa AG	Erfurter Saaten; 7 weitere Unt.	02/92	-21,44
34	Wünsche AG	Jean Pascale AG	02/92	-22,40
35	Asko AG	Coop AG	01/92	-22,59
36	Kaufhof AG	Friedrich Wenz GmbH & Co.	02/80	-25,10
37	Douglas AG	Werdin GmbH	08/91	-26,02
38	Karstadt AG	Neckermann Versand AG	02/77	-39,73
39	Horten AG	Merkur Einkaufsges. mbH	04/91	-44,97
40	Hageda AG	EPG-Einkaufsgesellschaft	05/80	-59,43
41	Asko AG	Massa AG	09/88	-59,73
42	Spar AG	H. Pankow, Karstadt-Spar-WHG	11/91	-59,90
43	F. Reichelt AG	EPG-Einkaufsgesellschaft	05/80	-91,14
44	Hako AG	Batavia KG	07/91	-167,46

Abb. 8-10: Rangliste der Zusammenschlüsse nach den kumulierten abnormalen Renditen; Basis: Methode der marktbereinigten Rendite; DAFOX

Die beste Beurteilung durch den Kapitalmarkt erhielt die AVA AG. Mit vier positiven Bewertungen schneidet auch die „akquisitionsorientierte" ASKO AG gut ab, wenngleich drei den Aktionärswert mindernde Zusammenschlüsse durchgeführt worden sind. Wenig überraschend ist weiterhin, daß der Zusammenschluß KARSTADT-NECKERMANN nur einen hinteren Bewertungsplatz erreicht. Die schlechteste Kapitalmarktreaktion erfährt die inzwischen in Konkurs gegangene HAKO AG.

Wie ist die Betrachtung eines einzelnen Zusammenschlusses zu **bewerten**? Bei Einzelbetrachtungen ist zu bedenken, daß verschiedene sonstige Ereignisse, die nicht direkt auf den Zusammenschluß zurückzuführen sind, auf den Aktienkurs einwirken können. Auch weichen die mit unterschiedlichen Analysemodellen ermittelten Ergebnisse in größerem Ausmaße voneinander ab als bei der Gesamtanalyse. Einzelaussagen über den Erfolg eines Projektes sind daher mit Vorsicht zu interpretieren.[87] Demgegenüber werden bei einer Gesamtanalyse einzelne Sondereinflüsse durch das gewählte Untersuchungsdesign in der Summe weitgehend ausgeschaltet. Der vielleicht naheliegende Schluß, daß Diversifikation im Handel generell nicht lohnenswert ist, kann daher mit dem Hinweis zurückgewiesen werden, daß immerhin 43,2 % der Projekte eine positive Beurteilung durch den Kapitalmarkt erfahren haben.

8.3.2 Vergleich der Ergebnisse unterschiedlicher Marktindizes

Bühner und andere Verfasser geben keine Hinweise auf die Kriterien, die zur Auswahl des jeweils zugrundegelegten Marktindexes geführt haben.[88] Gleichzeitig kann festgestellt werden, daß in den Arbeiten eine Vielzahl an Aktienindizes verwendet wird. *Göppl/Schütz* kritisieren daher, daß so eine Vielfalt von Resultaten entsteht, die im Grunde nicht vergleichbar sind, da die Wahl des Indexes die Ergebnisse beeinflußt.[89]

Um die Sensitivität der Analysemodelle gegenüber der Wahl des Indexes festzustellen, wurden die in Abschnitt 2.5 ausgewählten Aktienindizes mit allen drei Analysemodellen kombiniert. Wie Abbildung 8-11 zeigt, führt der Übergang vom DAFOX auf den COMMERZBANK-Index dazu, daß sich die ermittelten CAR in Abhängigkeit von dem gewählten Analysemodell um bis zu 3 % unterscheiden.

In Abbildung 8-12 sind beispielhaft die mit der Methode der marktbereinigten Rendite erzielten CAR dargestellt. Es wird deutlich, daß die auf der Basis des COMMERZBANK-Indexes und des DAFOX ermittelten kumulierten abnormalen Renditen im Zeitverlauf auseinanderdriften (vgl. auch Abb. 8-13). Der Unterschied erklärt sich durch die unterschiedliche Indexkonzeption.

Während der COMMERZBANK-Index als Teilmarktindex ohne Dividendenbereinigung konzipiert ist, stellt der DAFOX einen um Dividendenzahlungen korrigierten Gesamtmarktindex dar.[90]

---

[87] Vgl. Bühner, R., 1990c, S. 50.

[88] Vgl. z.B. Bühner, R., 1990c, S. 35; Bühner, R., 1991a, S. 36; Grandjean, B., 1992, S. 103, Fn. 167.

[89] Vgl. Göppl, H./Schütz, H., 1992, S. 2.

[90] Vgl. Göppl, H./Schütz, H., 1992, S. 20 f.; Perridon, L./Steiner, M., 1993, S. 223 ff. Zur Dis-

Analysemodell	Aktienindex		
	DAFOX	Commerz-bank-Index	DAFOX-KF
Marktmodell	-13,88	-14,31	-5,23
CAPM	-7,22	-5,69	0,31
Methode der markt-bereinigten Renditen	-7,53	-4,46	1,81

Abb. 8-11: Kumulierte abnormale Renditen (-12;12) übernehmender Handelsunternehmen bei Verwendung unterschiedlicher Analysemodelle und Aktienindizes

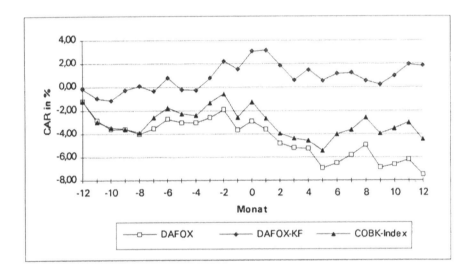

Abb. 8-12: Kumulierte abnormale Renditen übernehmender Handelsunternehmen bei Verwendung des marktbereinigten Analysemodells und unterschiedlicher Marktindizes

Uneinheitliche Ergebnisse ergeben sich bei Verwendung des Deutschen Aktienforschungsindex-Kaufhäuser (DAFOX-KF). Er stellt einen Branchenindex dar, der ca. 10 Handelswerte umfaßt.[91] Wie aus Abbildung 8-11 ersichtlich reicht die Spanne der über 25 Monate ermittelten CAR von -5,2 % (Marktmodell) bis 1,8 % (Methode der marktbereinigten Renditen). Eine mögliche Interpretation der Ergebnisse könnte lauten: Diversifizierende Handelsunternehmen schneiden etwas besser (CAR: 1,8 %) bzw. etwas schlechter (CAR: -5,2 %) als nicht diversifizierende Handelsunternehmen ab. Die auf Basis des DAFOX-KF ermittelten CAR sind jedoch mit großer Vorsicht zu interpretieren, da sich der Branchenindex nur aus

---

kussion der verschiedenen Indizes vgl. Kap. 8.2.5.
[91]   Vgl. Göppl, H./Schütz, H., 1992, S. 17 f.

wenigen wertgewichteten Aktien zusammensetzt.[92] Innerhalb dieser kommt den Unternehmen KAUFHOF, KARSTADT und ASKO großes Gewicht zu, d.h. der Diversifikationserfolg der Handelsunternehmen wird auf der Basis der Aktienkursentwicklung von einigen wenigen Handelsunternehmen gemessen.

Monat	DAFOX					Commerzbank-Index					DAFOX-KF				
	AR	T1	CAR	T2	T3	AR	T1	CAR	T2	T3	AR	T1	CAR	T2	T3
-12	-1,23		-1,23		*	-1,21	*	-1,21		*	-0,18		-0,18		
-11	-1,60	**	-2,83		***	-1,77	***	-2,98		***	-0,80		-0,98		
-10	-0,77		-3,60		***	-0,47		-3,45		***	-0,17		-1,15		+
-9	0,02		-3,58		***	-0,10		-3,55		***	0,89		-0,26		
-8	-0,42		-4,00		***	-0,32		-3,87		***	0,33		0,07		
-7	0,48		-3,52		***	1,30	*	-2,57		***	-0,44		-0,37		
-6	0,79		-2,73		***	0,83	+	-1,74		**	1,14	+	0,77		
-5	-0,29		-3,02		***	-0,50		-2,24		***	-0,99		-0,22		
-4	-0,01		-3,03		***	-0,17		-2,41		***	-0,03		-0,25		
-3	0,45		-2,58		***	1,10	*	-1,31		**	1,01		0,76		
-2	0,66		-1,92		***	0,75		-0,56			1,48	*	2,24		**
-1	-1,72	**	-3,64		***	-1,99	***	-2,55		***	-0,72		1,52		*
0	0,76		-2,88		***	1,30	**	-1,25		*	1,54	*	3,06		***
1	-0,70		-3,58		***	-1,39	**	-2,64		***	0,11		3,17		***
2	-1,22	*	-4,80		***	-1,31	**	-3,95		***	-1,30	+	1,87		**
3	-0,41		-5,21		***	-0,44		-4,39	+	***	-1,29	+	0,58		
4	-0,06		-5,27		***	-0,19		-4,58	+	***	0,92		1,50		*
5	-1,69	**	-6,96	**	***	-0,88	+	-5,46	*	***	-0,95		0,55		
6	0,43		-6,53	*	***	1,45	**	-4,01		***	0,59		1,14		+
7	0,72		-5,81	*	***	0,38		-3,63		***	0,06		1,20		+
8	0,84		-4,97	+	***	1,03	+	-2,60		***	-0,64		0,56		
9	-1,94	***	-6,91	*	***	-1,35	**	-3,95		***	-0,36		0,20		
10	0,31		-6,60	*	***	0,44		-3,51		***	0,77		0,97		
11	0,40		-6,20	*	***	0,51		-3,00		***	0,97		1,94		**
12	-1,33	**	-7,53	**	***	-1,46	**	-4,46	+	***	-0,13		1,81		**

Für den T-Test verwendete Prüfgrößenformeln:		
a) T1: T-Test nach Brown, S.J./Warner, J.B., 1980, S. 251.	$p \leq 0.01$:	***
b) T2: T-Test nach Brown, S.J./Warner, J.B., 1980, S. 251 f.	$p \leq 0.05$:	**
c) T3: T-Test nach Bühner, R., 1990c, S. 37.	$p \leq 0.10$:	*
	$p \leq 0.20$:	+

Abb. 8-13: Abnormale und kumulierte abnormale Renditen übernehmender Handelsunternehmen bei Verwendung des marktbereinigten Analysemodells und unterschiedlicher Marktindizes

---

[92] Die Verwendung des DAFOX-Kaufhäuser verursacht auch methodische Probleme, da das CAPM einen möglichst breiten Index zur Nachbildung des Marktportfolios voraussetzt. Folglich stellt die Verwendung eines Branchenindex eine nicht unerhebliche Prämissenverletzung dar. Vgl. zu den Anforderungen an das im Rahmen des CAPM zu verwendende Marktportfolio Steiner, M./Kleeberg, J., 1991, S. 171 ff.

8.3.3 Gegenüberstellung der Befunde mit Ergebnissen vergleichbarer Untersuchungen

Der folgende Abschnitt stellt die ermittelten Ergebnisse den in der Literatur festgestellten Befunden gegenüber. Dabei wird zuerst ein Gesamt- und anschließend ein Einzelvergleich mit der 1990 von *Bühner* durchgeführten Untersuchung vorgenommen:

(1) Gegenüberstellung der Ergebnisse vergleichbarer Studien
Abbildung 8-14 stellt die kumulierten abnormalen Renditen für ausgewählte Zeiträume von vergleichbaren langfristigen Studien gegenüber. Es wird deutlich, daß sich die Ergebnisse der deutschen und der amerikanischen Studien teilweise erheblich unterscheiden.

Amerikanische Unternehmen werden in der Zeit **vor dem Zusammenschluß** vom Aktienmarkt überwiegend positiv eingeschätzt. Für den Zeitraum von 24 Monaten bis 1 Monat vor dem Zusammenschluß konnten kumulierte abnormale Renditen bis zu 14,5 % festgestellt werden. Lediglich in der Untersuchung von *Malatesta* wird von einer negativen CAR berichtet. Diese positiven Kapitalmarktreaktionen stehen im Gegensatz zu den deutschen Ergebnissen. *Bühner* ermittelte im gleichen Zeitraum für Inlandszusammenschlüsse eine CAR von -3,3 % und für grenzüberschreitende Zusammenschlüsse eine CAR von -1,9 %. Die deutschen Befunde werden in ihrer Richtung von der vorliegenden Untersuchung, die für einen 12 Monate umfassenden Zeitraum eine CAR von -7,4 % ermittelt, bestätigt.

Im **Monat der Durchführung** bzw. Ankündigung des Zusammenschlusses reagiert der Kapitalmarkt insgesamt abwartend. Lediglich die 1990 von *Bühner* durchgeführte Untersuchung weist eine leichte negative Kapitalmarktreaktion aus. Die **nach dem Zusammenschluß** erfolgten Kapitalmarktreaktionen stimmen in ihrer Richtung weitgehend überein. Ausnahmen stellen die Untersuchung von *Mandelker* und die Studie der grenzüberschreitenden Zusammenschlüsse von *Bühner* (1991) dar.

Die vorliegende Untersuchung weist mit einer CAR von -6 % für den Einjahreszeitraum nach der Übernahme eine sehr ähnliche Kapitalmarktreaktion auf wie die Studien von *Asquith*, *Langetieg*, *Malatesta* und die 1990 von *Bühner* durchgeführte Untersuchung. *Franks/Harris* fassen diese der Ausgangshypothese (H1) widersprechenden Ergebnisse wie folgt zusammen:

„A puzzling result in U.S. evidence ... is that the post-outcome abnormal returns for the merger studies reported ... provide evidence of systematic reductions in stock prices for successful bidders." (Franks, J.R./Harris, R.S., 1989, S. 228)

Bühner zieht aus dem Vergleich mit den amerikanischen Studien den Schluß, daß den Zusammenschlüssen unterschiedliche Motive zugrundeliegen. Er sieht in den bei deutschen Unternehmen in der Anbahnungsphase auftretenden Verlusten einen Hinweis darauf, daß die Unternehmen Zusammenschlüsse eher aus defensiven

Motiven durchführen.[93] Während deutsche Unternehmen auf eine negative Gewinn-entwicklung oder auf Erfolgsdefizite im Stammgeschäft mit Akquisitionen reagieren, suchen amerikanische Unternehmen aus einer erfolgreichen Position heraus aktiv nach Übernahmemöglichkeiten, um sich Wettbewerbsvorteile zu verschaffen.[94]

Autoren/Jahr[95]	Land	Bezugs-zeitpunkt	CAR in % für den Zeitraum (in Monaten relativ zum Bezugspunkt)				
			(-24,-1)	(-12,-1)	0	(1,12)	(1,24)
Mandelker (1974)	USA	Durchführung	4,84	2,70	0,18	0,58	0,11
Langetieg (1978)	USA	Durchführung	2,15[a]		0,60[b]	-6,59	-12,86
Elgers/Clark (1980)	USA	Durchführung	10,20	5,80	0,00	-0,50	-0,50
Asquith (1983)	USA	Ankündigung u. Durchführung	14,50	5,80	-0,30[c]	-7,20	-
Malatesta (1983)	USA	Ankündigung	-3,10	3,70	0,90	-7,60	-
Bühner (1990)	D	Durchführung	-3,27	-1,51	-0,12	-6,93	-5,98
Bühner (1991)	D	Durchführung	-1,94	-0,88	0,31	1,44	5,73
Vorliegende Unter-suchung (1994)[d]	D	Durchführung	-	-7,44	0,91	-5,98	-

Anmerkung:a) Zeitraum von 18 Monaten bis 1 Monat vor dem Zusammenschluß; b) Zeitraum (-2;-1); c) Zeitraum zwischen der Ankündigung einer Fusionsabsicht und der Durchführung einer Fusion; d) Basis: Marktmodell, DAFOX

Abb. 8-14: Vergleich der vorliegenden Ergebnisse für übernehmende Unternehmen mit amerikanischen Unternehmen; Quelle: in Anlehnung an Bühner, R., 1990d, S. 303.

Da amerikanische Arbeiten bei Betrachtung des gesamten Untersuchungsraumes in der Regel bessere Ergebnisse erzielen als deutsche Studien, erscheint die Argumentation plausibel. Es bleibt jedoch zu bedenken, daß die **Vergleichbarkeit** der Studien eingeschränkt ist. Die Arbeiten unterscheiden sich in bezug auf die zugrunde-gelegten Untersuchungszeiträume, die Datierung des Ereignisses und die Analysemethoden.[96] Auch sind bei Unternehmensübernahmen die amerikanischen Verhältnisse (z.B. bezüglich der Bedeutung des Streubesitzes) nur bedingt auf die deutschen übertragbar.

(2) Vergleich der Ergebnisse zwischen Industrie und Handel in Deutschland
Abbildung 8-15 zeigt den Verlauf der in dieser Studie ermittelten kumulierten abnormalen Renditen im Vergleich mit denen, die *Bühner* für nationale Zusammen-

---

[93] Vgl. Bühner, R., 1990d, S. 302.

[94] Zur Diversifikation aus defensiven Motiven vgl. Weston, F.J./Mansinghka, S.K., 1971, S. 928 ff.; Christensen, H.K./Montgomery, C.A., 1981, S. 338.

[95] Vgl. Langetieg, T.C., 1978, S. 377; Elgers, P.T./Clark, J.J., 1980, S. 69; Asquith, P., 1983, S. 59; Malatesta, P.H., 1983, S. 172; Bühner, R., 1990c, S. 43; Bühner, R., 1991a, S. 61. Die von Bühner zusammengestellte Übersicht enthält zum Teil falsche Angaben. So beträgt die in der Studie von Langetieg für den Zeitraum (-18;-1) ermittelte CAR nicht 10,88 %, sondern 2,15 %. Vgl. hierzu Bühner, R., 1990d, S. 303.

[96] Vgl. hierzu Kap. 7.4.1.

schlüsse von Industrieunternehmen festgestellt hat. Die Gegenüberstellung der Ergebnisse bietet sich an, da die Arbeiten ähnlich aufgebaut sind. Für die Auswertung der Unternehmensstichprobe des Handels wird das von *Bühner* verwendete Marktmodell und der COMMERZBANK-Index zugrundegelegt.

Bühner stellt für Industrieunternehmen hohe Renditeeinbußen für die übernehmenden Unternehmen fest.[97] Während der gesamten Untersuchungsperiode weisen Industrieunternehmen jedoch eine bessere Bewertung durch den Kapitalmarkt auf als Handelsunternehmen. Während letztere bereits in den ersten 12 Monaten relativ stark an Wert verlieren ($CAR_{-12;-1}$: -7,4 %), zeigt sich bei den Industrieunternehmen bis zum Monat des Zusammenschlusses eine eher verhaltene Entwicklung ($CAR_{-12;-1}$: -1,5 %). Anschließend weisen beide Untersuchungen negative Bewertungen aus, die am Ende des Untersuchungszeitraumes ihren Tiefstand erreichen.

Die AR und CAR sowie die zugehörigen T-Test-Werte sind in Abbildung 8-16 dargestellt. In Hinsicht auf die von *Bühner* ermittelten AR fällt auf, daß diese in der Nähe des Zusammenschlußereignisses nur auf dem 10 %-Niveau signifikant sind, während sich im Handel eine deutlichere Reaktion ergibt (p≤0,01). Eine Überprüfung mit Hilfe der strengen Prüfgrößenformel von *Brown/Warner* wurde nicht vorgenommen. Die mit Hilfe der von *Bühner* vorgeschlagenen Prüfgröße getesteten CAR sind jedoch für alle Untersuchungsmonate auf dem 1 %-Niveau signifikant.

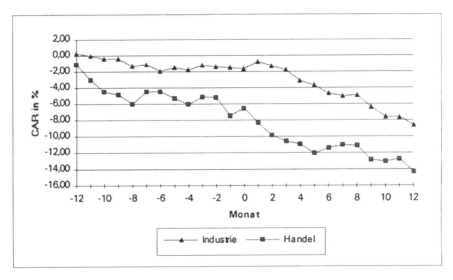

Abb. 8-15: Vergleich der für Industrie- (N=92) und Handelsunternehmen (N=44) ermittelten kumulierten abnormalen Renditen; Basis: Marktmodell; Commerzbank-Index

Der bei den handelsspezifischen Zusammenschlüssen zu beobachtende höhere Verlust begründet werden. Zu bedenken ist jedoch auch, daß die Arbeit von *Bühner*

---

[97] Vgl. Bühner, R., 1990d, S. 314.

sämtliche Übernahmen und diese Studie nur diversifizierende Zusammenschlüsse untersucht. Im Gegensatz zur Strategie der Marktdurchdringung ist mit einer Diversifikation ein höheres Risiko verbunden. Wird von grenzüberschreitenden Zusammenschlüssen[98] abgesehen, dann zeigt der Vergleich insgesamt, daß mit deutschen Unternehmenszusammenschlüssen in der Summe keine marktwertsteigernden Effekte realisiert werden.

Monat	eigene Untersuchung					Bühner				
	AR	T1	CAR	T2	T3	AR	T1	CAR	T2	T3
-12	-1,15 *		-1,15		*	0,27		0,27	k.A.	***
-11	-1,85 ***		-3,00		***	-0,28		-0,01	k.A.	***
-10	-1,50 **		-4,50 +		***	-0,40		-0,41	k.A.	***
-9	-0,34		-4,84 +		***	0,00		-0,41	k.A.	***
-8	-1,17 *		-6,01 *		***	-0,93 *		-1,34	k.A.	***
-7	1,53 **		-4,48 +		***	0,26		-1,08	k.A.	***
-6	0,01		-4,47 +		***	-0,88 *		-1,96	k.A.	***
-5	-0,82 +		-5,29 +		***	0,46		-1,50	k.A.	***
-4	-0,77		-6,06 *		***	-0,30		-1,80	k.A.	***
-3	0,95 +		-5,11 +		***	0,60		-1,20	k.A.	***
-2	-0,07		-5,18 +		***	-0,21		-1,41	k.A.	***
-1	-2,26 ***		-7,44 **		***	-0,10		-1,51	k.A.	***
0	0,90 +		-6,54 **		***	-0,12		-1,63	k.A.	***
1	-1,79 ***		-8,33 **		***	0,86 *		-0,77	k.A.	***
2	-1,56 **		-9,89 ***		***	-0,51		-1,28	k.A.	***
3	-0,70		-10,59 ***		***	-0,52		-1,80	k.A.	***
4	-0,34		-10,93 ***		***	-1,32 **		-3,12	k.A.	***
5	-1,14 *		-12,07 ***		***	-0,59		-3,71	k.A.	***
6	0,69		-11,38 ***		***	-0,98 **		-4,69	k.A.	***
7	0,33		-11,05 ***		***	-0,34		-5,03	k.A.	***
8	-0,08		-11,13 ***		***	0,10		-4,93	k.A.	***
9	-1,74 **		-12,87 ***		***	-1,44 ***		-6,37	k.A.	***
10	-0,16		-13,03 ***		***	-1,25 **		-7,62	k.A.	***
11	0,29		-12,74 ***		***	-0,01		-7,63	k.A.	***
12	-1,57 **		-14,31 ***		***	-0,93 *		-8,56	k.A.	***

Für den T-Test verwendete Prüfgrößenformeln:	
a) T1: T-Test nach Brown, S.J./Warner, J.B., 1980, S. 251.	$p \leq 0,01$: ***
b) T2: T-Test mit 'crude dependence adjustment' nach Brown, S.J./Warner, J.B., 1980, S. 251 f.	$p \leq 0,05$: **
	$p \leq 0,10$: *
c) T3: T-Test nach Bühner, R., 1990c, S. 37. Die von Bühner ermittelten T-Werte beziehen sich auf einen 49 Monate umfassenden Untersuchungszeitraum.	$p \leq 0,20$: +
	keine Angabe : k.A.

Abb. 8-16: Abnormale und kumulierte abnormale Renditen von Industrie- (N=92) und Handelsunternehmen (N=44); Basis: Marktmodell; Commerzbank-Index

---

[98] Vgl. hierzu Bühner, R., 1991a; Bühner, R., 1992, S. 445 ff.

8.4 Beurteilung der Ergebnisse

Die ersten beiden Abschnitte diskutieren die Wahl der Analysemodelle und die verschiedenen im Rahmen einer Ereignisstudie festzulegenden Parameter. Der dritte Abschnitt analysiert die mit den Diversifikationsstrategien verbundenen Aktienmarktreaktionen. Aus **inhaltlicher Sicht** sind folgende Erkenntnisse hervorzuheben:
- Die Gesamtanalyse zeigt, daß die Mehrzahl der Diversifikationsprojekte vom Kapitalmarkt **negativ** bewertet wird. Im Untersuchungszeitraum von 12 Monaten vor bis 12 Monaten nach einer Diversifikation betragen die mit Hilfe des CAPM und der Methode der marktbereinigten Rendite ermittelten kumulierten abnormalen Renditen zwischen -7,2 % und -7,5 %. Die Hypothese, daß mit der Strategie der Diversifikation positive kumulierte abnormale Renditen erzielt werden können, muß abgelehnt werden.
- Demgegenüber zeigt die Analyse einzelner Projekte, daß ca. 43 % aller Projekte positive CAR erzielen. Inhaltlich sind Einzelanalysen jedoch mit Vorsicht zu interpretieren.
- Die für den Untersuchungszeitraum mit den verschiedenen Methoden berechneten CAR erwiesen sich nach der Prüfgrößenformel von *Bühner* auf dem 1 %-Niveau als signifikant. Nach der strengen Prüfgrößenformel von *Brown/Warner* konnte die Nullhypothese bei der Methode der marktbereinigten Rendite sowie dem CAPM auf einem Signifikanzniveau von $p = 0,05$ und beim Marktmodell auf einem Niveau von $p = 0,01$ abgelehnt werden.
- Die erzielten Ergebnisse stehen im Einklang mit der Studie von *Bühner* (1990). Im Gegensatz zu dieser Untersuchung ermitteln vergleichbare amerikanische Studien in der vor dem Zusammenschluß liegenden Periode positive CAR. Nach dem Zusammenschluß weisen sie negative CAR auf und bestätigen die ermittelten Befunde.

In bezug auf die **methodischen Aspekte** wurde folgendes festgestellt:
- Die mit der Methode der marktbereinigten Rendite und dem CAPM ermittelten Ergebnisse weichen nur geringfügig voneinander ab. Demgegenüber weist das Marktmodell wegen eines relativ hohen empirischen α-Parameters deutlich niedrigere Werte für die CAR aus.
- Die alternative Verwendung des DAFOX und des COMMERZBANK-Indexes führt zu ähnlichen, im Zeitverlauf aber zunehmend voneinander abweichenden Ergebnissen. Der DAFOX ist als bereinigter Gesamtmarktindex dem COMMERZBANK-Index überlegen. Der DAFOX-Kaufhäuser muß mit Vorsicht interpretiert werden, da dem Branchenindex nur wenige Aktienwerte zugrundeliegen.

Nachdem in diesem Kapitel der Gesamtzusammenhang zwischen Diversifikation und Erfolg behandelt worden ist, stellt sich nun die Frage nach den einzelnen Bestimmungsfaktoren des Erfolgs. Die in Kapitel 9 zu analysierenden exogenen Variablen stellen erste Ansatzpunkte dar.

9 Der Einfluß ausgewählter Drittvariablen auf den Diversifikationserfolg

Die bisherigen Ergebnisse der in Kapitel 8 vorgenommenen Gesamtanalyse haben einerseits gezeigt, daß Diversifikation in der Summe Aktionärsvermögen vernichtet. Andererseits wurde sichtbar, daß der Aktienmarkt immerhin 43 % der Projekte positiv bewertet. Dieser Sachverhalt wirft die Frage nach potentiellen Erfolgsfaktoren auf. Da für diese zahlreiche Ansatzpunkte bestehen und nicht alle Variablen untersucht werden können, beschränkt sich die Analyse auf sieben Zusammenhänge. Im Mittelpunkt der Untersuchung steht die Beantwortung der folgenden Fragen:

(1) Können die aus Theorie und Plausibilitätsüberlegungen abgeleiteten Zusammenhänge empirisch bestätigt werden? Um die Wirkungsvermutungen zu überprüfen, wird auf Teilstichproben des bestehenden Datensatzes zurückgegriffen.

(2) Wie ist das ermittelte Ergebnis aus Sicht der Handelsunternehmen zu begründen? Welche Kriterien wurden den Entscheidungen zugrundegelegt? Einzelfallanalysen auf Basis von Sekundärquellen und verschiedenen Interviews liefern hier Anhaltspunkte.

Im folgenden gehen die ersten drei Abschnitte auf Aspekte der Diversifikationsentscheidung ein. Dabei wird der Einfluß der Diversifikationsrichtung, der Unternehmenskontrolle und der freien liquiden Mittel auf den Erfolg untersucht. Die Abschnitte 4 und 5 untersuchen die Bedeutung von zwei unternehmensbezogenen „Drittvariablen": die Akquisitionserfahrung und das Größenverhältnis zwischen den am Zusammenschluß beteiligten Unternehmen. Im sechsten Abschnitt wird der Synergieeffekt der Diversifikation in seiner Gesamtwirkung analysiert. Hierzu werden die durch den Zusammenschluß ausgelösten absoluten abnormalen Wertveränderungen herangezogen. Abschnitt 7 beurteilt die Ergebnisse. Alle nachfolgenden Berechnungen werden mit Hilfe der Methode der marktbereinigten Rendite und auf der Grundlage des DAFOX durchgeführt.

9.1 Der Einfluß der Diversifikationsrichtung

Die Mehrzahl der in Kapitel 4 bis 6 dargestellten theoretischen Ansätze leistet einen Erklärungsbeitrag zur Diversifikationsrichtung. Die Existenz **horizontaler** Diversifikation wird vornehmlich durch die Erzielung von Synergieeffekten (z.B. in der Beschaffung, Logistik) begründet.[1] Wachstums- und Monopoltheorie stellen hier weitere Erklärungsansätze dar. Die Transaktionskostentheorie wird als ein grundlegender Ansatz zur Erklärung der **vertikalen** Diversifikation betrachtet (vgl. Kapitel 6). *Williamson* behauptet, daß eine vorgelagerte oder nachfolgende Wertschöpfungsstufe internalisiert wird, wenn die marktlichen Transaktionskosten die internen Organsationskosten übersteigen.[2] Andere Ansätze erklären vertikale Diversifikation mit der Sicherung von Beschaffungsmöglichkeiten oder der Ausschöpfung von Rationalisierungsvorteilen.[3] Um die Existenz und Vorteilhaftigkeit **konglomerater** Diversifikation zu erklären, kann auf ressourcenorientierte Ansätze zurückgegriffen werden. *Penrose* argumentiert, daß Nachfrageschwankungen bei unverwandter Diversifikation unternehmensintern ausgeglichen und somit Ressourcen konstant verwertet werden können.[4] *Teece* begründet die konglomerate Diversifikation mit der gemeinsamen Nutzung von Humankapital (z.B. Managementfähigkeiten) in unterschiedlichen Geschäftsbereichen.[5] Agency-theoretische Ansätze erklären konglomerate Diversifikation z.B. mit Hilfe der Eigeninteressen des Managements.[6]

Unter den Erklärungsansätzen nimmt der **Synergieansatz** eine dominierende Stellung ein.[7] Da Handelsunternehmen sich bei der horizontalen Strategie auf der gleichen Stufe der Distributionskette bewegen, können vergleichsweise hohe Synergiepotentiale angenommen werden. Horizontale Diversifikation sollte daher eine bessere Bewertung durch den Aktienmarkt erfahren als die vertikale Diversifikation. Da den Vorteilen einer konglomeraten Strategie erhebliche Nachteile (z.B. mangelnde Vertrautheit mit dem neuen Geschäftsbereich) gegenüberstehen, wird angenommen, daß horizontale und vertikale Zusammenschlüsse den konglomeraten überlegen sind. Es ergibt sich folgende Hypothese:

H 2[8]	Horizontale Diversifikationen erfahren eine bessere Bewertung durch den Aktienmarkt als vertikale, die wiederum besser als konglomerate eingeschätzt werden.

---

1 Vgl. z.B. Bühner, R., 1993, S. 257 ff.
2 Vgl. Williamson, O.E., 1990, S. 96 ff.
3 Vgl. z.B. Penrose, E.T., 1959, S. 146.
4 Vgl. Penrose, E.T., 1959, S. 24 ff. u. S. 149 ff.
5 Vgl. Teece, D.J., 1982, S. 39 ff.
6 Vgl. Jensen, M.C./Meckling, W.H., 1976, S. 305 ff.
7 Vgl. Ganz, M., 1991, S. 106.
8 Diese Hypothese wird H 2 benannt, da die Bezeichnung H 1 bereits für die in Kap. 8 überprüfte Basishypothese vergeben worden ist. Vgl. hierzu Kap. 8.3.1.

Um die Hypothese zu überprüfen, wurden die einzelnen Übernahmen nach der Diversifikationsrichtung klassifiziert. Die Mehrzahl der Zusammenschlüsse sind der horizontalen Diversifikation zuzuordnen (21), wobei in der Auswertung keine Unterscheidung zwischen Betriebsformen- und Sortimentsdiversifikationen vorgenommen wird.[9]

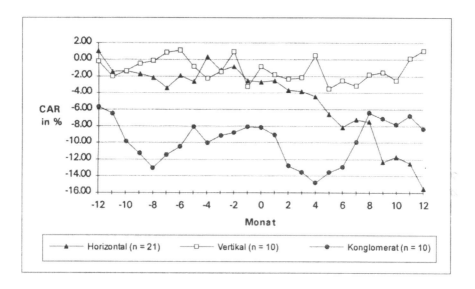

Abb. 9-1: Kumulierte abnormale Renditen übernehmender Unternehmen differenziert nach der Diversifikationsrichtung; Basis: Methode der marktbereinigten Rendite, DAFOX

Die vertikalen Zusammenschlüsse (10) betreffen sowohl die Großhandels- als auch die Produktionsstufe. Von den konglomeraten Zusammenschlüssen (10) betrifft die Mehrzahl die Touristikbranche.[10]

Die in Abbildung 9-1 und Abbildung 9-2 dargestellten Ergebnisse widerlegen die aufgestellte Hypothese (H 2). Bei **horizontalen** Zusammenschlüssen reagiert der Aktienmarkt in den ersten acht Monaten vor dem Zusammenschluß abwartend. In den Folgemonaten entwickelt sich ein stetig negativer Trend, wobei der Zusammenschluß in Monat 0 zurückhaltend aufgenommen wird. Am Ende des Untersuchungsverlaufs tritt mit einer CAR von -15,5 % (p≤0,01) der größte Verlust auf. Mit Hilfe des Marktmodells wird sogar ein Ergebnis von -24,7 % (p≤0,01) gemessen.

---

[9] Die Sortimentsdiversifikation betrifft insbesondere die Douglas AG, welche in unterschiedliche Sortimente diversifiziert (Parfümerie, Mode, Zeitschriften, etc.) und dabei die Betriebsform des Fachhandels beibehält. Vgl. Anhang A-2.

[10] Drei Zusammenschlüsse konnten keiner Teilstichprobe eindeutig zugeordnet werden. Sie wurden daher in der Auswertung nicht berücksichtigt.

Für **vertikale** Diversifikationen ergibt sich ein unstetiger Verlauf, der zwischen 1,1 % und -3,5 % schwankt und dabei eine ähnliche Entwicklung wie der durch Zufallsschwankungen gekennzeichnete 'random walk' annimmt. Am Ende des Untersuchungsraumes beträgt die CAR 1,1 % (Methode der marktbereinigten Rendite) bzw. -1,7 % (Marktmodell), wobei beide Ergebnisse nicht signifikant sind.

Konglomerate Zusammenschlüsse werden vom Aktienmarkt sehr skeptisch bewertet. Bereits 12 Monate vor dem Ereignis ergibt sich ein starker Wertverlust. Im weiteren Verlauf bewegt sich die CAR in einer Bandbreite von -6 % bis -15 %. Während mit der Methode der marktbereinigten Rendite eine CAR von -8,4 % ($p \leq 0,05$) errechnet wird, verbessert sich die CAR bei Anwendung des Marktmodells auf -5,1 % ($p \leq 0,20$).

Um das schlechte Abschneiden der **horizontalen** Diversifikation zu erklären, wird im folgenden die „Zusammenschlußwelle" zwischen Unternehmen des stationären Handels und des Versandhandels auf potentielle Mißerfolgsursachen hin untersucht. Die Unternehmen DOUGLAS, HERTIE, HORTEN, KARSTADT und KAUFHOF diversifizierten zwischen 1976 und 1991 in den Versandhandel, obgleich sich der OTTO VERSAND bereits 1973 von seinen Warenhäusern mangels realisierbarer Synergieeffekte getrennt hatte (vgl. Abb. 9-3).[11]

Von den 12 übernommenen Versendern sind 7 in der empirischen Erfolgsanalyse berücksichtigt. Die CAR der 7 Zusammenschlüsse beträgt am Ende des 25-monatigen Untersuchungsraumes -5 %, wobei 3 von 7 Akquisitionen eine negative CAR aufweisen. Werden alle Zusammenschlüsse aus Expertensicht beurteilt, verschlechtert sich die Erfolgsquote, da bei mindestens 8 der insgesamt 12 Zusammenschlüsse ein negativer Kapitalwert angenommen wird.[12]

Eine fallspezifische Analyse zeigt, daß KARSTADT erst mühsam lernen mußte, nach welchen Regeln ein Versandhaus geführt werden muß. So wurden Warenhausmanager beim Versender eingesetzt, die bis zu ihrer Abberufung zahlreiche Fehlentscheidungen trafen.[13] Weiterhin wurden die Möglichkeiten funktionaler Synergieeffekte falsch eingeschätzt. Z.B. konnte zwischen Waren- und Versandhaus nur ein geringer Überdeckungsgrad der Artikel verwirklicht werden.[14] Insgesamt benötigte KARSTADT für die Sanierung von NECKERMANN fast 10 Jahre.[15]

---

11   Gesprächsrunde mit Dr. Bernd Voigt, Direktor für Marketing und Konzernentwicklung, Otto Versand GmbH & Co., am 6.5.1994.

12   Laut Interview mit Friedrich W. Köhler, Vorstandsreferent, Hertie Waren- und Kaufhaus GmbH, am 22.7.1994 und laut Interview mit Hans-Werner Abraham, Hauptabteilungsleiter Unternehmensplanung, Karstadt AG, am 3.8.1994.

13   Zu den Managementfehlern vgl. Cornelßen, I., 1987, S. 104 ff.

14   Vortrag von Dr. Klaus Eierhoff, Vorstand für Logistik, Karstadt AG, am 6.7.1994.

15   Vgl. Vierbuchen, R., 1994, S. 30.

Monat	Horizontal				Vertikal				Konglomerat			
	AR	T1	CAR	T2	AR	T1	CAR	T2	AR	T1	CAR	T2
-12	1,00	+	1,00		-0,20		-0,20		-5,70	***	-5,70	+
-11	-2,42	***	-1,42		-1,82	**	-2,02		-0,78		-6,48	*
-10	0,06		-1,36		0,70		-1,32		-3,35	***	-9,83	***
-9	-0,32		-1,68		0,84		-0,48		-1,45	**	-11,28	***
-8	-0,47		-2,15		0,33		-0,15		-1,76	**	-13,04	***
-7	-1,22	*	-3,37		1,00	+	0,85		1,60	**	-11,44	***
-6	1,45	**	-1,92		0,28		1,13		0,96	+	-10,48	***
-5	-0,71		-2,63		-1,98	***	-0,85		2,39	***	-8,09	**
-4	2,95	***	0,32		-1,40	**	-2,25		-1,95	***	-10,04	***
-3	-1,61	**	-1,29		0,84		-1,41		0,92	+	-9,12	**
-2	0,49		-0,80		2,37	***	0,96		0,34		-8,78	**
-1	-1,71	**	-2,51		-4,21	***	-3,25		0,69		-8,09	**
0	-0,16		-2,67		2,39	***	-0,86		-0,08		-8,17	**
1	0,16		-2,51		-0,96	+	-1,82		-0,92	+	-9,09	**
2	-1,15	+	-3,66		-0,49		-2,31		-3,72	***	-12,81	***
3	-0,16		-3,82		0,11		-2,20		-0,74		-13,55	***
4	-0,61		-4,43		2,67	***	0,47		-1,30	*	-14,85	***
5	-2,14	***	-6,57	*	-3,96	***	-3,49		1,26	*	-13,59	***
6	-1,57	**	-8,14	**	0,94	+	-2,55		0,65		-12,94	***
7	0,92	+	-7,22	**	-0,60		-3,15		3,02	***	-9,92	***
8	-0,28		-7,50	**	1,33	*	-1,82		3,50	***	-6,42	*
9	-4,85	***	-12,35	***	0,33		-1,49		-0,74		-7,16	**
10	0,66		-11,69	***	-0,98	+	-2,47		-0,69		-7,85	**
11	-0,80		-12,49	***	2,58	***	0,11		1,09	+	-6,76	*
12	-2,99	***	-15,48	***	0,95	+	1,06		-1,64	**	-8,40	**

Für den T-Test verwendete Prüfgrößenformeln:	p ≤ .01 : ***
a) T1: T-Test nach Brown, S.J./Warner, J.B., 1980, S. 251.	p ≤ .05 : **
b) T2: T-Test mit 'crude dependence adjustment' nach Brown, J.S./ Warner, J.B., 1980, S. 251 f.	p ≤ .10 : *
	p ≤ .20 : +

Abb. 9-2: Abnormale und kumulierte abnormale Renditen übernehmender Unternehmen differenziert nach der Diversifikationsrichtung; Basis: Methode der marktbereinigten Rendite, DAFOX

Übernehmende Unternehmung	Übernommene Versandhäuser (von Experten als Mißerfolg eingestuft = M)
Douglas AG	Braun und Goll (M), Kunkel (M), Ambassador (M)
Hertie GmbH	Vamos (M)
Horten AG	Peter Hahn (M) [a]
Karstadt AG	Neckermann (M) [a], Walz [a], Saalfrank [a]
Kaufhof AG	Wenz [a], Reno [a], Völkner Electronic (M), Oppermann (M) [a]

a) in der Erfolgsanalyse berücksichtigt

Abb. 9-3: Durch den stationären Handel übernommene Versandhandelsunternehmen

Eine kostspielige Fehleinschätzung stellt auch die vom KAUFHOF vorgenommene OPPERMANN-Akquisition dar. Als Gründe werden eine manipulierte Bilanz, eine falsche Markteinschätzung und verschiedene Managementfehler genannt.[16] Schwie-

---

[16] Vgl. Göppert, K.: Oppermann: Zweistellige Millionenverluste - Teueres Schnäppchen, in: Wirtschaftswoche, Nr. 22 v. 24.5.1991, S. 159.

rigkeiten mit der Integration weiterer Betriebstypen und mangelnde Vertrautheit mit den Problemen des Versandhandels wurden ferner von HORTEN und DOUGLAS berichtet.[17] Hierzu stellt *Kreke* fest:[18]

„Das Kernproblem war, daß das Topmanagement in Wirklichkeit die Probleme des Versandhandels nicht richtig durchschaut hatte. Wir mußten uns von den regionalen Geschäftsführungsmitgliedern vor Ort sagen lassen, was die Probleme sind und haben dann im nachhinein festgestellt, daß das die Probleme eigentlich gar nicht waren." (Kreke, in: Gebert, F., 1983, S. 209)

Die Möglichkeit, bei horizontalen Zusammenschlüssen Synergieeffekte zu realisieren und die Fähigkeit, verschiedene Sortimente, Branchen und Betriebstypen zu beherrschen, wurde demnach vom Management in vielen Fällen überschätzt.

Dagegen ist bei **vertikalen** Diversifikationsstrategien zu fragen, warum die Beteiligung an Unternehmen einer vorgelagerten Großhandels- oder Produktionsstufe (z.B. Angliederung von Bäckereibetrieben) in der Summe keine nennenswerten Markteffekte auslöst. Bezüglich der Interpretation des Ergebnisses erscheinen folgende zwei Überlegungen plausibel: Einerseits könnte argumentiert werden, daß für die Aktionäre ein relativ geringes Erfolgsrisiko besteht. Die übernehmende Gesellschaft besitzt oftmals Kenntnisse über die erfolgsentscheidenden Parameter des Distributionskanals und ist zudem häufig ein Hauptabnehmer der auf der vorgelagerten Stufe erstellten Leistungen (z.B. bei der Produktion von pharmazeutischen Generika für Pharmagroßhändler). Andererseits könnte angenommen werden, daß das aufgrund von Verbund- bzw. Größenvorteilen entstehende Ertragspotential durch die steigenden Koordinationskosten begrenzt wird (Kapitel 6).

Bei **konglomeraten** Zusammenschlüssen, an denen Touristikunternehmen beteiligt sind, bestehen häufig noch gewisse Verbindungen zum Kerngeschäft. So kann die von den Warenhäusern erzeugte Kundenfrequenz für die hauseigenen Reisebüros genutzt werden. Weiterhin kann das von Warenhausunternehmen im Umgang mit dem Privatkunden gewonnene Know-how auf den Vertrieb von Touristikdienstleistungen übertragen werden.[19] *Odewald* führt darüber hinaus an, daß sich Touristik- und Einzelhandelsaktivitäten im Sinne einer Risikostreuung ergänzen, da negative Entwicklungen im Einzelhandel durch gegenläufige Entwicklungen im Touristikbereich ausgeglichen werden können („im Tourismusgeschäft verläuft die Konjunktur anders als im Einzelhandel").[20] Demgegenüber wird eine Diversifikation ohne konkreten Zusammenhang zum Stammgeschäft (z.B. ASKO/ADIA, ASKO/COMCO) vom Aktienmarkt deutlich schlechter bewertet. In einigen Fällen finden sich auch Hinweise, daß bei konglomerater Diversifikation nicht nur vermögenssteigernde Motive im Vordergrund gestanden haben.[21] Bei konglomeraten

---

17 Vgl. z.B. Gebert, F., 1983, S. 185 ff.; Tietz, B., 1994, S. 33.

18 Dr. Jörn Kreke ist Vorstandsvorsitzender der Douglas AG.

19 Gesprächsrunde mit Dr. Jens Odewald, Vorstandsvorsitzender, Kaufhof Holding AG, am 27.1.1994.

20 Vgl. Glöckner, Th./Schweer, D., 1993, S. 123 ff.

21 Ökonomische Bedenken wurden z.B. bei den Asko-Akquisitionen Adia und Comco geäußert. Vgl. z.B. Müller von Blumencron, M.: Asko - Alpiner Geländeritt, in: Wirtschaftswoche,

Übernahmen ist generell zu fragen, ob Aktionäre eine entsprechende Diversifikation ihres Aktienportefeuilles nicht selbst billiger durchführen können.

Vergleichbare empirische Untersuchungen ermitteln teilweise unterschiedliche Ergebnisse. Für vertikale Übernahmen stellt *Bühner* eine ähnliche CAR fest. Dagegen werden horizontale Strategien deutlich besser bewertet als konglomerate Zusammenschlüsse.[22] Ähnliche Ergebnisse ermittelt *Lubatkin*, bei dem vertikale Diversifikationsstrategien besser als horizontale und konglomerate abschneiden.[23] *Elgers/Clark* stellen dagegen fest, daß konglomerate Übernahmen besser als nicht-konglomerate bewertet werden.[24]

Obgleich die Ergebnisse wegen der kleinen Teilstichproben nur sehr vorsichtig zu interpretieren sind, können dennoch zwei Aussagen getroffen werden: (1) Der Aktienmarkt bewertet vertikale Zusammenschlüsse vergleichsweise gut, obwohl der Markteffekt in der Summe gering ausfällt. (2) Trotz einzelner erfolgreicher Zusammenschlüsse werden horizontale und konglomerate Strategien vom Aktienmarkt insgesamt negativ bewertet.

9.2 Der Einfluß der Unternehmenskontrolle

Das Verhältnis zwischen Eigentümern und Management wird in der Literatur im Rahmen der Agency-Theorie diskutiert.[25] Diese unterstellt, daß Manager als Agenten der Eigentümer nur begrenzt in deren Interesse handeln.[26] Während Eigentümer in der Regel eine Vermehrung des Vermögens anstreben, wird das Management u.a. von Motiven wie Einkommen, Macht und Prestige geleitet. In der Literatur finden sich drei theoretische Ansatzpunkte, die auf einen Zusammenhang zwischen Managementmotiven und Unternehmensübernahmen hinweisen:

(1) Ein von Macht- und Prestigestreben geleitetes Management richtet seine Aufmerksamkeit überwiegend auf das Unternehmenswachstum, da das Ansehen des Managers mit der Größe des Unternehmens steigt. Zusammenschlüsse werden als geeignetes Instrument aufgefaßt, um ein Unternehmen in kurzer Zeit bedeutend zu vergrößern (Kapitel 4.6).[27]

(2) Nach der Hybris-Hypothese überschätzt das Management seine eigenen Fähigkeiten. Aufgrund einer optimistischen Werteinschätzung der Zielunternehmen

---

Nr. 7 v. 8.2.1991, S. 131 ff.

[22] Vgl. Bühner, R., 1990c, S. 75 ff.

[23] Die Rangfolge der CAR bezieht sich auf die Zeiträume von 18 Monaten bis 1 Monat vor und 1 Monat bis 18 Monate nach dem Zusammenschluß. Vgl. Lubatkin, M., 1987, S. 45 ff.

[24] Die Rangfolge der CAR bezieht sich auf den Zeitraum von 24 Monaten vor dem Zusammenschluß bis zur Durchführung der Übernahme. Vgl. Elgers, P.T./Clark, J.J., 1980, S. 69 ff.

[25] Vgl. Berle, A./Means, G.: The Modern Corporation and Private Property, New York 1932.

[26] Vgl. z.B. Schumann, J., 1992, S. 453 ff.

[27] Vgl. hierzu z.B. Malatesta, P.H., 1983, S. 157.

werden zu hohe Preise gezahlt. Anschließend kann das Management die vermuteten Erfolgspotentiale nicht realisieren (vgl. Kapitel 4.7).[28]

(3) Nach der Free Cash Flow-Hypothese versuchen Manager, freie liquide Mittel[29] im Unternehmen zu halten, um damit ihren eigenen Einflußbereich zu vergrößern. Es besteht die Gefahr, daß Manager die freien liquiden Mittel für nicht erfolgversprechende Zusammenschlüsse verwenden, anstatt sie an die Eigentümer auszuschütten (vgl. Kapitel 4.6).[30]

Grundsätzlich kann angenommen werden, daß Manager ihre eigenen Zusammenschlußmotive um so eher durchsetzen können, je geringer die Kontrolle durch die Eigentümer ausfällt. Hieraus ergibt sich folgende Hypothese:

H 3	Diversifikationsstrategien von eigentümerkontrollierten Unternehmen werden vom Aktienmarkt besser bewertet als solche von managerkontrollierten Unternehmen.

Da die Kontrollmöglichkeiten der Eigentümer durch den Streuungsgrad des Aktienkapitals beeinflußt werden, wurden in Abhängigkeit von der Eigentümerstruktur zwei Teilstichproben gebildet.[31] Von einem eigentümerkontrollierten Unternehmen wird ausgegangen, wenn mehr als 50 % des Nominalkapitals in den Händen eines einzelnen Gesellschafters liegt. Der Eigentümer kann dann Beschlüsse der Gesellschafter- oder Hauptversammlung herbeiführen und ist in der Lage, das Unternehmen zu kontrollieren. Trifft dieses Kriterium nicht zu, werden die Unternehmen als managerkontrolliert angesehen. Die 44 analysierten Zusammenschlüsse unterliegen in 11 Fällen der Eigentümer- und in 33 Fällen der Managerkontrolle (vgl. Anhang A-3).

Abbildung 9-4 zeigt, daß die aufgestellte Hypothese nicht bestätigt werden kann. Die CAR von **eigentümerkontrollierten** Unternehmen bewegt sich bis zum Ereignismonat in einer Bandbreite zwischen -6 % und 0,5 %. Nach der Durchführung der Diversifikation fällt die CAR bis auf -19 % ab. Im Gegensatz zu managerkontrollierten Übernahmen sind nicht nur die AR in vielen Fällen auf hohem Niveau signifikant ($p \le 0,01$), sondern ab Monat 3 auch die CAR (vgl. Abb. 9-5). Nach einer negativen Reaktion in Monat 2 schwankt die CAR der Teilstichprobe für **managerkontrollierte** Zusammenschlüsse um -4 %. Dabei fällt auf, daß sich die CAR selbst auf dem 10 %-Niveau nur in einem Monat als signifikant erweisen.

---

28 Vgl. hierzu z.B. Roll, R., 1986, S. 197 ff.

29 Freie liquide Mittel sind definiert als der Cash Flow, der nach der Investition in diejenigen Projekte übrig bleibt, bei denen die interne Verzinsung die Kapitalkosten übersteigt. Vgl. hierzu ausführlich Kap. 9.3.

30 Vgl. hierzu z.B. Amihud, Y./Lev, B.: Risk Reduction as a Managerial Motive for Conglomerate Mergers, in: Bell Journal of Economics, 12. Jg., 1981, S. 615 ff.; Jensen, M.C., 1986, S. 323 ff.; Jensen, M.C., 1988, S. 21 ff.

31 Vgl. Hill, C.W.L./Snell, S.A.: Effects of Ownership Structure and Control on Corporate Productivity, in: Academy of Management Journal, 32. Jg., 1989, H. 1, S. 28. Im Extremfall liegt sogar eine Stimmrechtsbeschränkung vor (z.B. zeitweilig bei ASKO und AVA).

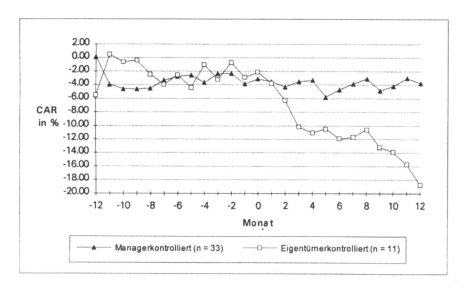

Abb. 9-4: Kumulierte abnormale Renditen von manager- und eigentümerkontrollierten übernehmenden Handelsunternehmen; Basis: Methode der marktbereinigten Rendite,
DAFOX

Ähnliche Ergebnisse stellt *Bühner* für inländische deutsche Unternehmensübernahmen fest. So führen Zusammenschlüsse eigentümerkontrollierter Unternehmen in
seiner Untersuchung zu signifikanten negativen CAR in Höhe von -19,3 %, während
für manager- und bedingt managerkontrollierte Zusammenschlüsse eine CAR von
-0,7 % bzw. -8,4 % ermittelt wird.[32]

Obwohl managerkontrollierte Unternehmen in der Summe durch Diversifikation
Aktionärswerte vernichten, schneiden sie im Vergleich zu eigentümerkontrollierten
Unternehmen relativ gut ab. Diesbezüglich bieten sich zwei Erklärungen an: Erstens
könnte angenommen werden, daß Manager als Fachleute die Tragweite einer
Akquisition besser überblicken als Eigentümer. Im Rahmen einer fallweisen
Betrachtung verschiedener Zusammenschlüsse können zumindest Anhaltspunkte für
die Richtigkeit dieser Annahme gewonnen werden. So wird verschiedenen Eigentümern ein wenig förderlicher Einfluß zugeschrieben. *Tietz* führt das durch die BAT-
Holding kontrollierte Unternehmen HORTEN als Beispiel dafür an, daß Handelsunternehmen nur schwer in einem „nichthändlerischen Umfeld reüssieren können."[33] Auch bei der WÜNSCHE AG, deren Zusammenschlüsse unterdurchschnittlich
abschneiden, wird vermutet, daß der Aufsichtsrat bisher eine wenig hilfreiche Rolle
eingenommen hat.[34]

---

[32] Vgl. Bühner, R., 1990c, S. 155 ff.

[33] Tietz, B., 1994, S. 47. Eine vergleichbare Situation liegt auch bei dem Zusammenschluß Mobil
Oil-Montgomery Ward vor.

[34] Zu den Führungsproblemen der Wünsche AG vgl. Jensen, S.: Mismanagement Wünsche - Der

Monat	Managerkontrolliert				Eigentümerkontrolliert			
	AR	T1	CAR	T2	AR	T1	CAR	T2
-12	0,20		0,20		-5,52	•••	-5,52	+
-11	-4,14	•••	-3,94		6,01	•••	0,49	
-10	-0,64		-4,58	+	-1,14	+	-0,65	
-9	-0,06		-4,64	+	0,26		-0,39	
-8	0,13		-4,51	+	-2,06	•••	-2,45	
-7	1,15	+	-3,36		-1,53	••	-3,98	
-6	0,56		-2,80		1,44	••	-2,54	
-5	0,24		-2,56		-1,85	••	-4,39	
-4	-1,13	+	-3,69		3,34	•••	-1,05	
-3	1,31	•	-2,38		-2,15	•••	-3,20	
-2	0,06		-2,32		2,49	•••	-0,71	
-1	-1,58	••	-3,90		-2,18	•••	-2,89	
0	0,78		-3,12		0,72		-2,17	
1	-0,41		-3,53		-1,58	••	-3,75	
2	-0,78		-4,31		-2,53	•••	-6,28	•
3	0,76		-3,55		-3,90	•••	-10,18	•••
4	0,21		-3,34		-0,89		-11,07	•••
5	-2,45	•••	-5,79	•	0,60		-10,47	•••
6	1,07	+	-4,72	+	-1,49	••	-11,96	•••
7	0,88		-3,84		0,25		-11,71	•••
8	0,74		-3,10		1,15		-10,56	•••
9	-1,71	••	-4,81	+	-2,64	•••	-13,20	•••
10	0,63		-4,18		-0,69		-13,89	•••
11	1,16	•	-3,02		-1,87	••	-15,76	•••
12	-0,76		-3,78		-3,02	•••	-18,78	•••

Für den T-Test verwendete Prüfgrößenformeln:	p≤ .01 : •••
a) T1: T-Test nach Brown, S.J./Warner, J.B.,	p≤ .05 : ••
1980, S. 251.	p≤ .10 : •
b) T2: T-Test mit 'crude dependence adjustment'	p≤ .20 : +
nach Brown, J.S./Warner, J.B., 1980,	
S. 251 f.	

Abb. 9-5: Abnormale und kumulierte abnormale Renditen von eigentümer- und manager-kontrollierten übernehmenden Handelsunternehmen; Basis: Methode der markt-bereinigten Rendite, DAFOX

Zweitens kann das Verfolgen von Eigentümerinteressen durchaus auch im Eigen-interesse der Manager liegen. Führungskräfte, die lediglich Managementmotive verfolgen, werden langfristig nur unterdurchschnittliche Ergebnisse erzielen. Da Unternehmen in diesen Fällen Gefahr laufen, zu potentiellen Übernahmekandidaten für andere Unternehmen zu werden, gefährden solche Manager ihren Arbeitsplatz.[35] So beschränken sich Hinweise, daß das konkrete Verfolgen von Managerinteressen die Diversifikationsstrategien beeinflußt haben könnte, auf Einzelfälle, wie z.B. COOP oder HAGEDA/EPG.[36]

Stadtneurotiker, in: Manager Magazin, 1993, H. 11, S. 34 ff.

[35] Vgl. Bühner, R., 1990c, S. 138.

[36] Die breit diversifizierte COOP AG mußte 1989 Vergleich anmelden. Es kann vermutet wer-den, daß das als undurchsichtig geltende Firmenkonglomerat u.a. auch geschaffen wurde, um die Aktionäre über die vom Management verfolgten Interessen (z.B. persönliche Bereiche-rung) im unklaren zu lassen. Weiterhin wird über die Einkaufsgesellschaft EPG der Hageda

Bei einer Beurteilung der Ergebnisse sind jedoch drei **Einwände** zu beachten. Erstens findet eine ungleiche Gewichtung der Teilstichproben statt, da in der Auswertung nur 11 eigentümerkontrollierte Zusammenschlüsse berücksichtigt werden. Zweitens sind wichtige eigentümerkontrollierte Unternehmen nicht in der Stichprobe enthalten (z.B. ALDI, C&A, OTTO, QUELLE, TENGELMANN). Drittens kann hinterfragt werden, ob erst bei einem Nominalkapitalanteil von 50 % von einem eigentümerkontrollierten Unternehmen ausgegangen werden soll.[37]

9.3 Der Diversifikationserfolg in Abhängigkeit von den freien liquiden Mitteln

Der Einfluß der Managementinteressen auf den Diversifikationserfolg wird auch im Rahmen der Free Cash Flow-Hypothese untersucht.[38] Der Cash Flow gibt an, in welchem Umfang eine Unternehmung durch ihre betriebliche Umsatztätigkeit finanzielle Mittel erwirtschaften kann.[39] Unter freien liquiden Mitteln ('free cash flow') wird der Überschuß verstanden, der sich aus dem Cash Flow abzüglich aller erfolgversprechenden und vom Unternehmen zu tätigenden Investitionsprojekte ergibt:

„Free cash flow is cash flow in excess of that required to fund all projects that have positive net present values when discounted at the relevant cost of capital." (Jensen, M.C., 1986, S. 323)

Ausgangspunkt der auf *Jensen* zurückgehenden **Free Cash Flow-Hypothese** ist der Interessenkonflikt zwischen Eigentümern und Managern eines Unternehmens.[40] Um sich im Sinne der Eigentümer zu verhalten, sind die freien liquiden Mittel des Unternehmens an die Aktionäre auszuschütten. Der mit der Ausschüttung verbundene Verlust an finanziellen Ressourcen wird vom Management als Machtverlust betrachtet. Unternehmensübernahmen stellen daher ein geeignetes Instrument dar, um den Machtbereich der Manager schnell und umfassend auszudehnen. Vor diesem Hintergrund nimmt *Jensen* an, daß Unternehmen mit relativ hohen freien liquiden Mitteln eher erfolglose Zusammenschlüsse tätigen. Folgende Hypothese wird überprüft:

AG berichtet, daß sie „Dreh- und Angelpunkt" von zahlreichen Betrügereien bzw. Unterschlagungen in Millionenhöhe gewesen sein soll. Vgl. z.B. Zumbusch, J./Schweer, D.: Pharmahandel - Rund um die Uhr, in: Wirtschaftswoche, Nr. 32 v. 5.8.1994, S. 45 f.

[37] Amihud/Dodd/Weinstein fassen ein Unternehmen als eigentümerkontrolliert auf, wenn ein einzelner Aktionär mehr als 10 % des Nominalkapitals hält. Vgl. Amihud, Y./Dodd, P./Weinstein, M.: Conglomerate Mergers, Managerial Motives and Stockholder Wealth, in: Journal of Banking and Finance, 10. Jg., 1986, S. 405 f.

[38] Vgl. Jung, H.: Erfolgsfaktoren von Unternehmensakquisitionen, Stuttgart 1993, S. 87 f.

[39] Vgl. Küting, K./Weber, C.-P., 1993, S. 39.

[40] Vgl. Jensen, M.C.: Takeovers: Their Causes and Consequences, in: Journal of Economic Perspectives, 2. Jg., 1988, Nr. 1, S. 323.

H 4	Je höher der Free Cash Flow eines Unternehmens, desto eher tätigen Unternehmen erfolglose Zusammenschlüsse und desto schlechter ist ihre Bewertung durch den Aktienmarkt.

Die empirische Ermittlung freier liquider Mittel ist schwierig. Im folgenden wird unterstellt, daß die Investitionsmöglichkeiten ceteris paribus für alle Unternehmen gleich sind. Weiterhin wird angenommen, daß Unternehmen mit einem hohen Cash Flow aufgrund begrenzter Investitionsmöglichkeiten auch einen hohen Free Cash Flow bilden.[41]

Um die Hypothese zu überprüfen, wurden die Handelsunternehmen nach dem ihnen im Jahr des Zusammenschlusses zur Verfügung stehenden Cash Flow geordnet. Anschließend wurden zwei gleich große Teilstichproben gebildet: Zusammenschlüsse von Unternehmen mit hohem und mit niedrigem Cash Flow. Als Grenzwert wurde der Median in Höhe von 108 Mio. DM zugrundegelegt (vgl. Anhang A-4).

Abbildung 9-6 zeigt, daß sich die CAR der Teilstichproben zunehmend auseinanderentwickeln. Am Ende des Untersuchungszeitraumes ergibt sich bei Unternehmen mit einem hohen Cash Flow eine CAR von 2,7 % und für Gesellschaften mit geringen freien liquiden Mitteln eine CAR von -15,3 %. Der Cash Flow stellt demnach ein geeignetes Kriterium dar, um überdurchschnittlich erfolgreiche Diversifikationsprojekte zu identifizieren.

Wie in Abbildung 9-7 dargestellt, erweisen sich die CAR der Teilstichprobe für Unternehmen mit geringen liquiden Mitteln auf dem 1 %-Niveau als signifikant, während die Teilstichprobe für Unternehmen mit hohen liquiden Mitteln nur in den Monaten 9 und 10 signifikante Werte erzielt. In Übereinstimmung mit der im vorherigen Abschnitt abgelehnten Agency-Hypothese (H 3) wird auch die Free Cash Flow-Hypothese (H 4) widerlegt.

Wie ist das Ergebnis zu erklären? Der Cash Flow stellt ein Maß für die Ertrags- und Finanzkraft eines Unternehmens dar.[42] Es liegt nahe, daß Unternehmen mit überdurchschnittlich hohem Cash Flow auch in früheren Jahren erfolgreich gewesen sind. Erfolgreiche Gesellschaften sind wiederum eher in der Lage, aktiv nach Diversifikationsmöglichkeiten zu suchen, um sich auf der Basis eigener Stärken Wettbewerbsvorteile zu verschaffen.

---

[41] Vgl. Bühner, R., 1990c, S. 160.
[42] Vgl. Küting, K./Weber, C.-P., 1993, S. 124.

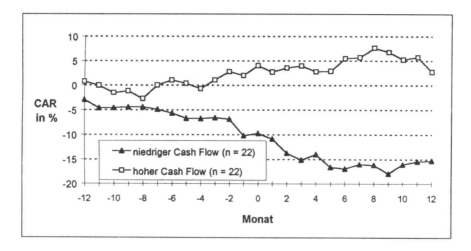

Abb. 9-6: Kumulierte abnormale Renditen übernehmender Handelsunternehmen unter Berücksichtigung der Höhe der freien liquiden Mittel; Basis: Methode der marktbereinigten
Rendite, DAFOX

Demgegenüber kennzeichnet ein niedriger Cash Flow häufig Unternehmen, die bereits im Stammgeschäft mit ökonomischen Schwierigkeiten zu kämpfen haben und
deshalb versuchen, im Rahmen einer defensiven Diversifikationsstrategie neue
Tätigkeitsfelder zu erschließen. So stand das Unternehmen HERTIE, das verschiedene intern als wenig erfolgreich beurteilte Diversifikationsprojekte realisiert hat,
„Jahre lang mit dem Rücken zur Wand".[43] *Köhler* sieht den ausbleibenden Erfolg
verschiedener Diversifikationsprojekte auch im geringen finanziellen Spielraum des
Unternehmens begründet, der zu „halbherzigen Investitionen" und „vorschnellen
Entscheidungen" geführt hat.[44] Es erscheint daher plausibel, daß die mit einer
defensiven Strategie verbundenen Gefahren von den Aktionären antizipiert werden.

Handelsunternehmen mit hohen liquiden Mitteln können ihre Zusammenschlüsse
größtenteils erfolgreich gestalten. Hervorhebenswert ist weiterhin, daß beide Agen-
cy-bezogenen Hypothesen für deutsche Handelsunternehmen abgelehnt werden
konnten.[45] Bezüglich der Methodik bleibt jedoch zu fragen, ob die Höhe des Cash
Flow eine geeignete Größe zur Schätzung des Free Cash Flow darstellt.[46]

---

[43] Zum Diversifikationserfolg von Hertie vgl. z.B. Jensen, S., 1990, S. 82 ff.

[44] Interview mit Friedrich W. Köhler, Vorstandsreferent, Hertie Waren- und Kaufhaus GmbH,
am 22.7.1994.

[45] Auch Bühner kommt zu dem Schluß, daß die Free Cash Flow-Hypothese für inländische deutsche Unternehmenszusammenschlüsse abzulehnen ist. Vgl. Bühner, R., 1990c, S. 159 ff.

[46] Lang/Stulz/Walking entwickeln auf der Basis von Tobins q einen Maßstab zur Schätzung des
firmenspezifischen Free Cash Flow. q dabei gibt dabei das Verhältnis des Marktwertes der
Aktien eines Unternehmens zu den Ausgaben für den Aufbau eines vergleichbaren Unternehmens an. Vgl. hierzu Lang, L.H.P./Stulz, R.M./Walking, R.A., 1991, S. 316 ff.

Monat	niedriger Cash Flow				hoher Cash Flow			
	AR	T1	CAR	T2	AR	T1	CAR	T2
-12	-2,92	•••	-2,92		0,76		0,76	
-11	-1,71	••	-4,63	+	-0,80		-0,04	
-10	0,05		-4,58	+	-1,49	••	-1,53	
-9	0,16		-4,42		0,35		-1,18	
-8	-0,02		-4,44		-1,55	••	-2,73	
-7	-0,44		-4,88	+	2,73	•••	0,00	
-6	-0,76		-5,64	+	1,02	+	1,02	
-5	-1,07	+	-6,71	•	-0,64		0,38	
-4	-0,02		-6,73	•	-1,10	+	-0,72	
-3	0,16		-6,57	•	1,78	••	1,06	
-2	-0,29		-6,86	•	1,70	••	2,76	
-1	-3,35	•••	-10,21	•••	-0,79		1,97	
0	0,48		-9,73	•••	2,04	•••	4,01	
1	-1,14	+	-10,87	•••	-1,35	•	2,66	
2	-2,86	•••	-13,73	•••	0,86		3,52	
3	-1,39	•	-15,12	•••	0,44		3,96	
4	1,13	+	-13,99	•••	-1,19	•	2,77	
5	-2,65	•••	-16,64	•••	0,11		2,88	
6	-0,33		-16,97	•••	2,57	•••	5,45	
7	0,93	+	-16,04	•••	0,19		5,64	+
8	-0,14		-16,18	•••	2,00	•••	7,64	••
9	-1,77	••	-17,95	•••	-0,88		6,76	•
10	1,88	••	-16,07	•••	-1,54	••	5,22	+
11	0,63		-15,44	•••	0,51		5,73	+
12	0,14		-15,30	•••	-2,99	•••	2,74	

Für den T-Test verwendete Prüfgrößenformeln:	$p \leq .01$: •••
a) T1: T-Test n. Brown, S.J./Warner, J.B., 1980, S. 251.	$p \leq .05$: ••
b) T2: T-Test mit 'crude dependence adjustment' nach	$p \leq .10$: •
Brown, J.S./Warner, J.B., 1980, S. 251 f.	$p \leq .20$: +

Abb. 9-7: Abnormale und kumulierte abnormale Renditen übernehmender Handelsunternehmen unter Berücksichtigung der Höhe der freien liquiden Mittel; Basis: Methode der marktbereinigten Rendite, DAFOX

9.4 Diversifikationserfahrung als Erfolgsfaktor

Unternehmenszusammenschlüsse werden in der Literatur als Bestandteil der Unternehmensstrategie aufgefaßt.[47] In der Regel sind mit Übernahmen Führungsprobleme und eine nachlassende Effektivität des Unternehmens verbunden. Gemäß *Chandlers* „structure follows strategy"-These werden diese Probleme durch Anpassung der Organisationsstruktur an die Unternehmensstrategie gelöst.[48] Eine im Anschluß an eine Akquisition notwendig werdende organisatorische Neuausrichtung umfaßt z.B. die Zusammenführung der Organisationsstrukturen, die Bildung einer Holding, die

---

[47] Vgl. z.B. Bühner, R., 1990c, S. 173.

[48] Vgl. Chandler, A.D.: Strategy and Structure: Chapters in the History of the American Enterprise, Cambridge (Mass.)/London 1962, S. 3.

Harmonisierung von Führungsstilen oder die Durchführung von Entlassungen.[49] *Lubatkin* nimmt an, daß für diese Anpassungsprozesse bei wiederholten Übernahmen der Lernkurveneffekt[50] gilt:

> „With each succeeding merger, up to some point, management should become more adept at finding the necessary structure and at avoiding the administrative problems that have a negative influence on performance." (Lubatkin, M., 1983, S. 223 f.)

Weiterhin kann davon ausgegangen werden, daß diese im Zeitverlauf erworbenen Erfahrungspotentiale nicht nur bei der organisatorischen Integration und Führung der übernommenen Unternehmen von Vorteil sind, sondern auch bei der Identifikations-, Analyse- und Bewertungsphase.[51] Daher wird folgende Hypothese zugrundegelegt:

H 5	Je größer die Akquisitionserfahrung, desto besser wird die Diversifikationsstrategie durch den Aktienmarkt bewertet.

Um die im Zeitablauf gesammelte Zusammenschlußerfahrung zu operationalisieren, wurde auf die Zahl der zwischen 1976 und 1992 von den Stichprobenunternehmen beim Bundeskartellamt angezeigten Zusammenschlüsse zurückgegriffen. Die Unternehmen wurden in zwei Kategorien eingeteilt: akquisitions- und nicht akquisitionsorientierte Unternehmen. Der Grenzwert liegt bei 20 durchgeführten Übernahmen und entspricht ungefähr einer durchschnittlichen Zusammenschlußrate von einer Übernahme pro Jahr (vgl. Anhang A-5).

Hypothese 5 wird durch die ermittelten Ergebnisse bestätigt. Abbildung 9-8 zeigt, daß akquisitionsorientierte Unternehmen bei ihren Diversifikationsprojekten deutlich höhere CAR erzielen als nicht akquisitionsorientierte Gesellschaften. Erstere erfahren in den ersten 12 Monaten des Untersuchungszeitraumes eine zunehmend positive Einschätzung durch die Aktionäre. Das Jahr nach der Akquisition ist dagegen durch Korrekturen der ursprünglichen Erwartungshaltung gekennzeichnet, so daß am Ende des Untersuchungszeitraumes eine leicht negative CAR von -3,5 % (nicht signifikant) ausgewiesen wird. Diversifizierende Unternehmen, die im Durchschnitt weniger als einen Zusammenschluß pro Jahr durchgeführt haben, werden im Zeitraum bis einschließlich Monat 0 mit einer CAR von -8,5 % vom Aktienmarkt sehr skeptisch bewertet. Nach dem Ereignismonat verschlechtert sich die CAR nochmals um 3,7 % auf -11,2 %. Das Ergebnis ist auf dem 1 %-Niveau signifikant (vgl. Abb. 9-9).

---

[49] Vgl. Lubatkin, M., 1983, S. 223 f.

[50] Zur Lernkurve vgl. z.B. Henderson, B.D.: Die Erfahrungskurve - Warum ist sie gültig?, in: Oettinger, B.v. (Hrsg.): Das Boston Consulting Group Strategie-Buch, Düsseldorf 1993, S. 416 ff.

[51] Vgl. Jacobs, S., 1992, S. 112 f.

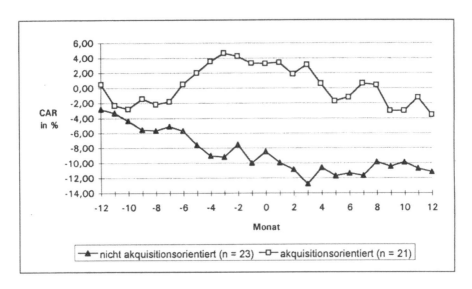

Abb. 9-8: Kumulierte abnormale Renditen von akquisitionsorientierten und nicht-akqui-
sitionsorientierten übernehmenden Handelsunternehmen; Basis: Methode der marktbereinigten Rendite, DAFOX

Bei Einzelfallanalysen deutscher Handelsunternehmen finden sich Hinweise darauf,
daß akquisitionsorientierte Gesellschaften von ihrer Erfahrung profitieren. So weist
der OTTO VERSAND der deutschen Muttergesellschaft explizit die Rolle als Ideen-
spender für die Sanierung der aufgekauften Gesellschaften zu.[52] Auch bei DOUGLAS
wird von einem Erfahrungsvorsprung gesprochen, der auf „schmerzhaften Lernprozessen" beruht.[53] Demgegenüber hat das wenig akquisitionserfahrene Unternehmen
HERTIE den überwiegenden Teil seines „übereilten" Diversifikationsprogrammes
innerhalb eines 12-monatigen Zeitraumes durchgeführt. Die geringe Erfolgsquote
wird u.a. darauf zurückgeführt, daß „die Kontrollmechanismen des angeschlagenen
Konzerns ... mit den ehrgeizigen Projekten der Geschäftsführung überfordert"
gewesen sind.[54]
    Die Ergebnisse werden von empirischen Untersuchungen nur teilweise unterstützt.
Barnes ermittelt für nicht akquisitionsorientierte britische Unternehmen bessere
Aktienmarktreaktionen als für akquisitionsorientierte.[55]

---

[52] Gesprächsrunde mit Dr. Bernd Voigt, Direktor für Marketing und Konzernentwicklung, Otto
    Versand GmbH & Co., am 6.5.1994. Ähnlich äußert sich auch Dr. Michael Otto. Vgl. hierzu
    Rominski, D.: Synergieeffekte durch Internationalität?, in: Absatzwirtschaft, 36. Jg., 1993,
    H. 8, S. 15.
[53] Vgl. o.V.: Zeitgeist-Konzepte - Erfolgsstrategien im diversifizierten Einzelhandel, in: Ab-
    satzwirtschaft, 29. Jg., 1986, H. 11, S. 22.
[54] Vgl. Jensen, S., 1990, S. 90.
[55] Vgl. Barnes, P., 1984, S. 47 f.

Monat	akquisitions-orientiert				nicht akquisitions-orientiert			
	AR	T1	CAR	T2	AR	T1	CAR	T2
-12	0,49		0,49		-2,80	***	-2,80	
-11	-2,80	***	-2,31		-0,50		-3,30	
-10	-0,48		-2,79		-1,03	+	-4,33	
-9	1,37	*	-1,42		-1,22	*	-5,55	+
-8	-0,74		-2,16		-0,12		-5,67	+
-7	0,37		-1,79		0,58		-5,09	+
-6	2,31	***	0,52		-0,61		-5,70	+
-5	1,50	**	2,02		-1,91	***	-7,61	**
-4	1,53	**	3,55		-1,43	**	-9,04	**
-3	1,10	+	4,65	+	-0,15		-9,19	**
-2	-0,40		4,25		1,64	**	-7,55	**
-1	-0,93	+	3,32		-2,45	***	-10,00	***
0	-0,07		3,25		1,52	**	-8,48	**
1	0,15		3,40		-1,48	**	-9,96	***
2	-1,56	**	1,84		-0,92	+	-10,88	***
3	1,25	*	3,09		-1,91	***	-12,79	***
4	-2,49	***	0,60		2,16	***	-10,63	***
5	-2,33	***	-1,73		-1,10	+	-11,73	***
6	0,51		-1,22		0,35		-11,38	***
7	1,85	**	0,63		-0,30		-11,68	***
8	-0,23		0,40		1,82	**	-9,86	***
9	-3,40	***	-3,00		-0,61		-10,47	***
10	0,01		-3,01		0,58		-9,89	***
11	1,78	**	-1,23		-0,85		-10,74	***
12	-2,30	***	-3,53		-0,44		-11,18	***

Für den T-Test verwendete Prüfgrößenformeln:	
a) T1: T-Test nach Brown, S.J./Warner, J.B., 1980, S. 251.	$p \leq .01$: *** $p \leq .05$: ** $p \leq .10$: *
b) T2: T-Test mit 'crude dependence adjustment' nach Brown, J.S./Warner, J.B., 1980, S. 251 f.	$p \leq .20$: +

Abb. 9-9: Abnormale und kumulierte abnormale Renditen in Abhängigkeit von der Akquisitions-orientierung der übernehmenden Handelsunternehmen; Basis: Methode der marktbe-reinigten Rendite, DAFOX

Kusewitt ermittelt mit Hilfe der Regressionsanalyse, daß Akquisitionserfahrung und -erfolg negativ korreliert sind.[56] Er führt seine Ergebnisse darauf zurück, daß der Erfolg nicht ausschließlich als eine Funktion der Zusammenschlußrate gesehen werden kann, sondern daß anderen Faktoren, wie z.B. der relativen Projektgröße, eine höhere Bedeutung zukommt bzw. Interaktionseffekte zwischen diesen Größen vorliegen.[57] Dagegen stellen die Studie von *Fowler/Schmidt* und die Untersuchungen von *Bühner* fest, daß sowohl nationale als auch länderübergreifende Zusammenschlüsse von einer höheren Akquisitionserfahrung profitieren.[58] Trotz der gegensätzlichen amerikanischen und britischen Erkenntnisse legen die ermittelten

---

[56] Vgl. Kusewitt, J.B.: An Exploratory Study of Strategic Acquisition Related Factors Relating to Performance, in: Strategic Management Journal, 6. Jg., 1985, S. 159 f.

[57] Vgl. Kusewitt, J.B., 1985, S. 152 ff.

[58] Vgl. Fowler, K.L./Schmidt, D.R.: Determinants of Tender Offer Post-Acquisition Financial Performance, in: Strategic Management Journal, 10. Jg., 1989, S. 346; Bühner, R., 1990c, S. 173 ff.; Bühner, R., 1991a, S. 177 ff.

Ergebnisse nahe, daß mit zunehmender Akquisitionserfahrung die Chancen einer guten Beurteilung durch den Aktienmarkt steigen.

9.5 Der Einfluß der relativen Projektgröße

Die Frage, ob der Erfolg von Diversifikationsstrategien durch das Größenverhältnis der am Zusammenschluß beteiligten Unternehmen beeinflußt wird, ist für die Entwicklung einer adäquaten Markteintrittsstrategie von besonderer Bedeutung. *Matuschka* argumentiert, daß die Integration von relativ kleinen Einheiten verglichen mit dem zu erwartenden Ergebnis einen zu großen Managementaufwand erfordert.[59] *Bühner* führt weiterhin an, daß das Management großen Projekten mehr Aufmerksamkeit widmet als kleinen.[60] Gleichzeitig nimmt er an, daß die Chancen einer erfolgreichen Integration durch eine intensivere Betreuung steigen. *Biggadike* vertritt den Standpunkt, daß eine Diversifikation in ein neues Tätigkeitsfeld eine gewisse „kritische Masse" voraussetzt („Do it big."). Er unterstellt, daß größere Unternehmenseinheiten eher geeignet sind, um Lernkurveneffekte zu realisieren und um eine gute strategische Ausgangsposition einzunehmen.[61] Ferner unterstellt die Marktmacht-Hypothese, daß Zusammenschlüsse innerhalb des Handels zu einer Erhöhung der Marktmacht führen (Kapitel 4.4). Marktanteilseffekte ('market power gains') dürften demnach bei der Übernahme großer Unternehmen tendenziell höher sein als bei kleinen Übernahmen.

Demgegenüber kann eingewendet werden, daß bei relativ kleinen Diversifikationsprojekten ein geringeres finanzielles Risiko eingegangen wird. Auch können relativ kleine Unternehmen schneller integriert werden, da nicht in gleichem Ausmaß auf lang gewachsene Unternehmensstrukturen und -kulturen Rücksicht genommen werden muß.[62] Darüber hinaus sind Zusammenschlüsse mit relativ großen Unternehmen mit höheren Organisationskosten verbunden, insbesondere wenn mit einem Schlag eine kritische Wachstumsschwelle erreicht und eine umfassende Organisationsänderung notwendig wird.[63] Zu denken ist z.B. an die Bildung einer Holding zur Aufnahme von neuen Geschäftsbereichen.[64] Trotz dieser Einwände wird jedoch angenommen, daß sich die Zusammenschlüsse zwischen relativ großen Unternehmen als vorteilhafter erweisen. Dieser Sachverhalt wird mit folgender Hypothese überprüft:

---

[59] Vgl. Matuschka, A.: Risiken von Unternehmensakquisitionen, in: Betriebswirtschaftliche Forschung und Praxis, 1990, H. 2, S. 108.
[60] Vgl. Bühner, R., 1990c, S. 119.
[61] Vgl. Biggadike, R.E., 1979b, S. 103 u. 108 ff.
[62] Vgl. Bühner, R., 1990c, S. 114.
[63] Zur Bedeutung von kritischen Wachstumsschwellen vgl. Albach, H./Bock, K./Warnke, T.: Kritische Wachstumsschwellen in der Unternehmensentwicklung, Stuttgart 1985, S. 31 ff.
[64] Vgl. Bühner, R., 1987, S. 40 ff.; Williamson, O.E., 1990, S. 237 ff.

H 6	Relativ große Diversifikationsprojekte werden vom Aktienmarkt besser bewertet als relativ kleine Diversifikationsprojekte.

Die Diversifikationsprojekte wurden in zwei gleich große Teilstichproben von jeweils 22 Übernahmen aufgeteilt (vgl. Anhang A-6). Als Differenzierungskriterium wurde das Nominalkapitalverhältnis von übernommenen zu übernehmenden Unternehmen zum Zeitpunkt des Zusammenschlusses zugrundegelegt.[65] Als Grenzwert für die Zuordnung der Diversifikationsprojekte wurde ein Anteil von 10,1 % ermittelt. Übernahmen mit einem Nominalkapitalanteil von 10,1 % und größer wurden als relativ große Diversifikationsprojekte (z.B. ASKO-COOP), Übernahmen mit einem geringeren Nominalkapitalanteil als relativ kleine Diversifikationsprojekte (z.B. HORTEN-JACQUES' WEIN-DEPOT) klassifiziert.

Die CAR wurden zusätzlich mit Hilfe des Marktmodells errechnet. Die ermittelten Ergebnisse bestätigen die aufgestellte Hypothese. Relativ große Übernahmen erzielen eine CAR von -10,4 % ($p \leq 0,01$). Bei relativ kleinen Übernahmen wird eine CAR von -14,5 % ($p \leq 0,01$) festgestellt.

Abbildung 9-10 stellt den Verlauf der kumulierten abnormalen Renditen dar. Die Entwicklung der abnormalen Renditen, kumulierten abnormalen Renditen sowie die zugehörigen T-Test-Werte werden in Abbildung 9-11 gezeigt. Es wird deutlich, daß relativ kleine Diversifikationsprojekte vom Kapitalmarkt äußerst negativ bewertet werden. So ergibt sich ein fast durchgängig negativer Trend, der von einigen Monaten mit positiven Einflüssen unterbrochen wird. Der höchste Verlust tritt mit einer CAR von -12,1 % am Ende des Untersuchungszeitraumes auf ($p \leq 0,01$). Demgegenüber schätzen die Aktionäre relativ große Übernahmen in den ersten Monaten skeptisch, anschließend aber zunehmend positiv ein (CAR_0: 1,3 %). Nach Durchführung der Diversifikation sinkt die CAR für relativ große Zusammenschlüsse im Monat 12 auf -3 % ab, wobei starke und überwiegend signifikante Ausschläge der AR zu beobachten sind. Der T-Test zeigt für relativ große Projekte keine signifikanten CAR. Demnach kann für diese Teilstichprobe die Alternativhypothese, die eine CAR ungleich Null unterstellt, nicht angenommen werden.

Aus Unternehmenssicht wird der Zusammenhang zwischen Größenverhältnis und Erfolg unterschiedlich beurteilt. So finden sich Anhaltspunkte für die verschiedenen Plausibilitätsannahmen. *Odewald* geht davon aus, daß sich der Holdingvorstand nur mit neuen Geschäften beschäftigen sollte, die eine gewisse Größenordnung aufweisen.[66] *Köhler* weist darauf hin, daß der Verlust der Eigenständigkeit bei kleinen, vormals eigentümergeführten Unternehmen besonders schwer wiegt und teilweise

---

[65] Als Kennziffer zur Bestimmung des Größenverhältnisses wurde das Nominalkapital herangezogen, da diese Angaben in den Geschäftsberichten leicht zugänglich sind. Um Größenunterschiede zu ermitteln, kommen z.B. auch der Marktwert der Aktien, der Umsatz oder das Eigenkapital in Betracht. Vgl. hierzu z.B. Franks, J.R./Harris, R.S., 1989, S. 235; Bühner, R., 1990c, S. 113.

[66] Gesprächsrunde mit Dr. Jens Odewald, Vorstandsvorsitzender, Kaufhof Holding AG, am 27.1.1994.

zum Rücktritt der Geschäftsführung geführt hat (z.B. HERTIE-SCHAULANDT).[67] Andererseits waren bei großen Übernahmen Integrationsprobleme unterschiedlicher Unternehmenskulturen zu beobachten (z.B. KARSTADT-NECKERMANN).[68]

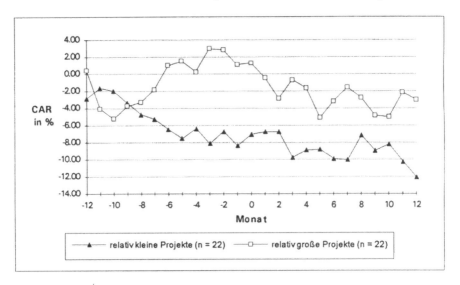

Abb. 9-10: Kumulierte abnormale Renditen übernehmender Handelsunternehmen bei unterschiedlicher Projektgröße; Basis: Methode der marktbereinigten Rendite, DAFOX

Die Ansicht, daß relativ kleine Diversifikationsprojekte aus Risikogründen bevorzugt werden sollten, wird z.B. von DOUGLAS vertreten. Nach *Kreke* sollte ein Unternehmen zu jedem Zeitpunkt den Verlust des gesamten, in den neuen Diversifikationsbereich investierten Kapitals verkraften können.[69] Die fallspezifische Diskussion deutet an, daß der Zusammenhang auch von **anderen Einflußfaktoren**, wie z.B. der Zielbranche, beeinflußt wird. So kann DOUGLAS mit der Übernahme relativ kleiner Fachhandelseinheiten eine Diversifikationsstrategie mit begrenztem Risiko verfolgen (z.B. DOUGLAS-UHREN WEISS). Diese Option ist jedoch nicht für jede Zielbranche verfügbar bzw. sinnvoll.

In empirischen Untersuchungen finden sich zahlreiche Hinweise für eine Bestätigung der Hypothese. So ergaben die Untersuchungen von *Kitching, Biggadike, Asquith/Bruner/Mullins, Kusewitt* und *Franks/Harris,* daß die relative Größe der übernommenen Unternehmen einen positiven Einfluß auf den Erfolg des Zusammenschlusses hat.[70]

---

67 Interview mit Friedrich W. Köhler, Vorstandsreferent, Hertie Waren- und Kaufhaus GmbH, am 22.7.1994.

68 Interview mit Hans-Werner Abraham, Hauptabteilungsleiter Unternehmensplanung, Karstadt AG, am 3.8.1994.

69 Vgl. Gebert, F., 1983, S. 218.

70 Vgl. Kitching, J., 1967, S. 92; Biggadike, R.E., 1979b, S. 108 ff.; Asquith, P./Bruner, R.F./Mullins, D.W., 1983, S. 133 ff.; Kusewitt, J.B., 1985, S. 151 f.; Franks, J.R./Harris, R.S.,

Monat	relativ kleine Projekte				relativ große Projekte			
	AR	T1	CAR	T2	AR	T1	CAR	T2
-12	-2,88	•••	-2,88		0,41		0,41	
-11	1,27	•	-1,61		-4,47	•••	-4,06	
-10	-0,37		-1,98		-1,16	•	-5,22	+
-9	-1,42	••	-3,40		1,47	••	-3,75	
-8	-1,31	•	-4,71	+	0,47		-3,28	
-7	-0,54		-5,25	+	1,50	••	-1,78	
-6	-1,20	•	-6,45	•	2,77	•••	0,99	
-5	-1,09	+	-7,54	••	0,52		1,51	
-4	1,20	•	-6,34	•	-1,23	•	0,28	
-3	-1,80	••	-8,14	••	2,69	•••	2,97	
-2	1,45	••	-6,69	•	-0,12		2,85	
-1	-1,70	••	-8,39	••	-1,75	••	1,10	
0	1,34	•	-7,05	••	0,19		1,29	
1	0,31		-6,74	•	-1,71	••	-0,42	
2	-0,02		-6,76	•	-2,43	•••	-2,85	
3	-2,98	•••	-9,74	•••	2,17	•••	-0,68	
4	0,83		-8,91	••	-0,95	+	-1,63	
5	0,10		-8,81	••	-3,48	•••	-5,11	+
6	-1,07	+	-9,88	•••	1,93	•••	-3,18	
7	-0,16		-10,04	•••	1,61	••	-1,57	
8	2,87	•••	-7,17	••	-1,19	•	-2,76	
9	-1,78	••	-8,95	••	-2,10	•••	-4,86	+
10	0,75		-8,20	••	-0,15		-5,01	+
11	-2,03	•••	-10,23	•••	2,83	•••	-2,18	
12	-1,84	••	-12,07	•••	-0,81		-2,99	

Für den T-Test verwendete Prüfgrößenformeln:	$p \leq .01 : •••$
a) T1: T-Test nach Brown, S.J./Warner, J.B., 1980, S. 251.	$p \leq .05 : ••$
	$p \leq .10 : •$
b) T2: T-Test mit 'crude dependence adjustment' nach Brown, J.S./Warner, J.B., 1980, S. 251 f.	$p \leq .20 : +$

Abb. 9-11: Abnormale und kumulierte abnormale Renditen übernehmender Handelsunternehmen bei unterschiedlicher Projektgröße; Basis: Methode der marktbereinigten Rendite, DAFOX

Asquith/Bruner/Mullins stellen z.B. mit Hilfe der Regressionsanalyse fest, daß ein Größenverhältnis zwischen übernehmenden und übernommenen Unternehmen von 2:1 eine um 1,8 % höhere abnormale Rendite zum Ergebnis hat als ein Größenverhältnis von 10:1.[71] *Lubatkin* faßt die Diskussion wie folgt zusammen:

„The results ... are contrary to the belief that it is better to enter small, learn as one goes, and expand the experience." (Lubatkin, M., 1983, S. 224)

Im Gegensatz zu diesen Ergebnissen kommt *Bühner* in zwei Studien für Unternehmen des verarbeitenden Gewerbes zu dem Schluß, daß Kleinzusammenschlüsse bessere Beurteilungen durch den Aktienmarkt erfahren als große Zusammenschlüsse.[72] Dieses Ergebnis ist jedoch vor dem Hintergrund der von ihm gewählten Grenzwerte zu bewerten. So ist zu fragen, ob übernommene Unternehmen mit einem Nominalkapitalanteil von 4,6 % bzw. 5 % am übernehmenden Unternehmen

---

1989, S. 235 f.

[71] Vgl. Asquith, P./Bruner, R.F./Mullins, D.W., 1983, S. 133 ff.

[72] Vgl. Bühner, R., 1990c, S. 113 ff.; Bühner, R., 1991a, S. 111 ff.

bereits den Großfusionen zugerechnet werden sollten. Wird von *Bühners* Untersuchung aufgrund der gewählten Größenkriterien abgesehen, weisen die Ergebnisse insgesamt darauf hin, daß zwischen relativer Projektgröße und Erfolg ein positiver Zusammenhang besteht. Die aufgestellte Hypothese (H 6) kann somit als bestätigt angesehen werden.

9.6 Gesamtanalyse übernehmender und übernommener Unternehmen

Mit der Gesamtanalyse der Aktienmarktreaktionen von übernehmenden und übernommenen Unternehmen werden zwei Anliegen verfolgt. Zum einen soll geprüft werden, wie sich die CAR von übernommenen im Gegensatz zu denen der übernehmenden Unternehmen entwickeln. Zum anderen wird gefragt, welche absoluten abnormalen Wertänderungen mit den einzelnen Zusammenschlüssen verbunden sind. Auf der Basis dieser abnormalen Wertänderungen können anschließend die durch die Zusammenschlüsse entstehenden Synergieeffekte berechnet werden.

9.6.1 Vergleich der Aktienkursreaktionen

Die Gesamtanalyse von 44 Übernahmen hat gezeigt, daß die Diversifikationsstrategien der übernehmenden Unternehmen vom Aktienmarkt in der Summe negativ bewertet werden.[73] Das Ergebnis wirft zunächst die Frage auf, wie die Aktionäre die übernommenen Unternehmen beurteilen. Folgende zwei Fälle sind denkbar:

(1) Die übernommenen Unternehmen erzielen positive CAR. Bei den Zusammenschlüssen handelt es sich demnach um eine Vermögensumverteilung von den Aktionären der übernehmenden zu denen der übernommenen Unternehmen.

(2) Die übernommenen Unternehmen weisen negative Ergebnisse aus, d.h. es liegt für die Aktionäre der beteiligten Unternehmen ein Gesamtverlust vor.[74]

Mit Hilfe verschiedener Überlegungen kann gezeigt werden, daß bei übernommenen Gesellschaften mit einer positiven CAR gerechnet werden kann. So unterstellt die Unterbewertungshypothese, daß es aufgrund von Marktunvollkommenheiten zu einer vom tatsächlichen inneren Wert abweichenden Bewertung von Unternehmen kommen kann.[75] Eine Übernahme dieser Unternehmen würde dann zur Neubewertung der Erfolgspotentiale führen. Bisher nicht verwirklichtes Potential ist auch die Voraussetzung für die von *Porter* diskutierten Sanierungsstrategien, in denen Aufkäufer unterentwickelte Unternehmen erwerben, sanieren und nach erfolgter Wert-

---

[73] Vgl. Kap. 8.3
[74] Vgl. Bühner, R., 1990c, S. 63.
[75] Vgl. Ganz, M., 1991, S. 90.

steigerung wieder verkaufen.[76] Auch die z.B. im Rahmen eines Know-how-Transfers erzielten Synergieeffekte betreffen i.d.R. nicht nur die übernehmenden, sondern auch die übernommenen Unternehmen. Daher kann folgende Hypothese abgeleitet werden:

H 7	Übernommene Unternehmen erfahren vom Aktienmarkt eine positive Bewertung.

Da im Handel nur wenige Kaufobjekte die Rechtsform der AG aufweisen und auch nach der Übernahme an der Börse notiert bleiben, konnten zur Überprüfung der Hypothese nur die Markteffekte von vier Zusammenschlüssen analysiert werden: ASKO/MASSA, KARSTADT/NECKERMANN, KAUFHOF/OPPERMANN und WÜNSCHE/JEAN PASCALE. Die Ergebnisse können aufgrund der kleinen Stichprobe nicht verallgemeinert werden.

Abbildung 9-12 stellt die Entwicklung der kumulierten abnormalen Rendite für die übernehmenden und übernommenen Unternehmen dar. Für die **übernehmenden Unternehmen** zeigt sich, daß die Aktionäre bis zum Monat -7 skeptisch reagieren. In der nachfolgenden Periode beurteilen die Aktionäre die Diversifikationsstrategien zunehmend positiv, wie die im Ereignismonat auf 11,5 % angestiegene CAR zeigt.

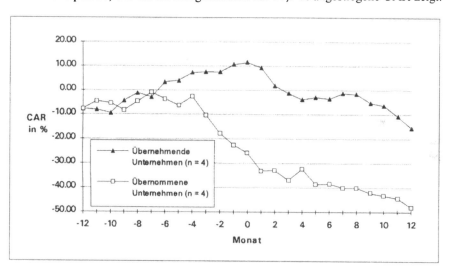

Abb. 9-12: Kumulierte abnormale Renditen von übernehmenden und übernommenen Handelsunternehmen; Basis: Methode der marktbereinigten Rendite, DAFOX

Nach der Durchführung des Zusammenschlusses ergeben sich für die Aktionäre u.U. neue Erkenntnisse über die geschäftliche Situation der übernommenen Unternehmer. Die veränderte Einschätzung der Erfolgspotentiale führt dazu, daß die

---

[76] Vgl. Porter, M.E., 1987, S. 38.

CAR 12 Monate nach dem Zusammenschluß einen Tiefstand von -15,5 % erreicht. Die CAR ist dabei auf dem 1 %-Niveau signifikant (vgl. Abb. 9-13).[77]

Noch schlechter entwickelt sich die CAR der **übernommenen Unternehmen**. Während sie sich bis 4 Monate vor dem Zusammenschluß in einer Bandbreite von 0 bis -10 % bewegt, sinkt die CAR anschließend auf fast -50 % ab (p≤0,01). Die Ergebnisse führen für die vier untersuchten Zusammenschlüsse zu einer Ablehnung der aufgestellten Hypothese (H 7).

Monat	übernehmende Unternehmen				übernommene Unternehmen			
	AR	T1	CAR	T2	AR	T1	CAR	T2
-12	-7,74	•••	-7,74	••	-7,66	•••	-7,66	••
-11	-0,36		-8,10	••	3,11	•••	-4,55	+
-10	-1,26	•	-9,36	••	-0,93	+	-5,48	+
-9	4,99	•••	-4,37		-2,83	•••	-8,31	••
-8	3,17	•••	-1,20		3,60	•••	-4,71	+
-7	-1,75	••	-2,95		3,68	•••	-1,03	
-6	6,28	•••	3,33		-2,63	•••	-3,66	
-5	0,71		4,04		-2,67	•••	-6,33	•
-4	3,16	•••	7,20	••	3,66	•••	-2,67	
-3	0,37		7,57	••	-7,73	•••	-10,40	•••
-2	-0,05		7,52	••	-7,43	•••	-17,83	•••
-1	3,09	•••	10,61	•••	-4,71	•••	-22,54	•••
0	0,86		11,47	•••	-3,23	•••	-25,77	•••
1	-2,12	•••	9,35	••	-7,28	•••	-33,05	•••
2	-7,47	•••	1,88		0,16		-32,89	•••
3	-3,13	•••	-1,25		-4,00	•••	-36,89	•••
4	-2,61	•••	-3,86		4,60	•••	-32,29	•••
5	0,96	+	-2,90		-6,34	•••	-38,63	•••
6	-0,71		-3,61		0,33		-38,30	•••
7	2,31	••	-1,30		-1,63	••	-39,93	•••
8	-0,33		-1,63		-0,05		-39,98	•••
9	-3,65	•••	-5,28	+	-2,16	•••	-42,14	•••
10	-1,12	+	-6,40	•	-1,15	+	-43,29	•••
11	-4,35	•••	-10,75	•••	-1,03	+	-44,32	•••
12	-4,78	•••	-15,53	•••	-3,63	•••	-47,95	•••

Für den T-Test verwendete Prüfgrößenformeln:	p ≤ .01 : ***
a) T1: T-Test nach Brown, S.J./Warner, J.B., 1980, S. 251.	p ≤ .05 : **
	p ≤ .10 : *
b) T2: T-Test mit 'crude dependence adjustment' nach Brown, J.S./Warner, J.B., 1980, S. 251 f.	p ≤ .20 : +

Abb. 9-13: Abnormale und kumulierte abnormale Renditen von übernehmenden und übernommenen Handelsunternehmen; Basis: Methode der marktbereinigten Rendite, DAFOX

Das für die Zusammenschlüsse des Handels ermittelte Ergebnis steht im Widerspruch zu dem ähnlicher Studien. So ermittelt *Grandjean* für 38 deutsche Übernahmekandidaten eine geringfügig positive CAR in Höhe von 2,7 %.[78] Anhalts-

---

[77] Die Aussagekraft des T-Tests wird durch die geringe Fallzahl eingeschränkt. Angesichts der extremen Werte kann jedoch angenommen werden, daß die ausgewiesenen CAR von Null verschieden sind.

[78] Vgl. Grandjean, B., 1992, S. 159.

punkte für die Richtigkeit der Hypothese 7 finden sich z.B. auch in den amerikanischen Studien von *Mandelker, Dodd, Asquith* und *Lubatkin*.[79] Sie stellen deutliche Marktwertsteigerungen für die übernommenen Unternehmen auf Kosten der übernehmenden Unternehmen fest.

Bei britischen Übernahmekandidaten ermitteln *Franks/Harris* für einen Zeitraum von 6 Monaten mit 29,7 % eine relativ hohe CAR.[80] Zu bedenken ist jedoch, daß amerikanischen und britischen Aktionären aufgrund der breiten Streuung des Aktienkapitals in vielen Fällen ein Übernahmeangebot unterbreitet werden muß, so daß sich die Aktienkurse infolge von einsetzenden 'bidding wars' hochschaukeln.[81] In Deutschland kann dagegen die Übernahme größerer Aktienpakete in der Regel mit Hilfe von Großaktionären und Banken durchgeführt werden, so daß extreme Wertzuwächse nicht zu erwarten sind.[82]

9.6.2 Absolute abnormale Wertänderung und Synergieeffekt

Die dominierende ökonomische Erklärung von Diversifikation wird in der Erzielung von Synergieeffekten gesehen.[83] Ein Synergieeffekt liegt vor, wenn der Wert der zusammengeschlossenen Unternehmen größer als die Summe der Werte der einzelnen Unternehmen ist.[84] Es gilt also folgende Ungleichung:

[9-1] $V_A + V_B < V_{A+B}$

mit: $V_{A,B}$ = Werte der Unternehmen A bzw. B

Grundsätzlich kann der durch Synergieeffekte entstehende Wertzuwachs dem übernehmenden, dem übernommenen oder beiden Unternehmen zukommen. Denkbar ist ferner, daß z.B. das übernehmende Unternehmen im Wert fällt, während der Wertzuwachs des übernommenen Unternehmens den entstandenen Verlust überkompensiert. Folgender Zusammenhang wird überprüft:[85]

H 8	Der Wert der zusammengeschlossenen Unternehmen ist höher als die Summe der Werte der einzelnen Unternehmen zu Beginn der Untersuchungsperiode.

---

[79] Vgl. für viele Mandelker, G., 1974, S. 314 ff.; Dodd, P., 1980, S. 105 ff.; Asquith, P., 1983, S. 59 ff.; Lubatkin, M., 1987, S. 47.

[80] Vgl. Franks, J.R./Harris, R.S., 1989, S. 232 ff.

[81] Vgl. Jensen, M.C., 1984, S. 115.

[82] Vgl. Bühner, R., 1990c, S. 33.

[83] Vgl. Ganz, M., 1991, S. 106.

[84] Vgl. Arbeitskreis Die Unternehmung am Markt (Arbeitskreis Hax), 1992, S. 968 sowie Kap. 5.1.

[85] Eine Überprüfung dieses Zusammenhanges mit Hilfe von Aktienmarktreaktionen ist nur möglich, wenn die übernommenen Unternehmen während des Untersuchungszeitraumes noch börsennotiert bleiben.

Der Synergieeffekt setzt sich aus den **absoluten abnormalen Wertänderungen** des übernehmenden und des übernommenen Unternehmens ($\Delta V_A + \Delta V_B$) zusammen, die während der 25-monatigen Untersuchungsperiode eintreten.[86] Die absolute abnormale Wertänderung einer Aktie i im Monat t wird berechnet, indem zunächst die abnormale Rendite eines Unternehmens in einem Monat t mit dem Aktienkurs im Vormonat t-1 gewichtet wird. Im Anschluß daran wird der für eine Aktie errechnete Wert mit der Gesamtzahl der Aktien multipliziert.[87]

In Abbildung 9-14 sind die kumulierten absoluten abnormalen Gewinne und Verluste für alle an den Zusammenschlüssen beteiligten Unternehmen berechnet. Die **gesamte Wertänderung** der vier Zusammenschlüsse ergibt sich aus der Summe der Einzelwerte. Eine Betrachtung zeigt, daß die Aktionäre in den ersten sieben Monaten des Untersuchungszeitraumes ca. 150 Mio. DM an Werteinbußen hinnehmen mußten. Dagegen wird zum Zeitpunkt der Durchführung im Monat 0 ein Wertgewinn ausgewiesen. Anschließend veranlassen bei den Übernahmekandidaten auftretende Probleme die Aktionäre zu einer deutlichen Wertkorrektur.

Für den gesamten 25-monatigen Untersuchungszeitraum ergibt sich eine kumulierte absolute abnormale Wertänderung von fast -2 Mrd. DM, die zu ungefähr gleichen Teilen die übernehmenden (-970 Mio. DM) und die übernommen Unternehmen (-1018,4 Mio. DM) betreffen. In bezug auf den zu Beginn der Untersuchungsperiode festgestellten Börsenwert von 10,05 Mrd. DM[88] ergibt sich für die acht Unternehmen ein relativer Gesamtverlust von 20 %.

Übernehmendes / übernommenes Unternehmen	Wertveränderungen in Mio. DM (in Monaten relativ zum Bezugspunkt)				Synergie-effekt ($\Delta V_A + \Delta V_B$)
	(-12;-6)	(-12;0)	(-12;+6)	(-12;+12)	
Asko AG / Massa AG	-108,2 -219,3	420,3 -186,6	-315,5 -48,5	-363,8 -325,4	-689,2
Karstadt AG / Neckermann AG	-119,4 -57,5	-267,4 -319,8	-279,3 -296,5	-659,9 -395,6	-1.055,5
Kaufhof AG / Oppermann AG	363,7 -61,5	704,7 -179,4	305,6 -300,5	185,2 -286,7	-101,5
Wünsche AG / Jean Pascale AG	37,0 20,6	64,5 14,6	-41,2 14,1	-131,5 -10,7	-142,2
Gesamte Wertänderung	-144,6	250,9	-961,8	-1.998,4	-1.998,4

Abb. 9-14: Berechnung des Synergieeffektes auf Basis der kumulierten absoluten abnormalen Wertveränderung; Basis: Methode der marktbereinigten Rendite, DAFOX

---

[86] Vgl. Bradley, M./Desay, A./Kim, E.H.: Synergistic Gains from Corporate Acquisitions and their Division between the Stockholders of Target and Acquiring Firms, in: Journal of Financial Economics, 21. Jg., 1988, S. 4 f.

[87] Vgl. Bühner, R., 1990c, S. 70.

[88] Berechnung basiert auf bereinigten Aktienkursen.

Wie können die hohen absoluten abnormalen Wertverluste erklärt werden? Eine Einzelbetrachtung zeigt, daß die angestrebten Synergieeffekte überschätzt worden sind:

- Im Fall ASKO/MASSA kann aufgrund der Nähe der jeweiligen Stammgeschäfte von funktionalen Synergiepotentialen ausgegangen werden. So konnte z.B. MASSA in den Einkaufsverbund der METRO eintreten.[89] Der trotz der Potentiale ausgewiesene negative Synergieeffekt in Höhe von fast 700 Mio. DM könnte damit begründet werden, daß die ASKO AG zum Akquisitionszeitpunkt die erheblichen strukturellen Probleme des Unternehmens (z.B. im SB-Warenhausbereich) unterschätzt hat.[90] Auf diesen Sachverhalt weist zumindest der nach der Übernahme von MASSA ausgewiesene Jahresüberschuß/-fehlbetrag hin, der sich in den Jahren nach dem Zusammenschluß von einst 40,8 Mio. DM (1988) auf -51,6 Mio. DM (1992) stark reduziert hat.
- Der durch den KARSTADT/NECKERMANN-Zusammenschluß entstandene negative Synergieeffekt kann u.a. auf eine falsche Einschätzung der geschäftlichen Lage, verschiedene unternehmerische Fehlentscheidungen und eine mangelnde Ausschöpfung der Synergiepotentiale zurückgeführt werden.[91] Mit einem beiderseitigen Gesamtverlust von ca. 1 Mrd. DM mußten die Aktionäre einen sehr hohen kumulierten abnormalen Wertverlust hinnehmen.
- Von den übernehmenden Unternehmen erfährt lediglich der KAUFHOF einen Wertzuwachs. Der übernommene Geschenkartikelversender OPPERMANN hat dagegen mit -286,7 Mio. DM einen starken Wertverlust hinnehmen müssen. Bei OPPERMANN verschlechterte sich nach dem Zusammenschluß die Geschäftslage derart, daß der KAUFHOF dem Verkäufer Bilanzfälschung unterstellte und Regreßansprüche in Höhe von 170 Mio. DM anmeldete.[92] Da sich der Geschenkartikelversender in erster Linie auf Gewerbetreibende ausgerichtet hat, beschränken sich die Wertsteigerungspotentiale im wesentlichen auf die Ausschöpfung führungsmäßiger und finanzwirtschaftlicher Synergiepotentiale.
- Der bei dem Zusammenschluß von WÜNSCHE und JEAN PASCALE ausgehandelte Übernahmepreis wurde von Brancheninsidern als überteuert bezeichnet.[93] Die Übernahme war u.a. mit ökonomischen Vorteilen begründet worden, die sich durch ein Engagement auf allen Wertschöpfungsstufen im Textilbereich einstellen sollten. Da die erhofften Einkaufssynergien zwischen der Textiltochter Miles und Jean Pascale jedoch ausblieben[94] und auf die unternehmerische Führung des übernommenen Unternehmens aufgrund eines Entherrschungsvertrages kein direkter Einfluß genommen werden durfte[95], wird verständlich, warum sich mit

---

89 Vgl. Massa AG: Geschäftsbericht der Massa AG, Alzey 1990, S. 13.
90 Vgl. Glöckner, Th.: Massa: Schlankheitskur - Ballast abwerfen, in: Wirtschaftswoche, Nr. 3 v. 10.1.1992, S. 94 f.
91 Vgl. z.B. Cornelßen, I., 1987, S. 104.
92 Vgl. Göppert, K., 1991, S. 158 f.
93 Vgl. Jensen, S., 1993, S. 36.
94 Vgl. Jensen, S., 1993, S. 36.
95 Vgl. Wünsche AG: Geschäftsbericht der Wünsche AG, Hamburg 1991, S. 24.

dem angestrebten „finanziellen Portfoliomanagement"[96] nach anfänglichen Wert-
zuwächsen ein Gesamtverlust ergeben hat.

In der vorliegenden Untersuchung konnten nur vier Fälle untersucht werden. Obwohl die extrem negativen Werte fallspezifisch begründbar sind, können bei der
geringen Zahl an Untersuchungsobjekten auch andere Faktoren das Ergebnis beeinflußt haben. Die von den Unternehmen unterstellten Synergieeffekte konnten nicht
bestätigt werden. Vielmehr mußte die aufgestellte Hypothese (H 8) für die vier
untersuchten Zusammenschlüsse abgelehnt werden.

---

[96] Vgl. Wünsche AG: Geschäftsbericht der Wünsche AG, Hamburg 1992, S. 14.

10 Schlußbetrachtung

Das zentrale Anliegen der vorliegenden Arbeit bestand darin, auf der Grundlage einer theoretischen und empirischen Analyse Aussagen über den Erfolg von externen Diversifikationsstrategien im Handel zu treffen. Vor diesem Hintergrund wurden vier den Gang der Arbeit bestimmende Fragen abgeleitet:

1) Wie kann Diversifikation im Handel theoretisch erklärt werden (Kapitel 4-6)?
2) Wie kann der Erfolg operationalisiert und im Rahmen einer Untersuchungskonzeption gemessen werden (Kapitel 7-8)?
3) Welchen Erfolg erzielen Handelsunternehmen mit der Strategie der externen Diversifikation (Kapitel 8)?
4) Welchen Einfluß haben einzelne Drittvariablen auf den Diversifikationserfolg (Kapitel 9)?

Im folgenden werden zuerst die im Rahmen der Untersuchung festgestellten Ergebnisse zusammengefaßt. Der zweite Abschnitt beinhaltet eine Einschätzung der Ergebnisse aus methodischer Sicht. Weiterhin werden aus den theoretischen Ansätzen und den empirischen Befunden acht Thesen zur erfolgreichen Gestaltung von Diversifikationsstrategien abgeleitet. Abschließend wird im Rahmen eines Ausblicks auf einige Ansatzpunkte zur Weiterentwicklung des vorliegenden Untersuchungskonzeptes eingegangen.

10.1 Zusammenfassung der Ergebnisse

Im Rahmen dieser Arbeit konnten folgende Ergebnisse ermittelt werden:[1]

1) Die Wissenschaft hat sich frühzeitig und intensiv mit dem Zusammenhang zwischen Diversifikation und Erfolg beschäftigt. Angesichts der oft widersprüchlichen empirischen Ergebnisse der zumeist globalen, alle Branchen umfassenden

---

[1] Die zusammengefaßten Teilergebnisse sind mit der Nummer des Kapitels gekennzeichnet, in dem sie ausführlich erläutert werden.

Untersuchungen, fordern *Witte* und *Schüle* die Überprüfung von branchenspezifischen Zusammenhängen.[2] Die vorliegende Arbeit kommt der Forderung nach und beschränkt die Untersuchung auf den Handel.

2) Um den Untersuchungsgegenstand abzugrenzen, wurden zentrale Begriffe definiert. Unter Diversifikation wird im Rahmen dieser Arbeit eine unternehmenspolitische Strategie der planmäßigen Ausdehnung des bisherigen Leistungsprogrammes eines Unternehmens auf angrenzende oder völlig neue Leistungsbereiche verstanden. Die Diversifikationsrichtung (horizontal, vertikal, konglomerat) wurde mit Hilfe von zwei Abgrenzungskriterien (Verlassen der Handelsebene, Durchgängkeit der Distributionskette) operationalisiert. Um den Kreis der analysierten Zusammenschlüsse möglichst gleichartig zu halten, wurden nur inländische, externe Diversifikationsprojekte untersucht.

3) Im Zeitraum von 1983 bis 1993 verzeichnete die deutsche Kartellamtsstatistik sowohl für alle Wirtschaftsbereiche zusammen als auch für den Handel eine starke Zunahme der Zusammenschlußaktivitäten. Handelsunternehmen schließen sich dabei in 80 % der Fälle mit Handelsunternehmen zusammen. Eine Analyse der Diversifikationsstrategien von Großunternehmen zeigt, daß bei der konglomeraten Diversifikation den Dienstleistungsbereichen Touristik, Bank-/ Versicherungswesen und Gastronomie eine bedeutende Rolle zukommt. Eine Analyse des Diversifikationsgrades ausgewählter Handelsunternehmen kommt zu dem Ergebnis, daß 1993 nicht-diversifizierte Unternehmen wie ALDI eher die Ausnahme als die Regel darstellen.

4) Die theoretischen Ansätze zur Erklärung von Diversifikation können in strukturelle und strategische sowie die Neue Institutionenökonomik betreffende Ansätze eingeteilt werden. Zu den Ansätzen, die zur Erklärung von Diversifikation externe bzw. **strukturelle** Faktoren heranziehen, gehören z.B. die Störungshypothese von *Gort* und der Ansatz der Industrieökonomik. *Gort* erklärt die Zusammenschlußaktivitäten von Unternehmen auf der Basis von wirtschaftlichen Störungen. Der industrieökonomische Ansatz bestimmt den Diversifikationserfolg im Rahmen des „structure-conduct-performance"-Paradigmas mit Hilfe der Marktstruktur und des Marktverhaltens. Demgegenüber geht *Penrose* davon aus, daß der interne Wachstums- und Diversifikationsantrieb auf den innerhalb eines Unternehmens im Laufe der Zeit entstehenden Ressourcenüberschüssen beruht. Risikominderung und die Steigerung der Marktmacht stellen Diversifikationsmotive dar, die innerhalb der **strategischen** Ansätze behandelt werden. Während die strukturellen und strategischen Ansätze unterstellen, daß Diversifikation zur Steigerung des Aktionärsvermögens beiträgt, liefern die der **Prinzipal-Agenten**-Theorie zuzuordnenden Ansätze eine Erklärung dafür, warum mit einer Vielzahl von Diversifikationen keine Wertsteigerung verbunden ist.

5) Die Erzielung von Synergieeffekten gilt als das dominierende ökonomische Motiv zur Erklärung von Diversifikation. Im Rahmen der Arbeit wird ein Synergiebegriff zugrundegelegt, der auf die durch den Zusammenschluß ver-

---

2   Vgl. Witte, E.H., 1985, S. 194; Schüle, F.M., 1992, S. 143 ff.

ursachte Veränderung des Unternehmenswertes abstellt. Diese als Synergieeffekt bezeichnete Wertänderung kann mit Hilfe von Economies of Scale und
Economies of Scope theoretisch erklärt werden. Weiterhin wurde das Konzept
der Wertkette von *Porter* als methodischer Rahmen für die Erfassung von
Synergiepotentialen anhand von zwei Beispielen vorgestellt. Bei dem Konzept
handelt es sich um ein anschauliches, in der Unternehmenspraxis häufig an-
gewandtes Instrument. Zu kritisieren ist jedoch, daß *Porter* die theoretischen
Annahmen nur teilweise offenlegt. Abschließend wurde dargestellt, warum die
Entstehung eines Mehrproduktunternehmens unter den strengen und realitätsfernen neoklassischen Annahmen nicht erklärt werden kann.

6) Die Transaktionskostentheorie erweitert die Perspektive der häufig unter neoklassischen Annahmen geführten Synergiediskussion, indem die Existenz von
transaktionsbedingten Koordinations- und Abstimmungskosten berücksichtigt
wird. *Williamson* argumentiert, daß bei standardisierten Transaktionen der
Marktverkehr relativ reibungslos abläuft, da die hohen Kosten der Bürokratie
und die inferioren Anreizmechanismen nicht ins Gewicht fallen. Demgegenüber
nehmen mit zunehmender Faktorspezifität die Koordinationskostennachteile des
Marktes gegenüber der Unternehmung zu. Ab einem gewissen Punkt ist der
Übergang von der Markttransaktion zur **vertikalen** Diversifikation sinnvoll.

Teece weist darauf hin, daß Synergien grundsätzlich auch über marktliche Ab-
kommen realisiert werden können und somit kein ausreichendes Kriterium zur
Erklärung von Diversifikation darstellen. Er legt weiterhin dar, daß eine **horizontale** Diversifikation in Form einer Internalisierung von Markttransaktionen
aus ökonomischer Sicht erst dann sinnvoll wird, wenn eine marktliche Umsetzung der Synergiepotentiale mit Transaktionsschwierigkeiten verbunden ist. Dabei gilt: Je höher die potentiellen mit der Marktlösung verbundenen Transaktionskosten, desto größer ist der Anreiz zur Diversifikation. Obwohl einzelne
Fälle vertikaler und horizontaler Diversifikation mit Hilfe der Transaktionskostentheorie verdeutlicht werden können, liegt noch kein gesichertes Wissen
im Sinne einer prognosefähigen Theorie vor.

7) Um den Erfolg von Diversifikationsstrategien zu bestimmen, bedarf es einer geeigneten Untersuchungskonzeption. Von den möglichen Untersuchungsansätzen
erweist sich ein kapitalmarktorientierter Untersuchungsansatz wegen der Objektivität von Aktienkursen, der Berücksichtigung von Zukunftsaspekten und der
Möglichkeit, auf eine Kontrollgruppe verzichten zu können, als besonders geeignet. Kapitalmarktorientierte Untersuchungen bedienen sich verschiedener
Modelle (z.B. CAPM), von denen sich jedoch kein Analyseverfahren als eindeutig überlegen herausgestellt hat. So zeigen einfachere Modelle in Simulationen nicht weniger Erklärungskraft als komplexere Modelle.

8) Um den **Gesamterfolg** der Diversifikationsaktivitäten zu ermitteln, wurden drei
Analysemodelle mit unterschiedlichen Eigenschaften ausgewählt. Nach Festlegung der verschiedenen im Rahmen einer Ereignisstudie zu bestimmenden
Parameter (Aktienkurse, Marktindizes, etc.) ergab sich im Rahmen der Gesamtanalyse, daß die Mehrzahl der Diversifikationsprojekte vom Kapitalmarkt

negativ bewertet wird. Im Untersuchungszeitraum von 12 Monaten vor bis 12 Monate nach einer Diversifikation betragen die mit Hilfe des CAPM und der Methode der marktbereinigten Rendite ermittelten kumulierten abnormalen Renditen zwischen -7,2 % und -7,5 %. Die Hypothese (H 1), daß mit der Strategie der Diversifikation positive kumulierte abnormale Renditen erzielt werden können, muß abgelehnt werden. Demgegenüber zeigte die Analyse **einzelner Projekte**, daß ca. 43 % aller Projekte positive CAR erzielen. Inhaltlich sind Einzelanalysen jedoch mit Vorsicht zu interpretieren.

Die für den Untersuchungszeitraum berechneten CAR erwiesen sich nach der Prüfgrößenformel von *Brown/Warner* bei Anwendung der Methode der marktbereinigten Rendite sowie des CAPM auf einem Signifikanzniveau von p = 0,05 und beim Marktmodell auf einem Niveau von p = 0,01 als signifikant. Weiterhin wurde festgestellt, daß die erzielten Ergebnisse in Einklang mit der Studie von *Bühner* (1990) stehen. Im Gegensatz zu dieser Untersuchung ermitteln vergleichbare amerikanische Studien in der vor dem Zusammenschluß liegenden Periode positive CAR. Nach dem Zusammenschluß weisen sie negative CAR auf und bestätigen die ermittelten Befunde.

Die mit der Methode der marktbereinigten Rendite und dem CAPM ermittelten Ergebnisse weichen nur geringfügig voneinander ab. Demgegenüber weist das Marktmodell wegen eines relativ hohen empirischen α-Parameters deutlich kleinere Werte für die CAR aus. Die zwischen den **Analysemodellen** auftretenden Unterschiede bestätigen die Ergebnisse der Untersuchung von *Franks/Harris*. Die alternative Verwendung des DAFOX und des COMMERZBANK-Indexes führt zu ähnlichen, im Zeitverlauf aber zunehmend voneinander abweichenden Ergebnissen. Der DAFOX ist als bereinigter Gesamtmarktindex dem COMMERZBANK-Index überlegen. Der DAFOX-Kaufhäuser muß mit Vorsicht interpretiert werden, da dem Branchenindex nur wenige Aktienwerte zugrundeliegen.

9) Um den Einfluß verschiedener Variablen auf den Diversifikationserfolg zu untersuchen, wurden **sieben Hypothesen** (H 2 bis H 8) abgeleitet, die anhand von Teilstichproben überprüft worden sind. Weiterhin wurden einzelne Zusammenschlüsse auf Fallstudienbasis untersucht, um Hinweise auf Erfolgs- und Mißerfolgsursachen zu gewinnen. Als Ergebnis der Analysen ergab sich, daß **horizontale** Strategien von den Aktionären in der Summe negativ bewertet wurden. Obwohl einzelne Projekte positive CAR aufweisen, wurde die Möglichkeit, bei horizontalen Zusammenschlüssen Synergieeffekte zu realisieren und die Fähigkeit, verschiedene Sortimente, Branchen und Betriebstypen gleichzeitig zu beherrschen, vom Management in vielen Fällen überschätzt. Der Aktienmarkt zeigt bei **vertikalen** Zusammenschlüssen fast keinen Markteffekt. Da die übernehmende Gesellschaft in der Regel über Kenntnisse des Distributionskanals verfügt und häufig Hauptabnehmer der in der vorgelagerten Großhandels- oder Produktionsstufe erzeugten Leistungen ist, reduziert sich das Erfolgsrisiko für die Aktionäre. **Konglomerate** Diversifikationsstrategien, die die Touristikdienstleistungen und mit dem Stammgeschäft gänzlich unverwandte Bereiche

betreffen, wurden von den Aktionären negativ eingeschätzt. Die Desinvestitionsprogramme einzelner Unternehmen (z.B. ASKO/ADIA, MASSA/FIN ASS TOURISTIK) deuten an, daß diese Einschätzung von Managern zunehmend geteilt wird.

Unternehmen, in denen Eigentümer weitgehende **Kontrollrechte** ausüben, werden entgegen den in der Theorie zu findenden Annahmen vom Aktienmarkt schlechter bewertet als managerkontrollierte Unternehmen. Für das konkrete Verfolgen von Managerinteressen finden sich nur in Einzelfällen Hinweise (z.B. bei COOP). Weiterhin ergab sich, daß Unternehmen, die über hohe **freie liquide Mittel** disponieren können, erfolgreicher abschneiden als Unternehmen, denen nur geringe freie liquide Mittel zur Verfügung stehen. Es kann vermutet werden, daß erstere Unternehmen eher zu einer offensiven und zielorientierten Diversifikationspolitik neigen.

Die im Zeitablauf gewonnene **Akquisitionserfahrung** hat einen positiven Einfluß auf den Diversifikationserfolg. Darüber hinaus konnte festgestellt werden, daß große Diversifikationsprojekte erfolgreicher abschneiden als kleine. Es kann u.a. vermutet werden, daß der zu erbringende Managementaufwand für größere Projekte in einem besseren Aufwands-Ertrags-Verhältnis steht als für kleinere. Abschließend wurden die zwischen übernehmenden und übernommenen Unternehmen entstehenden **Synergieeffekte** untersucht. Diese können mit Hilfe der absoluten abnormalen Wertänderungen quantifiziert werden. Am Beispiel von KARSTADT/NECKERMANN wurde gezeigt, daß der mit einer Diversifikationsstrategie verbundene negative Synergieeffekt erheblich sein kann, wie der kumulierte abnormale Gesamtverlust von -1 Mrd. DM zeigt.

10.2 Einschätzung der Ergebnisse und Ableitung von Thesen

Nachdem die wesentlichen Teilergebnisse zusammengefaßt worden sind, stellt sich zunächst die Frage nach der Bedeutung der Ergebnisse aus **methodischer** Sicht. Bei einer Interpretation der Befunde ist zunächst der geringe Stichprobenumfang von 44 Zusammenschlüssen zu berücksichtigen. Da der Untersuchungskreis auf börsennotierte Unternehmen beschränkt bleiben mußte, wurden zahlreiche Großunternehmen des Handels, die nicht als Aktiengesellschaft geführt werden (z.B. ALDI, TENGELMANN) bzw. nicht börsennotiert sind (z.B. QUELLE, REWE), aus der Untersuchung ausgeschlossen. Weiterhin ist zu bedenken, daß in Deutschland im Vergleich zu den Vereinigten Staaten ein relativ „enger" Aktienmarkt besteht, der im wesentlichen von Großaktionären dominiert wird.

Der **Zeitpunkt des Zusammenschlusses** wurde mit Hilfe der beim Bundeskartellamt registrierten Anzeigen festgelegt. Diese nur auf monatlicher Basis verfügbaren Informationen können jedoch zeitliche Verzögerungen enthalten. Obwohl der gewählte Untersuchungszeitraum 25 Monate beträgt, ist daher denkbar, daß nicht der gesamte Markteffekt in die Berechnung der abnormalen Renditen eingeht.

Bei Verwendung des Marktmodells und des CAPM sind auch Probleme bei der Schätzung der **Regressionsparameter** zu berücksichtigen. So können sonstige Einflüsse innerhalb der Schätzperiode die α- und β- Parameter beeinflussen. Als Fehlerquelle ist weiterhin denkbar, daß den Aktionären schon zu einem früheren Zeitpunkt Informationen über einen bevorstehenden Zusammenschluß zur Verfügung stehen, so daß die Aktienkurse diese Informationen bereits zu Beginn des Untersuchungszeitraumes reflektierten. Das Eintreten eines solchen Falles ist immer dann wahrscheinlich, wenn ein Unternehmen zunächst eine Minderheitsbeteiligung erwirbt und diese zu einem späteren Zeitpunkt aufstockt (z.B. ASKO/MASSA). Wenn Anteile im Auftrage von Hausbanken übernommen werden (z.B. HORTEN/WESTLB für KAUFHOF) können ebenfalls frühzeitige, innerhalb der Untersuchungsperiode nicht zu erfassende Markteffekte auftreten.

Weiterhin ist zu berücksichtigen, daß die gewählten **Analysemodelle** teilweise auf sehr strengen Annahmen beruhen, die in der Realität nicht unbedingt gegeben sein müssen. So stellt die Approximation des Marktportfolios mit Hilfe des DAFOX bei Anwendung des CAPM bereits eine Prämissenverletzung dar.

Bei der Überprüfung der Ergebnisse auf Signifikanz ist die Verwendung des T-Tests mit Problemen behaftet. Der Test setzt voraus, daß die betrachtete Zufallsvariable der Normalverteilung folgt. Da eine Normalverteilung erst bei einer Stichprobengröße von größer 60 angenommen wird, könnte hier eine Prämissenverletzung vorliegen.[3] Weiterhin ist zu kritisieren, daß aufgrund der begrenzten Verfügbarkeit des Datenmaterials keine echte Stichprobe gezogen werden konnte, sondern daß es sich im Grunde um eine Vollerhebung von Unternehmen handelt, die bestimmte Kriterien erfüllen.

Durch die genannten Einschränkungen können **generalisierbare Aussagen nur mit Vorsicht** abgeleitet werden. Die auf Basis der oftmals kleinen Teilstichproben ermittelten Ergebnisse sind insgesamt noch vorsichtiger zu interpretieren als die Ergebnisse der Gesamtanalyse. Hier besteht die Gefahr der Überbetonung „untypischer" und gerade nicht generalisierbarer Befunde.

Welche **inhaltlichen Schlußfolgerungen** können für die Praxis abgeleitet werden? Wie gezeigt worden ist, gehen mit der externen Diversifikation im Handel hohe Werteinbußen für die übernehmenden Unternehmen einher. Dieser Befund ist als Warnzeichen zu interpretieren, muß ein akquisitionswilliges oder kooperationsbereites Unternehmen jedoch nicht von seinem Vorhaben abbringen, da
- die Strategie der externen Diversifikation im Handel in ca. 43 % der Fälle mit einer Erhöhung des Unternehmenswertes verbunden ist,
- empirische Untersuchungen die Erfahrungen der Vergangenheit abbilden, die sich nicht zwangsläufig auch in der Zukunft wiederholen müssen,
- die empirschen Ergebnisse - wie gezeigt - auch durch die Auswertungsmodalitäten beeinflußt werden und

---

3   Vgl. Hartung, J., 1989, S. 179 ff.

- die zukünftigen Zusammenschlußaktivitäten im Handel zumindest teilweise vor dem Hintergrund einer zunehmenden Europäisierung bzw. Globalisierung der Märkte zu sehen sind, durch die die bestehenden Marktstrukturen in Frage gestellt werden.[4]

Vor dem Hintergrund der in dieser Arbeit ermittelten Ergebnisse können in bezug auf die erfolgreiche Gestaltung externer Diversifikationsstrategien folgende **Thesen** aufgestellt werden:

1) Der industrieökonomische Ansatz legt nahe, daß die Marktstruktur einen entscheidenden Einfluß auf das Ergebnis hat. Eine **attraktive Branchenstruktur** ist beispielsweise durch hohe Wachstumsraten, eine geringe Wettbewerbsintensität, eine niedrige Anbieterkonzentration oder durch Marktzutrittsschranken (z.B. fehlende Standorte, Baurecht, GWB) für potentielle Konkurrenten gekennzeichnet. Der in Kapitel 4.3 vorgestellte industrieökonomische Ansatz stellt daher den Ausgangspunkt für jede strategische Analyse im Rahmen einer Diversifikationsstrategie dar.

2) Aufgrund der hohen Mißerfolgsrate vieler Akquisitionen kann vermutet werden, daß oftmals durch die Zahlung eines zu hohen Kaufpreises der erwartete Wertzuwachs bereits vorweggenommen wird. Neben der Analyse der Wettbewerbssituation empfiehlt sich deshalb eine **umfassende Bewertung des Akquisitionsobjektes.**

3) Die ungünstige Renditeentwicklung externer Diversifikationsstrategien kann auch auf **falsch eingeschätzte Synergiepotentiale** zurückgeführt werden. Es empfiehlt sich, identifizierte Synergiepotentiale durch kompetente Fachressorts auf ihre Realisierbarkeit zu überprüfen. Weiterhin ist zu bedenken, daß sich Synergieeffekte grundsätzlich nicht automatisch einstellen und nach erfolgten Zusammenschlüssen häufig erhebliche organisatorische Widerstände bei der Umsetzung zu beobachten sind.

4) Dem in Kapitel 6.10 dargestellten Ansatz von *Teece* kann der wichtige Hinweis entnommen werden, daß bestehende Synergiepotentiale nicht nur mit Hilfe eines Zusammenschlusses realisiert werden können. Diversifikation in Form einer Internalisierung von Markttransaktionen erscheint demnach aus ökonomischer Sicht erst dann sinnvoll, wenn eine Marktlösung mit erheblichen Transaktionskosten (z.B. Kontrollkosten) verbunden ist. Alternative **Realisationsformen** zur Umsetzung bestehender Potentiale stellen die Kooperation (z.B. im Einkauf), Know-how-Partnerschaften oder die marktliche Verwertung (z.B. Transfer von Logistik-Know-how im Rahmen einer vertraglichen Lösung) dar.

5) Diversifikationsstrategien sind tendenziell mit einer überdurchschnittlichen Wertsteigerung verbunden, wenn sie attraktive Geschäfte verbinden, in denen die **gleichen Fähigkeiten erfolgsentscheidend** sind. Diese These impliziert nicht, daß Handelsunternehmen ausschließlich in weitere Bereiche des Handels diversifizieren sollten. Die in Kapitel 9.1 dargelegte hohe Mißerfolgsrate bei horizontalen Zusammenschlüssen zwischen stationären Einzelhandels- und Ver-

---

[4]   Vgl. Bundeskartellamt, 1993, S. IV.

sandhandelsunternehmen zeigt, daß das Versandgeschäft nach grundsätzlich anderen Prinzipien geführt wird als z.B. ein Warenhaus. Demgegenüber können auch bei konglomeraten Diversifikationsstrategien gemeinsame „Kernkompetenzen" vorliegen, die einen Zusammenschluß attraktiv erscheinen lassen (z.B. Versandhandel/Telefon-Banking).

6) **Diversifikationserfahrung** begünstigt den Erfolg externer Diversifikation. *Mintzberg* verdeutlicht den hohen Stellenwert von Lernprozessen:

    „In its retail diversification efforts, a supermarket chain ... was surprised to learn that discount stores, which seemed so compatible with its food store operations, did not work out well, while fast-food restaurants, ostensibly so different, did ... How could the firm have known ahead of time? The discovery of what business it was to be in ... had to benefit from results of testing and experience." (Mintzberg, H., 1990, S. 182)

7) Die Untersuchung ergab, daß Unternehmen mit einem hohen Cash Flow überdurchschnittlich erfolgreich diversifizieren. Es kann daher vermutet werden, daß eine **solide finanzielle Basis** den Diversifikationserfolg begünstigt. Umgekehrt sind Unternehmen mit bestehenden Liquiditätsproblemen nicht nur mit der Verbesserung der eigenen Geschäftssituation beschäftigt, sondern auch auf die Realisierung schneller Erfolge angewiesen.

8) Weiterhin beeinflußt das richtige **Größenverhältnis** von übernehmenden zu übernommenen Unternehmen den Erfolg. Bei der Beteiligung an kleinen Unternehmen besteht tendenziell die Gefahr, daß die Unternehmensführung den neuen Geschäftsbereich „aus den Augen" verliert. Unzulängliches Management stellt dann bei der Bewältigung des Zusammenschlusses eine Gefahrenquelle dar. Falls Unternehmen übernommen werden, beeinflußt die gleichzeitige Übernahme des bestehenden Managements den Diversifikationserfolg positiv.

10.3 Ausblick

Die im Rahmen der durchgeführten Untersuchung noch offen gebliebenen Fragen liefern eine Reihe von Anhaltspunkten für **zukünftige Forschungsaktivitäten**.

1) Welche Aussagekraft kommt den unterschiedlichen Analysemodellen zu? Bezüglich des Marktmodells ist beispielsweise zu klären, welcher Stellenwert dem das Ergebnis stark beeinflussenden α-Faktor zukommt.

2) Wie sensitiv sind die Ergebnisse gegenüber bislang nicht oder nur teilweise kontrollierten Parametern? Beispielsweise könnten andere Bezugszeitpunkte gewählt oder tägliche Renditen verwendet werden.

3) Welcher Zusammenhang besteht zwischen den unterschiedlichen Erfolgsmaßen? Denkbar ist hier ein Vergleich von aktienmarktorientierten und rechnungswesengestützten Erfolgsanalysen, in denen sowohl die Gesamt- oder Eigenkapitalrentabilität des übernehmenden Unternehmens als auch des Diversifikationsprojektes näher untersucht werden.

4) Teilweise liegen auch verhältnisskalierte Daten vor (z.B. Höhe des Cash Flow), die auch mit Hilfe von „filigraneren" Analysemethoden, wie z.B. der Regressions- oder Diskriminanzanalyse, untersucht werden können. Damit eröffnet sich auch die Möglichkeit zur Analyse von Interaktionseffekten, wie sie z.B. von *Lubatkin* und *Kusewitt* angeregt wurde. Diese Vorschläge setzen jedoch voraus, daß eine umfangreichere Stichprobe vorliegt.

5) Welche Auswirkungen haben Übernahmeprogramme, Größenverhältnisse oder die Art der strategischen Einbindung?

6) Von Relevanz sind weiterhin auch stärker prozeßorientierte Fragestellungen, die die einzelnen Erfolgs- und Mißerfolgsfaktoren von Diversifikationsstrategien untersuchen. So stellt sich die Frage, warum die identifizierten Synergiepotentiale nicht in Synergieeffekte überführt werden konnten.

7) Im Zuge der Europäisierung bzw. Internationalisierung des Handels wäre zu fragen, welche Erfolgswirkung von grenzüberschreitenden Zusammenschlüssen ausgeht.

8) In weiteren Analysen könnten ferner noch weitere Einflußvariablen (z.B. Organisationsform, Synergiearten, Zielbranche) berücksichtigt werden.

Abschließend kann festgestellt werden, daß die untersuchte Fragestellung angesichts der im Untersuchungszeitraum stark gestiegenen jährlichen Zusammenschlußrate, des hohen zu beobachtenden Diversifikationsgrades verschiedener Unternehmen und der großen wirtschaftlichen Auswirkungen von Diversifikationsentscheidungen für Theorie und Praxis von besonderer Bedeutung sein dürfte. Die Ergebnisse widersprechen der im Management zumindest teilweise verbreiteten Auffassung über die Vorteilhaftigkeit von Diversifikationsstrategien. Im Rahmen dieser Untersuchung konnten nur sehr allgemein formulierte Handlungsempfehlungen für die Praxis abgeleitet werden. Aus wissenschaftlicher Sicht zeigte sich weiterhin, daß noch viele methodische und inhaltliche Fragen zu klären sind. Die Ergebnisse sind jedoch insoweit zu relativieren, als daß es sich bei der vorliegenden Arbeit um den erstmaligen Versuch einer empirischen Quantifizierung des Erfolgs der externen Diversifikation im Handel anhand von Aktienmarktreaktionen handelt. Es kann angenommen werden, daß die bislang vornehmlich im angelsächsischen Sprachraum verbreitete kapitalmarktorientierte Untersuchungsmethode in der betriebswirtschaftlichen Forschung an Bedeutung gewinnen wird. Die vorliegende Arbeit leistet daher auch einen Beitrag für zukünftige Untersuchungen, die sich auf eine größere Anzahl an Zusammenschlüssen stützen können.

Anhang

A-1: Parameter der Regressionsgeraden: Geschätzte α- und β-Parameter, Bestimmtheitsmaße und F-Test-Werte

Nr.	Diversifikationsprojekte (Übernehmendes Unternehmen/ übernommenes Unternehmen)	Kürzel	Über- nahme Zeitpunkt	α	β	R^2 DA- FOX	Signif F
1.	Asko AG/Praktiker Baumärkte KG u.a.	AS 1	8/80	0,001	1,335	0,332	0,006
2.	Asko AG/Adler Bekleidungswerk AG u.a.	AS 2	1/82	-0,634	0,169	0,020	0,508
3.	Asko AG/Deutsche SB-Kauf AG	AS 3	2/86	0	1	---	---
4.	Asko AG/Adolf Schaper KG	AS 4	3/87	0	1	---	---
5.	Asko AG/Massa AG	AS 5	9/88	2,624	0,224	0,018	0,532
6.	Asko AG/Comco Holding	AS 6	10/89	1,637	1,074	0,485	0,000
7.	Asko AG/Coop AG	AS 7	1/92	1,172	0,430	0,098	0,137
8.	AVA AG/Backstube Siebrecht GmbH	AV 1	12/88	0,512	1,511	0,442	0,009
9.	AVA AG/BVA AG	AV 2	05/92	0	1	---	---
10.	Baywa AG/Erfurter Saaten u.a.	BY 1	2/92	2,582	0,462	0,111	0,112
11.	Douglas AG/Wandmaker GmbH	DG 1	5/76	0,644	0,854	0,342	0,022
12.	Douglas AG/Uhren Weiss GmbH	DG 2	6/79	0,613	1,561	0,376	0,001
13.	Douglas AG/Stilke Kiosk GmbH	DG 3	12/82	1,002	0,953	0,506	0,000
14.	Douglas AG/Voswinkel GmbH & Co. KG	DG 4	1/84	0,674	0,830	0,274	0,009
15.	Douglas AG/Appelrath-Cüpper u.a.	DG 6	3/87	2,021	0,394	0,090	0,155
16.	Douglas AG/Werdin GmbH	DG 7	8/91	0,477	1,433	0,628	0,000
17.	Escada AG/Kurt Neumann GmbH	ES 1	1/90	-0,537	1,257	0,546	0,000
18.	Gehe AG/Jenapharm GmbH	FR 1	5/80	0	1	---	---
19.	Hako AG/Batavia KG	FR 2	1/87	-0,505	0,252	0,004	0,761
20.	Hageda AG/EPG-Einkaufsgesellschaft	GE 1	11/91	0	1	---	---
21.	Horten AG/HS-Touristik Bet. GmbH	HA1	7/91	0	1	---	---
22.	Horten AG/Peter Hahn GmbH	HG 1	5/80	0,369	0,685	0,090	0,155
23.	Horten AG/Jacques' Weindepot GmbH	HT 1	11/77	-0,003	0,728	0,422	0,001
24.	Horten AG/Merkur Einkaufsges. mbH	HT 2	4/80	-0,222	1,794	0,411	0,001
25.	Horten AG/Horten Konsument u.a.	HT 3	10/83	-0,381	1,372	0,278	0,008
26.	Karstadt AG/Neckermann Versand AG	HT 4	04/91	-0,208	1,230	0,449	0,000
27.	Karstadt AG/Gut-Reisen (NUR)	HT 5	11/91	-0,657	1,330	0,602	0,000
28.	Karstadt AG/Versandhaus Walz u.a.	KH 1	02/80	-0,176	1,222	0,294	0,006
29.	Karstadt AG/Saalfrank GmbH u.a	KH 2	12/85	-1,481	1,471	0,542	0,000
30.	Kaufhof AG/Friedrich Wenz GmbH	KH 3	12/89	-0,564	0,626	0,468	0,000
31.	Kaufhof AG/Reno Schuhvers. GmbH	KH 4	03/90	-0,512	0,715	0,458	0,000
32.	Kaufhof AG/Oppermann Versand AG	KH 6	8/91	-0,321	1,429	0,670	0,000
33.	Kaufhof AG/Vobis Microcomp. AG	KH 9	12/92	-0,490	0,920	0,498	0,000
34.	Kaufhof AG/Kaufhaus Kerber GmbH	KR 1	12/92	0	1	---	---
35.	Kaufhof AG/Reisebüro Kuoni AG	KS 1	2/77	1,553	0,775	0,328	0,004
36.	Kaufring AG/Jola Kaufh. GmbH	KS 2	3/78	-0,326	0,906	0,432	0,001
37.	F. Reichelt AG/EPG-Einkaufges.	KS 3	3/89	2,203	0,968	0,637	0,000
38.	F. Reichelt AG/Chemie Meiend. GmbH	KS 5	11/91	0,653	1,253	0,615	0,000
39.	Salamander AG/Klawitter & Co. GmbH	SA 1	3/81	0,112	1,316	0,652	0,000
40.	Salamander AG/Dt. Industriewartung	SA 2	12/85	-1,862	1,211	0,556	0,000
41.	Salamander AG/Sioux GmbH	SA 3	5/92	-0,044	1,250	0,553	0,000
42.	Spar AG/Karstadt-Spar-Warenhausges.	SP 3	11/91	2,971	0,694	0,266	0,014
43.	Wünsche AG/Bau-Verein GmbH	WS 1	10/90	0	1	---	---
44.	Wünsche AG/Jean Pascale AG	WS 2	12/91	0	1	---	---

Anmerkung: Falls der zur Verfügung stehende Referenzzeitraum für eine Schätzung der Parameter nicht ausreichte bzw. eine sinnvolle Schätzung nicht möglich gewesen ist (z.B. wegen Strukturbrüchen oder Kursaussetzungen), wurden für $\alpha = 0$ und für $\beta = 1,0$ angenommen. Zu diesem Vorgehen vgl. Franks, J.R./Harris, R.S., 1989, S. 321.

A-2: Zusammenschlüsse differenziert nach der Diversifikationsrichtung

Legende: H1:   Branchen-/Sortimentsdiversifikation,
   H2:   Betriebsformendiversifikation,
   V: Vertikale Diversifikation,
   K: Konglomerate Diversifikation.
   (x):   nur eingeschränkt als Diversifikation zu klassifizieren

Unternehmen	Tätigkeitsschwerpunkte (Basis: 1975)	Objekt	Tätigkeitsschwerpunkt	Abk.	H1	H2	V	K
Asko	a) SB-Warenhäuser b) Lebensmittelfilialen c) Großhandel	a) Der Praktiker b) Bayerische Bau u. Gartencenter	a) Bau- und Heimwerkermärkte b) Baumarkt- und Gartencenter	AS 1		x		
		a) Südwestd. Lebensmittelfilial AG b) Adler Bekleidungswerke	a) Lebensmittelmärkte b) Bekleidungsdiscounter/Eigenprod.	AS 2	(x)		x	
		Deutsche SB-Kauf	SB-Kaufhallen, Großhandel	AS 3	(x)			
		Adolf Schaper	a) SB-Warenhäuser b) Discount-Märkte c) Prod. von Fleischw.	AS 4	x			
		Massa AG	a) Verbrauchermärkte b) Einrichtungshäuser c) Baumärkte d) Möbelmärkte	AS 5	x			
		Comco Holding	Spedition, Handel	AS 6				x
		Coop, Frankfurt	a) Lebensmittel-GH b) Lebensmittel-EH c) Feinkostenläden d) Fleischproduktion	AS 7	x			
AVA	a) SB-Warenhäuser b) Kaufhäuser, Supermärkte, Hobbymärkte	Backstube Siebrecht	Bäckereibetrieb	AV 1			x	
		BVA	a) SB-Warenhäuser b) Supermärkte	AV 2	(x)			
Baywa	a) Agrarhandel b) Baustoffhandel c) Mineralolhandel d) Dienstleistungen	a) Erfurter Saaten b) Saatgut Meiningen c) Leipziger Saatgut d) Sachsensaaten, Dr. e) Sachsensaaten, Ch. f) Lausitzer Saaten	Aufbereitung und Vertrieb von Feldsaaten	BW1	(x)			
Douglas	a) Süßwarenfachg. b) Parfümerie c) Verbrauchermärkte d) Versandhandel e) Großhandel	Helmut Wandmaker	Verbrauchermärkte	DG 1		x		
		Uhren Weiss	Uhren-/Schmuck-FH	DG 2	x			
		Stilke Kiosk und Laden	Bücher-/Zeitschriften-Vertrieb	DG 3	x			
		Voswinkel	Sportfachgeschäfte	DG 4	x			
		a) Appelrath-Cüpper b) Klasing-Baumann c) Modehaus H. Tyrasa d) Modehaus Baumann	Modehäuser/ Damenoberbekleidung	DG 6	x			
		Werdin GmbH.	Jeansfachgeschäfte	DG 7	x			

Unter-nehmen	Tätigkeits-schwerpunkte (Basis: 1975)	Objekt	Tätigkeits-schwerpunkt	Abk.	H 1	H 2	V	K
Escada	a) Herstellung und b) Vertrieb von Mode	Kurt Neumann GmbH	Erzeugung von Blusen	ES 1			x	
F. Reichelt	Großhandel mit Apotheken- und Drogeriebedarf	EPG	Einkaufsgesellschaft (pharmazeut. GH)	FR 1			x	
		Chemie Meiendorf	Chemische Fabrikation	FR 2			x	
Gehe	a) Pharmagroßhandel b) Pharmaversand	Jenapharm	Arzeimittel-herstellung	GE 1			x	
Hako	a) Elektronik-FH b) Großhandel	Batavia KG	Fotofachhandel	HA1	x			
Hageda	Pharmazeutischer Großhandel	EPG	Einkaufsgesellschaft (pharmazeut. GH)	HG 1			x	
Horten	Warenhäuser	HS-Touristik	Touristik	HT 1				x
		Peter Hahn	Versandhandel und Modehäuser	HT 2	x			
		Jacques' Weindepot	Weinhandlungen	HT 3	x			
		Merkur Einkauf (GU)	Einkaufsgesellschaft	HT 4		x		
		a) Horten Konsument b) TUI (Aufstockung)	a) Warenhäuser b) Touristik	HT 5	(x)			x
Kaufhof	a) Warenhäuser b) Kaufhäuser (in Kaufhalle aus-gegliedert c) Touristik	Fr. Wenz	Versandhaus	KH 1		x		
		Reno Schuhv. (B)	a) Versandhandel b) stationärer FH	KH 2		x		
		Oppermann	Versandhandel (gewerbliche Kunden)	KH 3				x
		Vobis Data Computer	Computerfachhandel und -herstellung	KH 4		x		
		Kaufhaus Kerber	Kaufhäuser	KH 6		x		
		Reisebüro Kuoni	Touristik	KH 9				x
Kaufring	Kaufhäuser	a) Kaufring-Jola-Kaufhaus b) 10 Horten Waren-häuser	a) Kaufhaus b) Warenhäuser	KR 1	(x)	x		
Karstadt	a) Warenhäuser b) Kaufhäuser	Neckermann (S)	Versandhandel	KS 1		x		
		Gut-Reisen (NUR)	Touristik	KS 2				x
		a) TRI- Kottmann b) DVM, Alfons Walz c) Versandhaus Walz	Versandhandel	KS 3		x		
		a) Saalfrank b) ADAC Flugreisen c) Karstadt-Spar-Warenhausges.	a) Versandhandel (ge-werbliche Kunden) b) Touristik c) Großhandel	KS 5			x	x x
Sala-mander	a) Schuhproduktion b) Schuhvertrieb/-einzelhandel	Klawitter	Großhandel/Textilvert.	SA 1			x	
		Deutsche Industrie-wartung GmbH (GU)	Dienstleistg./Instand-haltung von Anlagen	SA 2				x
		Sioux Schuhfabriken	Schuhfabrikation	SA 3	(x)			
Spar	GH/EH im Lebens-mittelbereich	a) Hospar Pankow u.a. b) Karstadt-Spar-Warenhausges.	a) Großhandel b) Lebensmittelge-schäfte/Warenhäuser	SP 3	(x) x			
Wünsche	Handel und Dienstleistungen	Bau-Verein	Immobilien (Bau/Bau-betreuung)	WS 1				x
		Jean Pascale AG	Modefachhandel	WS 2				x

A-3: Zusammensetzung des Aktionärskreises übernehmender Unternehmen

Legende: M: Managerkontrolliert
E: Eigentümerkontrolliert
SB: Stimmrechtsbeschränkung auf 5 % pro Aktionär

Unternehmen	Jahr	Projekt	Zeitpunkt	Erster Eigentümer	%	Zweiter Eigentümer	%	Dritte und weitere Eigentümer	%	Klassifikation
Asko (SB)	80	AS 1	8/80	Banque G. de Luxemb.	25	Streubesitz	75			M
	82	AS 2	1/82	Rewe	24,9	Ges. für U. Beteilg.	25	Streubesitz	50,1	M
	86	AS 3	2/86	Ges. für U. Beteilg.	25	Fa. Adolf Schaper	5	Streubesitz	70	M
	87	AS 4	3/87	Ges. für U. Beteilg.	25	Massa	20	Streubesitz	55	M
	88	AS 5	9/88	Ges. für U. Beteilg.	25	Massa	20	Begoha	10	M
	90	AS 6	2/91	West-LB	10	Metro	10	- Begoha - Lonrho - K. Jacobs	10 10 5	M
	91	AS 7	1/92	West-LB	10	Metro	10	- Begoha - Lonrho - K. Jacobs	10 10 10	M
AVA	88	AV1	12/88	Edeka	<25	Streubesitz	>75			M
	92	AV2	12/92	Edeka Zentrale	50-1 A.	Asko	24,9			M
Baywa	92	BY 1	2/92	Bay. Raiffeisen Beteilg. AG	42,5	Ländl. Genoss.	ca. 36	Belegschaft	ca. 5-7	M
Douglas	76	DG1	5/76	H. Eklöh	42	Oetker	14	Streubesitz	46	M
	79	DG2	6/79	H. Eklöh	>25	Oetker	18	Streubesitz	43	M
	82	DG3	12/82	H. Eklöh	35	Oetker	14,5	Streubesitz	50,5	M
	84	DG4	1/84	H. Eklöh	35	Oetker	14,5	Streubesitz	50,5	M
	87	DG6	3/87	H. Eklöh	35	Oetker	14,5	Streubesitz	50,5	M
	91	DG7	8/91	H. Eklöh	35	Oetker	14,5	Next	8	M
Escada	90/91	ES 1	1/90	W. Ley u. Nachlaß	ca. 40					M
F. Reichelt	80	FR 1	5/80	Otto Streng	>25	Streubesitz	75			M
	87	FR 2	1/87	Merkle	>50	Streubesitz	75			E
Gehe	91	GE 1		Haniel	51	Nordstern	10			E
Hako	91	HA1	7/91	H. Kompernaß	57	W. Komp.	18	Streubesitz	25	E
Hageda	80	HA1	5/80	Streubesitz	100					M
Horten	77	HT 1	11/77	Interversa	>25	DEGAV - Deut. B. - Commerz.	25 (75) (25)			M
	80	HT 2	4/80	BAT Ind.	>25	DEGAV	25			M
	83	HT 3	10/83	BAT Ind.	>25	DEGAV	25			M
	91	HT 4	4/91	BATIG	>50	DEGAV	25			E
		HT 5	11/91	BATIG	>50	DEGAV	25			E

Unter-nehmen	Jahr	Pro-jekt	Zeit-punkt	Erster Eigen-tümer	%	Zweiter Eigen-tümer	%	Dritte und weitere Ei-gentümer	%	Klassi-fika-tion
Karstadt	77	KS 1	2/77	Commerz.	>25	Deut. B.	>25			M
	78	KS 2	3/78	Commerz.	>25	Deut. B.	>25			M
	89	KS3	3/89	Commerz.	>25	Deut. B.	>25			M
	91	KS 5	11/91	Commerz.	>25	Deut. B.	>25			M
Kaufhof	80	KH1	2/80	Commerz.	>25	Dresdner B.	>25			M
	85	KH2	12/85	Metro	<50					M
	89	KH3	12/89	Metro	>50					E
	90	KH4	3/90	Metro	>50					E
	91	KH6	3/91	Metro	>50					E
	92	KH9	1/92	Metro	>50					E
Kaufring	92	KR1	2/93	Horten	25	400 Einzel-händ. + Streub.	75			M
Sala-mander	81	SA 1	3/81	Streubesitz						M
	85	SA 2	12/85	Streubesitz						M
	92	SA 3	5/92	Victoria Versichg.	25	J.M. Voigt	15	Commerzb. Deutsche B. Familienbe.	10,9 10,0 5-8	M
Spar	91	SP 3	11/91	A. Schmidt	>20	ca. 100 Aktionäre				M
Wünsche	90	WS1	11/90	K. u. J. Wünsche	66,7					E
	92	WS2	2/92	Wünsche	66,7					E

A-4: Schätzung des „Free Cash Flow"

- Basis:
  Schätzung des Free Cash Flow auf Basis des Cash Flow im Jahr des
  Zusammenschlusses

- Definition Cash Flow:
          Jahresüberschuß/Gewinn nach Steuern
  +   Anlageabschreibungen und Abgänge
  +   periodenfremde Aufwendungen
  -   periodenfremde Erträge
  +   Zuführung Pensionsrückstellungen (Veränderugen langfristiger Rückstellungen)
        und des Sonderpostens mit Rücklageanteil
  -   Erträge aus Zuschreibungen zum Anlagevermögen und ähnliche nicht einnahme-
        wirksame Erträge

a) Unternehmen mit niedrigem „Cash Flow" (Cash Flow < 108 Mio. DM)

Nr.	Kz.	Unternehmen	Diversifikations-projekt	Zeitpunkt	Cash Flow in Mio. DM
1	HA 1	Hako	Batavia KG	7/91	negativ
2	FR 1	F. Reichelt	EPG	5/80	niedrig
3	FR 2	F. Reichelt	Chemie Meiendorf	1/87	niedrig
4	HG 1	Hageda	EPG	5/80	niedrig
5	AS 7	Asko	Coop, Frankfurt	1/92	4
6	DG 1	Douglas	Wandmaker	5/76	< 44 (geschätzt)
7	DG 2	Douglas	Uhren Weiss	6/79	44
8	KR 1	Kaufring	Kaufring-Jola Kaufh.	2/93	44
9	WS 1	Wünsche	Bau-Verein	11/90	52
10	AS 1	Asko	a) Praktiker Baum. b) Bayerische Gartencenter	8/80	< 72,5 (geschätzt)
11	AS 2	Asko	a) Südwestl. Lbm. b) Adler Bekleid.	1/82	< 72,5 (geschätzt)
12	SA 1	Salamander	Klawitter	3/81	< 81
13	SA 2	Salamander	Deutsche Industriewartung	12/85	< 81
14	DG 3	Douglas	Stilke Kiosk	12/82	79
15	SA 3	Salamander	Sioux	5/92	81
16	ES 1	Escada	Kurt Neumann	1/90	84
17	DG 4	Douglas	Voswinkel	1/84	93
18	WS 2	Wünsche	Jean Pascale AG	2/92	98
19	HT 4	Horten	Merkur Einkauf (GU)	4/91	102
20	HT 5	Horten	a) Horten Konsument b) Aufstockung TUI	11/91	102
21	HT 1	Horten	HS-Touristik	11/77	105
22	HT 2	Horten	Peter Hahn	4/80	106

b) Unternehmen mit hohem „Cash Flow" (Cash Flow > 108 Mio. DM)

Nr.	Kz.	Unternehmen	Diversifikations- projekt	Zeitpunkt	Cash Flow in Mio. DM
1	AV 1	AVA	Backstube Siebrecht	12/88	110,4
2	HT 3	Horten	Jacques' Weindep.	10/83	114
3	AV2	AVA	BVA	12/92	151,2
4	AS 3	Asko	Deutsche SB-Kauf	2/86	153
5	DG 6	Douglas	a) Appelrath-Cüpper b) Klasing u. Baumann c) Modehaus H. Tyrasa d) Modehaus Baumann	3/87	160
6	GE 1	Gehe	Jenapharm	11/91	202
7	SP 3	Spar	Hospar Pankow et al.	11/91	231
8	KH 2	Kaufhof	Reno Schuhversand	12/85	246
9	KH 1	Kaufhof	Fr. Wenz	2/80	266
10	DG 7	Douglas	Werdin	8/91	309
11	AS 4	Asko	Adolf Schaper	3/87	325
12	BW1	Baywa	Erfurter Saaten	2/92	329
13	KH 3	Kaufhof	Oppermann	12/89	364
14	AS 5	Asko	Massa	9/88	407
15	KS 1	Karstadt	Neckermann	2/77	417
16	KS 2	Karstadt	Gut-Reisen	3/78	422
17	AS 6	Asko	Comco Holding	10/89	427
18	KH 4	Kaufhof	Vobis	3/90	436
19	KS 3	Karstadt	a) TRI- Kottmann b) DVM, Alfons Walz c) Versandhaus Walz	3/89	525
20	KH 6	Kaufhof	Kerber	8/91	576
21	KH 9	Kaufhof	Reisebüro Kuoni	1/92	598
22	KS 5	Karstadt	a) Saalfrank b) ADAC-Reisen c) Karstadt-Spar-Warenh.	11/91	845

A-5: Anzahl der durchgeführten Akquisitionen

Unternehmen	Anzahl der Projekte (1974-92)	Zuordnung
Hako	1	nicht akquisitions-orientierte Unternehmen
Escada	3	
Kaufring	3	
Salamander	3	
Gehe	4	
Hageda	4	
Reichelt	5	
Wünsche	9	
Ava	11	
Karstadt	14	
Horten	17	
BayWA	27	akquisitions-orientierte Unternehmen
Kaufhof	30	
Spar	32	
Asko	38	
Douglas	41	

Legende:

a) akquisitionsorientiert   =   Anzahl der Projekte > 20
b) nicht akquisitionsorientiert   =   Anzahl der Projekte < 20

A-6: Relative Größe der Diversifikationsprojekte

a) Relativ kleine Projekte

Nr.	Kz.	Nominalkapital des Diversifikations-projektes (in Mio. DM)	Nominalkapital des übernehmenden Unternehmen	Quote in %
1	HT 3	1,5 gesch.	250	< 2 %
2	SA 3	15 (EK) gesch.	1334 (EK)	< 2 %
3	WS 1	2 gesch.	150	< 2 %
4	KR 1	3,6 gesch.	256	< 2 %
5	KS 2	8	360	0,02
6	HT 1	6,8	250	0,03
7	KH 4	11,8	396	0,03
8	KH 6	9,9	396	0,03
9	KS 3	11	420	0,03
10	HT 2	11	250	0,04
11	HT 4	10	250	0,04
12	SA 1	10 (EK)	236 (EK)	0,04
13	DG 6	5,6	102,4	0,05
14	KH 2	15,7	330	0,05
15	KS 5	110 (EK)	2187 (EK)	0,05
16	DG 2	4	63	0,06
17	DG 7	10	143	0,07
18	FR 2	1,3	18,3	0,07
19	HA1	2	25	0,08
20	KH 9	157 (EK)	2070 (EK)	0,08
21	DG 1	4,5	48	0,09
22	SA 2	30 (EK)	298 (EK)	0,1006

b)   Relativ große Projekte:

Nr.	Kz.	Nominalkapital des Diversifikations- projektes (in Mio. DM)	Nominalkapital des übernehmenden Unternehmen	Quote in %
1	KH 3	40	396	0,101
2	DG 3	7,5	72	0,104
3	AV 1	3,15	29,25	0,11
4	KH 1	40	330	0,12
5	BW1	15	106	0,14
6	DG 4	15	80	0,19
7	WS 2	40,05	150	0,27
8	HT 5	70	250	0,28
9	GE 1	40	121,5	0,33
10	AV2	39,4	116,86	0,34
11	KS 1	137,4	360	0,38
12	AS 2	6	14,67	0,41
13	AS 6	69,5	166,5	0,42
14	ES 1	30	60,2	0,50
15	FR 1	10	18,3	0,55
16	SP 3	90	150	0,60
17	AS 1	8	11	0,73
18	AS 7	70	90	0,78
19	HG 1	8,5	10	0,85
20	AS 5	150	166,5	0,90
21	AS 3	50	52,5	0,95
22	AS 4	> 110 geschätzt	111	ca. 1,0

Literaturverzeichnis

Ackhoff, R.L./Emshoff, J.R. (1975): Advertising Research at Anheuser Bush Inc. (1963-1968), in: Sloan Management Review, 16. Jg., 1975, H. 2, S. 1-15.

Agthe, K. (1972): Strategie und Wachstum der Unternehmung, Baden-Baden/Bad Homburg 1972.

Albach, H./Bock, K./Warnke, T. (1985): Kritische Wachstumsschwellen in der Unternehmensentwicklung, Stuttgart 1985.

Amihud, Y./Dodd. P./Weinstein, M. (1986): Conglomerate Mergers, Managerial Motives and Stockholder Wealth, in: Journal of Banking and Finance, 10. Jg., 1986, S. 401-410.

Amihud, Y./Lev, B. (1981): Risk Reduction as a Managerial Motive for Conglomerate Mergers, in: Bell Journal of Economics, 12. Jg., 1981, S. 605-617.

Andrews, K.R. (1951): Product Diversification and the Public Interest, in: Harvard Busines Review, 29. Jg., 1951, H. 4, S. 91-107.

Ansoff, H.I. (1957): Strategies for Diversification, in: Harvard Business Review, 35. Jg., 1957, H. 9/10, S. 113-124.

Ansoff, H.I. (1965): Corporate Strategy. Business Policy for Growth and Expansion, New York 1965.

Ansoff, H.I. (1966): Management-Strategie, München 1966.

Arbeitskreis Die Unternehmung im Markt (Arbeitskreis Hax) (1992): Synergie als Bestimmungsfaktor des Tätigkeitsbereiches (Geschäftsfelder und Funktionen) von Unternehmungen, in: ZfbF, 44. Jg., 1992, H. 11, S. 963-973.

Arbeitskreis Diversifizierung der Schmalenbachgesellschaft (1973): Diversifizierungsprojekte - Betriebswirtschaftliche Probleme ihrer Planung, Organisation und Kontrolle, in: ZfbF, 25. Jg., 1973, Nr. 5, S. 293-335.

Arnold, V. (1985): Die Vorteile der Verbundproduktion, in: WiSt, 14. Jg., 1985, H. 6, S. 269-273.

Arrow, K.J. (1969): The Organization of Economic Activity: Issues pertinent to the Choice of Market versus Nonmarket Allocation, in: The Analysis and Evaluation of Public Expenditure, The PPB System, Joint Economic Committee 1, Washington 1969, S. 47-64.

Arrow, K.J. (1975): Vertical Integration and Communication, in: The Bell Journal of Economics, 1975, S. 173-183.

Asquith, P. (1983): Merger Bids, Uncertainty, and Stockholder Returns, in: Journal of Financial Economics, 11. Jg., 1983, S. 51-83.

Asquith, P./Bruner, R.F./Mullins, D.W. (1983): The Gains to Bidding Firms from Merger, in: Journal of Financial Economics, 11. Jg., 1983, S. 121-139.

Ausschuß für Begriffsdefinitionen aus der Handels- und Absatzwirtschaft (im Druck): Katalog E - Begriffsdefinitionen aus der Handels- und Absatzwirtschaft, Köln.

Backhaus, K./Erichson, B./Plinke, W./Weiber, R. (1994): Multivariate Analysemethoden - Eine anwendungsorientierte Einführung, Berlin et al. 1994.

Bain, J.S. (1968): Industrial Organization, New York/London/Sydney 1968.

Ball, R./Brown, P. (1968): An empirical Evaluation of Accounting Income Numbers, in: Journal of Accounting Research, 6. Jg., 1968, S. 159-178.

Barnes, P. (1984): The Effect of a Merger on the Share Price of the Attacker, Revisited, in: Accounting and Business Reserarch, 15. Jg., 1984, S. 45-49.

Barrenstein, P./Kaas, P. (1986): The Universal Challenge: Reaching for Excellence in Retailing. Observations and Developments in Germany and France, in: National Retail Merchants Association/Gottlieb Duttweiler Institut (Hrsg.), 10. Weltkonferenz des Einzelhandels, Tagungsband, New York/Rüschlikon 1986, S. 279-297.

Bartels, G. (1966): Diversifizierung. Die gezielte Ausweitung des Leistungsprogramms der Unternehmung, Stuttgart 1966.

Barth, K. (1993): Betriebswirtschaftslehre des Handels, 2. Aufl., Wiesbaden 1993.

Baumol, W.J. (1967): Business Behavior, Value and Growth, New York/San Francisco/Atlanta, 1967.

Baumol, W.J. (1982): Contestable Markets: An Uprising in the Theory of Market Structure, in: American Economic Review, 72. Jg., 1982, S. 1-15.

Baumol, W.J./Panzar, J.C./Willig, R.D. (1988): Constestable Markets and the Theory of Industry Structure, San Diego et al 1988.

Becker, H. (1977): Ursachen und gesamtwirtschaftliche Wirkungen der Diversifikation industrieller Unternehmen, Dissertation, München 1977.

Becker, J. (1990): Marketing-Konzeption: Grundlagen des strategischen Marketing-Managements, 3. Aufl., München 1990.

Berle, A./Means, G. (1932): The Modern Corporation and Private Property, New York 1932.

Berry, C.H. (1971): Corporate Growth and Diversification, in: The Journal of Law and Economics, 14. Jg., 1971, S. 379-393.

Bettis, R.A. (1981): Performance Differences in Related and Unrelated Diversified Firms, in: Strategic Management Journal, 2. Jg., 1981, S. 379-393.

Bettis, R.A. (1983): Modern Financial Theory, Corporate Strategy, and Public Policy: Three Conundrums, in: Academy of Management Review, 8. Jg., 1983, S. 405-415.

Biggadike, R.E. (1979a): Corporate Diversification: Entry, Strategy, and Performance, Cambridge (Mass.) 1979.

Biggadike, R.E. (1979b): The Risky Business of Diversification, in: Harvard Business Review, 57. Jg., 1979, H. 5/6, S. 103-111.

Bitzer, M. (1991): Intrapreneurship - Unternehmertum in der Unternehmung, Stuttgart/Zürich 1991.

Black, F. (1972): Capital Market Equilibrium with Restricted Borrowing, in: The Journal of Business, 45. Jg., 1979, S. 444-455.

Bleymüller, J. (1966): Theorie und Technik der Aktienkursindizes, Wiesbaden 1966.

Bleymüller, J./Gellert, G./Gülicher, H. (1989): Statistik für Wirtschaftswissenschaftler, 6. Aufl., München 1989.

Böckel, J.J. (1971): Die Auswahl der Planungsmethoden bei industriellen Diversifikationen durch Unternehmenserwerb, Dissertation, München 1971.

Böhler , J. (1993): Betriebsform, Wachstum und Wettbewerb, Wiesbaden 1993.

Böhler, H. (1985): Marktforschung, Stuttgart et al. 1985.

Böhnke, R. (1976a): Diversifizierte Unternehmen; Eine Untersuchung über wettbewerbliche Wirkungen, Ursachen und Ausmaß der Diversifizierung, in: Volkswirtschaftliche Schriften, 1976, H. 252, S. 65-73.

Böhnke, R. (1976b): Diversifizierte Unternehmen, Wettbewerb und konglomerate Interdependenz, Dissertation, Berlin 1976.

Borschberg, E. (1969): Die Diversifikation als Wachstumsform der industriellen Unternehmung, Bern/Stuttgart 1969.

Borschberg, E. (1974a): Diversifikations-Strategien in der Distribution, in: Blümle, E.B./Ulrich, U.: Perspektiven des Marketing im Handel, Freiburg (Schweiz) 1974, S. 83-103.

Borschberg, E. (1974b): Diversifikation, in: Tietz, B. (Hrsg.): Handwörterbuch der Absatzwirtschaft (HWA), Stuttgart 1974, Sp. 480-487.

Bössmann, E. (1981): Weshalb gibt es Unternehmungen? Der Erklärungsansatz von Ronald H. Coase, in: JITE (ZgS), 137. Jg., 1981, S. 667-674.

Bössmann, E. (1983): Unternehmungen, Märkte, Transaktionskosten: Die Koordination ökonomischer Aktivitäten, in: Wirtschaftswissenschaftliches Studium, 12. Jg., 1983, H. 3, S. 105-111.

Bradley, M./Desay, A./Kim, E.H. (1988): Synergistic Gains from Corporate Acquisitions and their Division between the Stockholders of Target and Acquiring Firms, in: Journal of Financial Economics, 21. Jg., 1988, S. 3-40.

Brenner, M./Downes, D.H. (1979): A Critical Evaluation of the Measurement of Conglomerate Performance Using the Capital Asset Pricing Model, in: The Review of Economics and Statistics, 61. Jg., 1979, S. 292 - 296.

Brigham, E.F./Gapenski, L.C. (1984): Intermediate Financial Management, New York 1984.

Brown, S.J./Warner, J.B. (1980): Measuring Security Price Performance, in: Journal of Financial Economics, Vol. 8, 1980, S. 205-258.

Brown, S.J./Warner, J.B. (1985): Using Daily Stock Returns: The Case of Event Studies, in: Journal of Financial Economics, Vol. 14, 1985, S. 3-31.

Bruner, R.F. (1988): The Use of Excess Cash and Debt Capacity as a Motive for Merger, in: Journal of Financial and Quantitative Analysis, 23. Jg., 1988, S. 199-217.

Bühner, R. (1983): Portfolio-Risikoanalyse der Unternehmensdiversifikation von Industrieaktiengesellschaften, in: ZfB, 53. Jg., 1983, H. 11, S. 1023-1041.

Bühner, R. (1985): Strategie und Organisation - Analyse und Planung der Unternehmensdiversifikation mit Fallbeispielen, Wiesbaden 1985.

Bühner, R. (1987): Management-Holding, in: Die Betriebswirtschaft, 47. Jg., 1987, S. 40-49.

Bühner, R. (1989): Bestimmungsfaktoren und Wirkungen von Unternehmenszusammenschlüssen, in: Wirtschaftswissenschaftliches Studium, 18. Jg., 1989, S. 158-165.

Bühner, R. (1990a): Das Management-Wert-Konzept, Stuttgart 1990.

Bühner, R. (1990c): Erfolg von Unternehmenszusammenschlüssen in der Bundesrepublik Deutschland, Stuttgart 1990.

Bühner, R. (1990d): Reaktionen des Aktienmarktes auf Unternehmenszusammenschlüsse - Eine empirische Untersuchung, in: Zfbf, 42. Jg., H. 4, 1990, S. 295 - 316.

Bühner, R. (1990e): Unternehmenszusammenschlüsse - Ergebnisse empirischer Analysen, Stuttgart 1990.

Bühner, R. (1991a): Grenzüberschreitende Zusammenschlüsse deutscher Unternehmen, Stuttgart 1991.

Bühner, R. (1991b): Produktdiversifikation auf der Basis eigenen technologischen Know-hows, in: ZfB, 61. Jg., 1991, H. 12, S. 1395-1412.

Bühner, R. (1992): Aktionärsbeurteilung grenzüberschreitender Zusammenschlüsse, in: Zfbf, 44. Jg., 1992, H. 5, S. 445 - 461.

Bühner, R. (1993): Strategie und Organisation; Analyse und Planung der Unternehmensdiversifikation mit Fallbeispielen, 2. Aufl., Wiesbaden 1993.

Bundeskartellamt (1975-1993): Bericht des Bundeskartellamtes über seine Tätigkeit in verschiedenen Jahren sowie über Lage und Entwicklung auf seinem Aufgabengebiet, in: Deutscher Bundestag, Drucksache, Sachgebiet 703.

Bundeskartellamt (1991): Bericht des Bundeskartellamts über seine Tätigkeit in den Jahren 1989/90 sowie über die Lage und Entwicklung auf seinem Aufgabengebiet, in: Bundestagsdrucksache, 12. Wahlperiode, Nr. 847, 26.06.91, S. 1-202.

Burgelman, R.A. (1983): A Process Model of Internal Corporate Venturing in the Diversified Major Firm, in: Administrative Science Quarterly, 1983, Juni, S. 223-244.

Burgelman, R.A. (1984): Managing the Internal Corporate Venturing Process, in: Sloan Management Review, 1984, Winter, S. 33-48.

Burgelman, R.A. (1985): Managing the New Venture Division: Research Findings and Implication for Strategic Management, in: Strategic Management Journal, 1985, H. 6, S. 39-54.

Burgess, A.R. (1983): Vertical Integration Profitable?, in: Harvard Business Review, 61. Jg., 1983, H. 1/2, S. 55-60.

Büschgen, H.E. (1966): Wertpapieranalyse - Die Beurteilung von Kapitalanlagen in Wertpapieren, Stuttgart 1966.

Büschgen, H.E. (1991): Das kleine Börsenlexikon, 19. Aufl., Düsseldorf 1991.

Chandler, A.D. (1962): Strategy and Structure: Chapters in the History of the American Enterprise, Cambridge (Mass.)/London 1962.

Chandler, A.D. (1990): Economies of Scope, The Dynamics of Industrial Capitalism, Cambridge/Mass. 1990.

Channon, D.F. (1973): The Strategy and Structure of British Enterprise, London 1973.

Chatterjee, S. (1986): Types of Synergy and Economic Value: The Impact of Acquisitions on Merging and Rival Firms, in: Strategic Management Journal, 7. Jg., 1986, H. 2, S. 119-139.

Choi, D./Philippatos, G.C. (1983): An Examination of Merger Synergism, in: Journal of Financial Research, 6. Jg., 1983, S. 239-256.

Christensen, H.K./Montgomery, C.A. (1981): Corporate Economic Performance: Diversification Strategy versus Market Structure, in: Strategic Management Journal, 2. Jg., 1981, S. 327-343.

Coase, R.H. (1937): The Nature of the Firm, in: Economica, 4. Jg., 1937, April, S. 386-405.

Coase, R.H. (1988): The Firm, the Market, and the Law, Chicago 1988.

Coenenberg, A.G./Sautter, M.T. (1988): Strategische und finanzielle Bewertung von Unternehmensakquisitionen, in: Die Betriebswirtschaftslehre, 48. Jg., 1988, H. 6, S. 691-710.

Coenenberg, A.G./Schmidt, F./Werhand, M. (1983): Bilanzpolitische Entscheidungen und Entscheidungswirkungen in manager- und eigentümerkontrollierten Unternehmen, in: BFuP, 35. Jg., 1983, H. 4, S. 321-343.

Commerzbank AG (1988)(Hrsg.): Commerzbank-Index, Frankfurt 1988.

Conn, R.L. (1985): A Re-Examination of Merger Studies that use the Capital Asset Pricing Model Methodology, in: Cambridge Journal of Economics, 9. Jg., 1985, S. 43-53.

Copeland, T.E./Weston, J.F. (1983): Financial Theory and Corporate Policy, 2. Aufl., Reading et al., 1983, S. 208-318.

Cornelßen, I. (1987): Karstadt: Zwei und ein Halleluja, in: Manager Magazin, 1987, H. 10, S. 98-107.

Corrado, C.J. (1989): A Nonparametric Test for Abnormal Security-Price Performance in Event-Studies, in: Journal of Financial Economics, 23. Jg., 1989, S. 385-395.

Creusen, U./Halbe, P. (1993): Fusion als unternehmerische Chance - Das Fallbeispiel Bräutigam-Obi, Wiesbaden 1993.

Delfmann, W. (1989): Das Netzwerkprinzip als Grundlage integrierter Unternehmensführung, in: Delfmann, W. et al (Hrsg.): Der Integrationsgedanke in der Betriebswirtschaftslehre, Wiesbaden 1989, S. 87-113.

Dichtl, E./Lingenfelder, M./Müller, St. (1991): Die Internationalisierung des institutionellen Handels im Spiegel der Literatur, in: ZfbF, 43. Jg., 1991, H. 12, S. 1023-1047.

Dobler, B./Jacobs, S. (1989): Ziele, Formen und Erfolge einer Diversifikationsstrategie im Handel, Arbeitspapier Nr. 76 des Instituts für Marketing, Universität Mannheim, Mannheim 1989.

Dodd, P. (1980): Merger Proposals. Management Discretion and Stockholder Wealth, in: Journal of Financial Economics, 8. Jg., 1980, S. 105-137.

Dodd, P./Ruback, R.S. (1977): Tender Offers and Stockholder Returns: An Empirical Analysis, in: Journal of Financial Economics, 5. Jg., 1977, S. 351-374.

Döhmen, P. (1991): Anlässe, Ziele und Methodik der Diversifikation, Bergisch Gladbach 1991.

Domke, H.-M. (1987): Rendite und Risiko von Aktien kleiner Börsengesellschaften - Eine empirische Untersuchung der Performance deutscher Nebenwerte in den Jahren 1971 bis 1980, Frankfurt a.M./Bern/New York 1987.

Drexel, G. (1981): Strategische Unternehmensführung im Handel, Berlin/New York 1981.

Dworak, K./Weber, H.K. (1974): Diversifikation, in: Grochla, E./Wittmann, W. (Hrsg.), Handwörterbuch der Betriebswirtschaft, 4. Aufl., Stuttgart 1974, Sp.1180-1185.

Dwyer, F.R./Oh, S. (1988): A Transaction Cost Perspective on Vertical Contractual Structure and Interchannel Competitive Strategies, in: Journal of Marketing, 52. Jg., 1988, H. 4, S. 21-34.

Dyas, G.P./Thanheiser, H.T. (1976): The emerging European Enterprise - Strategy and Structure in French and German Industry, London/Basingstoke 1976.

Dyckhoff, B. (1993): Diversifikation von Handelsunternehmen in den Finanzdienstleistungsbereich, Frankfurt a.M. u.a. 1993.

Eckbo, B.E. (1983): Horizontal Mergers, Collusion and Stockholder Wealth, in: Journal of Financial Economics, 11. Jg., 1983, S. 241-273.

Ehrensberger, S. (1993): Synergieorientierte Unternehmensintegration - Grundlagen und Auswirkungen, Wiesbaden 1993.

Eisenhardt, K.M. (1989): Agency Theory: An Assessment and Review, in: Academy of Management Review, 14. Jg., 1989, H. 1, S. 57-74.

Elgers, P.T./Clark, J.J. (1980): Mergers Types and Stockholder Returns, Additional Evidence, in: Financial Management, 9. Jg., 1980, H. 2, Summer, S. 66-72.

Fama, E.F. (1970): Efficient Capital Markets: A Review of Theory and Empirical Work, in: The Journal of Finance, 25. Jg., 1970, S. 383-417.

Fama, E.F. (1976): Foundations of Finance, New York 1976.

Fama, E.F./Fischer, L./Jensen, M.C./Roll, R. (1969): The Adjustment of Stock Prices to New Information, in: International Economic Review, 10. Jg., 1969, S. 1-21.

Fama, E.F./French, K.R. (1992): The Cross-Section of Expected Stock Returns, in: Journal of Finance, 47. Jg., 1992, S. 427-465.

Fischer, M. (1993): Make-or-Buy-Entscheidungen im Marketing - Neue Institutionenlehre und Distributionspolitik, Wiesbaden 1993.

Fowler, K.L./Schmidt, D.R. (1989): Determinants of Tender Offer Post-Acquisition Financial Performance, in: Strategic Management Journal, 10. Jg., 1989, S. 339-350.

Franke, G./Hax, H. (1990): Finanzwirtschaft des Unternehmens und Kapitalmarkt, 2. Aufl., Berlin/Heidelberg/New York 1990.

Frankfurter Allgemeine Zeitung (1982): Die hundert größten Unternehmen, in: FAZ, Nr. 198 v. 28. August 1982, S. 11.

Frankfurter Allgemeine Zeitung (1994): Die hundert größten Unternehmen, in: FAZ, Nr. 153 v. 5. Juli 1994, S. 15.

Franks, J.R./Harris, R.S. (1989): Shareholder Wealth Effects of Corporate Takeovers- The U.K. Experience 1955-1985, in: Journal of Financial Economics, 23. Jg., 1989, S. 225-249.

Frantzmann, H.-J. (1989): Saisonalitäten und Bewertung am deutschen Aktien- und Rentenmarkt, Diss., Karlsruhe 1989.

Frantzmann, H.-J. (1990): Zur Messung des Marktrisikos deutscher Aktien, in: ZfbF, 42. Jg., 1990, S. 67-83.

Frese, E. (1986): Unternehmungsführung, Landsberg am Lech 1986.

Frese, E. (1988): Grundlagen der Organisation: Die Organisationsstruktur der Unternehmung, 4. Aufl., Wiesbaden 1988.

Frese, E. (1992): Organisationstheorie - Historische Entwicklung - Ansätze - Perspektiven, 2. erw. Aufl, Wiesbaden 1992.

Fricker, R. (1974): Diversifikation als Aufgabe der Unternehmung - mit besonderer Berücksichtigung der Methoden zur Bestimmung neuer Aktivitätsfelder, Dissertation, Basel 1974.

Fritz, W./Förster, F./Raffée, H./Silberer, G. (1985): Unternehmensziele in Industrie und Handel, in: DBW, 45. Jg., 1985, H. 4, S. 375-394.

Ganz, M. (1991): Die Erhöhung des Unternehmenswertes durch die Strategie der externen Diversifikation, Bern und Stuttgart 1991.

Gebert, F. (1983): Diversifikation und Organisation - Die organisatorische Eingliederung von Diversifikationen, Frankfurt a.M./Bern/New York 1983.

Gebhardt, G./Entrup, U. (1993): Kapitalmarktreaktionen auf die Ausgabe von Optionsanleihen, in: ZfbF, Sonderheft 31, 1993, S. 1-33.

George, G./Diller, H. (1993): Internationalisierung als Wachstumsstrategie des Einzelhandels, in: Trommsdorff, V. (Hrsg.): Handelsforschung 1992/93, Wiesbaden 1993.

Glöckner, Th. (1992): Massa: Schlankheitskur - Ballast abwerfen, in: Wirtschaftswoche, Nr. 3 v. 10.1.1992, S. 94-95.

Glöckner, Th. (1993): Einzelhandel - Spezielle Bräuche, in: Wirtschaftswoche, Nr. 31 v. 30.7.1993, S. 83-86.

Glöckner, Th./Schweer, D. (1993): Jens Odewald - Geduld haben, in: Wirtschaftswoche, Nr. 23 v. 4.6.1993, S. 123-124.

Gluck, F.W. (1980): Strategic Choice and Resource Allocation, in: The McKinsey Quarterly, Winter 1980, S. 22-23.

Gomez, P./Ganz, M. (1992): Diversifikation mit Konzept - den Unternehmenswert steigern, in: Harvard Manager, 14. Jg., 1992, H. 1, S. 44-54.

Göppert, K. (1991): Oppermann: Zweistellige Millionenverluste - Teures Schnäppchen, in: Wirtschaftswoche, Nr. 22 v. 24.5.1991, S. 158-159.

Göppl, H./Lüdecke, T./Herrmann, R. (1994): Datenbank-Handbuch - Teil 1 - Beschreibung der Kursdaten für Aktien und Optionsscheine, Karlsruhe 1994.

Göppl, H./Lüdecke, T./Sauer, A. (1993a): Datenbank-Handbuch - Teil 3 - Beschreibung der Stammdaten von Aktien, Karlsruhe 1993.

Göppl, H./Lüdecke, T./Sauer, A. (1993b): Datenbank-Handbuch - Teil 5 - Beschreibung der Termindaten, Karlsruhe 1993.

Göppl, H./Sauer, A. (1990): Die Bewertung von Börsenneulingen: Einige empirische Ergebnisse, in: Ahlert, D./Franz, K.-P./Göppl, H. (Hrsg.): Finanz- und Rechnungswesen als Führungsinstrument, Wiesbaden 1990, S. 157-178.

Göppl, H./Schütz, H. (1992): Die Konzeption eines Deutschen Aktienindex für Forschungszwecke (DAFOX), Diskussionspapier Nr. 162, Universität Karlsruhe, Institut für Entscheidungstheorie und Unternehmensforschung, Karlsruhe 1992.

Gort, M. (1962): Diversification and Integration in American Industry, Princeton (N.J.) 1962.

Gort, M. (1969): An Economic Disturbance Theory of Mergers, in: Quarterly Journal of Economics, 83. Jg., 1969, S. 624-642.

Grandjean, B. (1992): Unternehmenszusammenschlüsse und die Verteilung der abnormalen Aktienrenditen zwischen den Aktionären der übernehmenden und übernommenen Gesellschaften - Eine empirische Untersuchung, Frankfurt 1992.

Greune, M. (1993): Rezension des Buches von F.M. Schüle: Diversifikation und Unternehmenserfolg - Eine Analyse empirischer Forschungsergebnisse, in: ZfbF, 45. Jg., 1993, S. 580-581.

Grote, B. (1990): Ausnutzung von Synergiepotentialen durch verschiedene Koordinationsformen ökonomischer Aktivitäten - Zur Eignung der Transaktionskosten als Entscheidungskriterium, Frankfurt a.M. et al. 1990.

Gümbel, R. (1985): Handel, Markt und Ökonomik, Wiesbaden 1985.

Hainzl, M. (1987): Strategie der Stärke. Unternehmenspotentialorientierte Diversifikation, Diss., Wien 1987.

Halpern, P.J. (1973): Empirical Estimates of the Amount and Distribution of Gains to Companies in Mergers, in: The Journal of Business, 46. Jg., 1973, S. 554-575.

Hansen, U. (1990): Absatz- und Beschaffungsmarketing des Einzelhandels, 2. Aufl., Göttingen 1990.

Hartung, J. (1989): Lehr- und Handbuch der angewandten Statistik, 7. Aufl., München/ Wien 1989.

Haugen, R.A. (1986): Modern Investment Theory, Englewood Cliffs 1986.

Haugen, R.A./Langetieg, T.C. (1975): An Empirical Test for Synergism in Merger, in: Journal of Finance, 30. Jg., 1975, S. 1003-1014.

Hax, H. (1971): Bezugsrecht und Kursentwicklung von Aktien bei Kapitalerhöhung, in: ZfbF, 23. Jg., 1971, S. 157-163.

Hax, H. (1991): Theorie der Unternehmung - Information, Anreize, Vertragsgestaltung, in: Ordelheide, D./Rudolph, B./Büsselmann, E. (Hrsg.): Betriebswirtschaftslehre und ökonomische Theorie, Stuttgart 1991, S. 51-72.

Heide, J.B. (1994): Interorganizational Governance in Marketing Channels, in: Journal of Marketing, Vol. 58, 1994, S. 71-58.

Henderson, B.D. (1993): Die Erfahrungskurve - Warum ist sie gültig? in: Oettinger, B.v. (Hrsg.): Das Boston Consulting Group Strategie-Buch, Düsseldorf 1993, S. 416-420.

Hildebrandt, L. (1992): Wettbewerbssituation und Unternehmenserfolg - Empirische Analysen, in: ZfB, 62. Jg., 1992, H. 10, S. 1069-1084.

Hill, C.W.L./Snell, S.A. (1989): Effects of Ownership Structure and Control on Corporate Productivity, in: Academy of Management Journal, 32. Jg., 1989, H. 1, S. 25-46.

Hoffmann, F. (1989): So wird Diversifikation zum Erfolg, in: Harvard Manager, 11. Jg., 1989, Nr. 4, S. 52-58.

Hoppenstedt (1974-1994)(Hrsg.): Hoppenstedt-Handbuch der deutschen Aktiengesellschaften, Darmstadt u.a., verschiedene Jahrgänge.

Jacobs, S. (1992): Strategische Erfolgsfaktoren der Diversifikation, Wiesbaden 1992.

Jacobs, S./Dobler, B. (1989): Determinanten des Diversifikationserfolgs von Handelsunternehmen, Arbeitspapier Nr. 77 des Instituts für Marketing, Universität Mannheim, Mannheim 1989.

Jacquemin, A.P./Berry, C.H. (1979): Entropy Measure of Diversification and Corporate Growth, in: Journal of Industrial Economics, 27. Jg., 1979, S. 359-369.

Jensen, M.C. (1984): Takeovers: Folklore and Science, in: Harvard Business Review, 62. Jg., 1984, H. 6, S. 109-121.

Jensen, M.C. (1986): Agency Costs of Free Cash Flow, Corporate Finance, and Takeovers, in: The American Economic Review, 76. Jg., 1986, S. 323-329.

Jensen, M.C. (1988): Takeovers: Their Causes and Consequences, in: Journal of Economic Perspectives, 2. Jg., 1988, Nr. 1, S. 21-48.

Jensen, M.C./Meckling, W.H. (1976): Theory of the Firm: Managerial Behavior, Agency Costs and Ownership Structure, in: Journal of Financial Economics, 3. Jg., 1976, S. 305-360.

Jensen, M.C./Ruback, R.S. (1983): The Market for Corporate Control - The Scientific Evidence, in: Journal of Financial Economics, 11. Jg., 1983, H. 4, S. 5-50.

Jensen, S. (1990): Hertie - Krügers teure Töchter, in: Manager Magazin, 1990, H. 5, S. 82-93.

Jensen, S. (1993): Mismanagement Wünsche - Der Stadtneurotiker, in: Manager Magazin, 1993, H. 11, S. 34-41.

John, G./Weitz, B.A. (1988): Forward Integration into Distribution: An Empirical Test of Transaction Cost Analysis, in: Journal of Law, Economics, and Organization, 4. Jg., 1988, H. 2, S. 337-355.

Jung, H. (1993): Erfolgsfaktoren von Unternehmensakquisitionen, Stuttgart 1993.

Kacker, M.P. (1985): Transatlantic Trends in Retailing - Takeovers and Flow of Know-how, Westport/London 1985.

Katz, D.R. (1987): The Big Store, Scranton (Pennsylvania) 1987.

Kaufer, E. (1980): Industrieökonomik. Eine Einführung in die Wettbewerbstheorie, München 1980.

Kerin, R.A./Varaiya, N. (1985): Mergers and Acquisitions in Retailing: A Review and Critical Analysis, in: Journal of Retailing, 61. Jg., 1985, S. 9-34.

Kieser, A. (1988): Erklären die Theorie der Verfügungsrechte und der Transaktionskostenansatz historischen Wandel von Institutionen?, in: Budäus, D./Gerum, E./Zimmermann, G. (Hrsg.): Betriebswirtschaftslehre und Theorie der Verfügungsrechte, Wiesbaden 1988, S. 299-324.

Kirchner, M. (1991): Strategisches Akquisitionsmanagement im Konzern, Diss., Wiesbaden 1991.

Kitching, J. (1967): Why do Mergers Miscarry?, in: Harvard Business Review, 45. Jg., 1967, H. 6, S. 84-101.

Kitching, J. (1974): Winning and Losing with European Acquisitions, in: Harvard Business Review, 52. Jg., 1974, H. 2, S. 124-136.

Klein, A./Rosenfeld, J. (1987): The Influence of Market Conditions on Event-Study Residuals, in: Journal of Financial and Quantitative Analysis, 22. Jg., 1987, S. 345-351.

Klein, B./Crawford, R.G./Alchian, A.A. (1978): Vertical Integration, Appropriate Rents, and the Competitive Contracting Process, in: Journal of Law and Economics, 21. Jg. 1978, S. 297-326.

Klein, S./Frazier, G.L./Roth, V.R. (1990): A Transaction Cost Analysis Model of Channel Integration in International Markets, in: Journal of Marketing Research, 27. Jg., 1990, H. 5, S. 196-208.

Knee, D./Walters, D. (1988): Strategy in Retailing - Theory and Application, Oxford 1988.

Kocka, J./Siegrist, H. (1979): Die hundert größten deutschen Industrieunternehmen im späten 19. und frühen 20. Jahrhundert, in: Horn, N./Kocka, J. (Hrsg.): Recht und Entwickung von Großunternehmen im 19. und frühen 20. Jahrhundert, Göttingen 1979.

Kogeler , R. (1992): Synergiemanagement im Akquisitions- und Integrationsprozess von Unternehmungen, Dissertation, München 1992.

Köhler, F.W. (1992): Handelsstrategien im systematischen Überblick, in: Trommsdorff, V.: Handelsforschung 1991, Wiesbaden 1992, S. 117-134.

Koutsoyiannis, A. (1980): Modern Microeconomics, 2. Aufl., London et al. 1980.

Kreikebaum, H. (1987): Strategische Unternehmensplanung, 2. Aufl., Stuttgart et al 1987.

Krüsselberg, U. (1992): Theorie der Unternehmung und Institutionenökonomik - Die Theorie der Unternehmung im Spannungsfeld zwischen neuer Institutionen-ökonomik, ordnungstheoretischem Institutionalismus und Marktprozeßtheorie, Heidelberg 1992.

Kumar, V./Kerin, R.A./Pereira, A. (1991): An Empirical Assessment of Merger and Acquisition Activity in Retailing, in: Journal of Retailing, 8. Jg., 1991, H. 3, S. 321-338.

Kusewitt, J.B. (1985): An Exploratory Study of Strategic Acquisition Factors Relating to Performance, in: Strategic Management Journal, 6. Jg., 1985, S. 151-169.

Küting, K./Weber, C.-P. (1993): Die Bilanzanalyse - Lehrbuch zur Beurteilung von Einzel- und Konzernabschlüssen, Stuttgart 1993.

Lang, L.H.P./Stulz, R.M./Walkling, R.A. (1991): A Test of the Free Cash Flow Hypothesis, in: Journal of Financial Economics, 29. Jg., 1991, S. 315-335.

Langetieg, T.C. (1978): An Application of a Three-Factor Performance Index to Measure Stockholder Gains from Merger, in: Journal of Financial Economics, 6. Jg., 1978, S. 365-383.

Lebensmittelzeitung (1991)(Hrsg.): Die marktbedeutenden Handelsunternehmen, Frankfurt 1991.

Lebensmittelzeitung (1993) (Hrsg.): Die marktbedeutenden Handelsunternehmen - Wer gehört wohin? Die Strukturen der Top 50 im deutschen LEH, Frankfurt/Main 1993.

Lintner, J. (1965): The Valuation of Risk Assets and the Selection of Risky Investments in Stock Portfolios and Capital Budgets, in: The Review of Economics and Statistics, 47. Jg., 1965, S. 13-37.

Löbler, H. (1988): Diversifikation und Unternehmenserfolg: Diversifikationserfolge und -risiken bei unterschiedlichen Marktstrukturen und Wettbewerb, Wiesbaden 1988.

Lubatkin, M. (1983): Mergers and the Performance of the Acquiring Firm, in: Academy of Management Review, 8. Jg., 1983, H. 2, S. 218-225.

Lubatkin, M. (1987): Merger Strategies and Stockholder Value, in: Strategic Management Journal, 8. Jg., 1987, S. 39-53.

Lubatkin, M. (1994 geplant): Market Power Gains, in: Academy of Management Journal, 1994 geplant.

Lubatkin, M./Rogers, R. C. (1989): Diversification, Systematic Risk, and Shareholder Return: A Capital Market Extension of Rumelt's 1974 Study, in: Academy of Management Journal, 32. Jg., 1989, S. 454-465.

MacNeil, I.R. (1974): The many Futures of Contracts, in: Southern California Law Review, 47. Jg., 1974, S. 691-816.

Malatesta, P.H. (1983): The Wealth Effect of Merger Activity and the Objective Functions of Merging Firms, in: Journal of Financial Economcis, 11. Jg., 1983, S. 155-181.

Malatesta, P.H. (1986): Measuring Abnormal Performance: The Event Parameter Approach using Joint Generalized Least Squares, in: Journal of Financial and Qualitative Analysis, 21. Jg., 1986, H. 1, S. 27-38.

Malatesta, P.H./Thompson, R. (1985): Partially Anticipated Events. A Model of Stock Price Reactions with an Application to Corporate Acquisitions, in: Journal of Financial Economics, Vol. 14, S. 237-250.

Mandelker, G. (1974): Risk and Return: The Case of Merging Firms, in: Journal of Financial Economics, 1. Jg., 1974, S. 303-335.

Markowitz, H.M. (1952): Portfolio Selection, in: Journal of Finance, 7. Jg., 1952, S. 77-90.

Mason, E.S. (1957): Economic Concentration and the Monopoly Problem, Cambridge (Mass.) 1975.

Masulis, R. (1978): The Effects of Capital Structure Change on Security Prices, Dissertation, Chicago 1978.

Matuschka, A. (1990): Risiken von Unternehmensakquisitionen, in: BFuP, 1990, H. 2, S. 104-111.

May, A. (1991): Zum Stand der empirischen Forschung über Informationsverarbeitung am Aktienmarkt - Ein Überblick, in: ZfbF, 43. Jg., 1991, H. 4, S. 313-335.

May, A. (1994): Pressemeldungen und Aktienindizes, Kiel 1994.

Meffert, H. (1988): Strategische Unternehmensführung und Marketing - Beiträge zur marktorientierten Unternehmensführung, Wiesbaden 1988.

Melicher, R.W./Rush, D.F. (1973): The Performance of Conglomerate Firms. A Portfolio Approach, in: Journal of Finance, 31. Jg., 1973, S. 39-48.

Meyer, J./Heyder, B. (1989): Das Start-up-Geschäft: Erkenntnisse aus dem PIMS-Programm, in: Riekhof, H.-C. (Hrsg.): Strategieentwicklung, Stuttgart 1989, S. 351-369.

Mintzberg, H. (1990): The Design School: Reconsidering Basic Premises of Strategic Management, in: Strategic Management Journal, 11. Jg., 1990, S. 171-195.

Modigliani, F./Pogue, G.A. (1974): An Introduction to Risk and Return. Concepts and Evidence, in: Financial Analysts Journal, 30. Jg., 1974, S. 68-80.

Möller, H.-P. (1983): Probleme und Ergebnisse kapitalmarktorientierter empirischer Bilanzforschung in Deutschland, in: Betriebswirtschaftliche Forschung und Praxis, 35. Jg., 1983, H. 4, S. 285-302.

Möller, H.-P. (1985): Die Informationseffizienz des deutschen Aktienmarktes - eine Zusammenfassung und Analyse empirischer Untersuchungen, in: ZfbF, 37. Jg., 1985, S. 500-518.

Möller, W.-P. (1983): Der Erfolg von Unternehmenszusammenschlüssen. Eine empirische Untersuchung, München 1983.

Monopolkommission (1983)(Hrsg.): Hauptgutachten 1980/1981. Fortschritte bei der Konzentrationserfassung, Baden-Baden 1983.

Monopolkommission (1985)(Hrsg.): Die Konzentration im Lebensmittelhandel - Sondergutachten der Monopolkommission gemäß § 24 b Abs. 5 Satz 4 GWB, Baden-Baden 1985.

Monopolkommission (1994)(Hrsg.): Sondergutachten: Marktstruktur und Wettbewerb im Handel, Köln 1994.

Monteverde, K./Teece, D.J. (1982): Supplier Switching Costs and Vertical Integration in the Automobile Industry, in: Bell Journal of Economics, 13. Jg., 1982, S. 206-213.

Montgomery, C.A. (1982): The Measurement of Firm Diversification: Some new empirical Evidence, in: Academy of Management Journal, 25. Jg., 1982, S. 299-307.

Montgomery, C.A. (1985): Product-Market Diversification and Market Power, in: Academy of Management Journal, 28. Jg., 1985, Nr. 4, S. 789-798.

Montgomery, C.A./Singh, H. (1984): Diversification Strategy and Systematic Risk, in: Strategic Management Journal, 5. Jg., 1984, H. 2, S. 181-191.

Montgomery, C.A./Wilson, V.A. (1986): Research Note and Communications Mergers that last: A Predictable Pattern?, in: Strategic Management Journal, 7. Jg., 1986, Nr. 1, S. 91-96.

Mossin, J. (1966): Equilibrium in a Capital Asset Market, in: Econometrica, 34. Jg., 1966, S. 768-783.

Mueller, D.C. (1969): A Theory of Conglomerate Mergers, in: Quarterly Journal of Economics, 83. Jg., 1969, S. 643-659.

Mueller, D.C. (1977): The Effects of Conglomerate Mergers. A Survey of the Empirical Evidence, in: Journal of Banking and Finance, 1. Jg., 1977, S. 315-347.

Müller von Blumencron, M. (1991): Asko - Alpiner Geländeritt, in: Wirtschaftswoche, Nr. 7 v. 8.2.1991, S. 131-134.

Müller-Hagedorn, L. (1987): Handelskonzentration: Ein partielles Problem? oder: Irreführende Handelsstatistiken. Weitere Anmerkungen, in: ZfB, 1987, S. 200-207.

Müller-Hagedorn, L. (1989): Handelsmarketing, in: Bruhn, M. (Hrsg.): Handbuch des Marketing. Anforderungen an Marketingkonzeptionen aus Wissenschaft und Praxis, München 1990, S. 726-739.

Müller-Hagedorn, L. (1990): Zur Erklärung der Vielfalt und Dynamik der Vertriebsformen, in: ZfbF, 42. Jg., 1990, H. 6, S. 451-466.

Müller-Hagedorn, L. (1993): Handelsmarketing, 2. Aufl., Stuttgart/Berlin/Köln 1993.

Müller-Hagedorn, L. (1994): Die Vielfalt der Distributionsorgane, unveröffentlichtes Vortragsmanuskript, Köln 1994.

Müller-Hagedorn, L./Toporowski, W. (1994): Wirtschaftsstufenübergreifende Optimierung der Logistik - ein Ansatz zur theoretischen Strukturierung, in:
Trommsdorff, V. (Hrsg.): Handelsforschung 1993/94: Systeme im Handel, Wiesbaden 1994, S. 123-142.

Müller-Stewens, G. (1988): Entwicklung von Strategien für den Eintritt in neue
Geschäfte, in: Henzler, H.A. (Hrsg.): Handbuch Strategische Führung,
Wiesbaden 1988, S. 219-242.

Müller-Stewens, G. (1990): Strategische Suchfeldanalyse: Die Identifikation neuer
Geschäfte zur Überwindung struktureller Stagnation, 2. Aufl., Wiesbaden 1990.

Nayyar, P.R. (1993): Stock Market Reactions to Related Diversification Moves by
Service Firms Seeking Benefits from Information Asymmetry and Economies of
Scope, in: Strategic Management Journal, 14. Jg., 1993, S. 569-591.

Nieschlag, R./Dichtl, E./Hörschgen, H. (1991): Marketing, 16. überarb. u. erw.
Aufl., Berlin 1991.

Norf, S. (1993): Börse 1993: Wann Käufe lohnen, in: Wirtschaftswoche, Nr. 6
v. 5.2.1993, S. 78-80.

o.V. (1986): Zeitgeist-Konzepte - Erfolgsstrategien im diversifizierten Einzelhandel,
in: Absatzwirtschaft, 29. Jg., 1986, H. 11, S. 18-24.

o.V. (1992): Erkenntnis des Jahres - Der Beta-Blocker, in: Manager Magazin,
H. 12, 1992, S. 243-246.

o.V. (1993): Dax Composite, in: Wirtschaftswoche, Nr. 10 v. 5.3.1993, S. 132.

Oberender, P. (1989): Lebensmittelhandel, in: Oberender, P. (Hrsg.): Marktökonomie - Marktstruktur und Wettbewerb in ausgewählten Branchen der
Bundesrepublik Deutschland, München 1989, S. 297-325.

Olesch, G. (1991): Die Kooperationen des Handels, Köln 1991.

Ouchi, W.G. (1980): Markets, Bureaucracies and Clans, in: Administrative Science
Quarterly, 25. Jg., 1980, März, S. 129-141.

Panzar, J.C./Willig, R.D. (1975): Economies of Scale and Economies of Scope in
Multioutput Production, in: Bell Laboratories Economic Discussion Paper
No. 33, o.O. 1975.

Panzar, J.C./Willig, R.D. (1981): Economies of Scope, in: The American Economic
Review, 71. Jg., 1981, H. 5, S. 268-272.

Pavan, R.D.J. (1972): The Strategy and Structure of Italian Enterprise, unveröffentlichte Dissertation, Harvard Business School, Boston 1972.

Pellegrini, L. (1994): Alternatives for Growth and Internationalization in Retailing, in: The International Review of Retail, Distribution and Consumer Research, 4. Jg., 1994, H. 2, S. 121-148.

Penrose, E.T. (1959): The Theory of the Growth of the Firm, Oxford 1959.

Perillieux, R. (1989): Einstieg bei Innovationen: früh oder spät?, in: ZfO, 1989, H. 1, S. 23-29.

Perridon, L./Steiner, M. (1993): Finanzwirtschaft der Unternehmung, 7. Aufl., München 1993.

Peterson, P.P. (1989): Event Studies: A Review of Issues and Methodology, in: Quarterly Journal of Business and Economics, 28. Jg., 1989, S. 36-66.

Picot, A. (1982): Transaktionskostenansatz in der Organisationstheorie: Stand der Diskussion und Aussagewert, in: Die Betriebswirtschaft, 42. Jg., 1982, H. 2, S. 267-284.

Picot, A. (1986): Transaktionskosten im Handel - Zur Notwendigkeit einer flexiblen Strukturentwicklung in der Distribution, in: Betriebsberater, Beilage 13/1986 zu Heft 27/1986, S. 1-16.

Picot, A. (1991a): Ein neuer Ansatz zur Gestaltung der Leistungstiefe, in: Zfbf, 43. Jg., 1991, H. 4, S. 336-357.

Picot, A. (1991b): Ökonomische Theorien der Organisation - Ein Überblick über neuere Ansätze und deren betriebswirtschaftliches Anwendungspotential, in: Ordelheide, D./Rudolph, B./Büsselmann, E. (Hrsg.): Betriebswirtschaftslehre und ökonomische Theorie, Stuttgart 1991, S. 143-170.

Picot, A./Kaulmann, Th. (1988), in: Gablers Wirtschaftslexikon, 12. Aufl., Bd. 4, 1988, Sp. 1063-1066.

Pitts, R.A./Hopkins, H.D. (1982): Firm Diversity: Conceptualization and Measurement, in: Academy of Management Review, 7. Jg., 1982, S. 620-629.

Porter, M.E. (1981): The Contributions of Industrial Organization to Strategic Management, in: Academy of Management Review, 6. Jg., 1981, H. 4, 1981, S. 609-620.

Porter, M.E. (1983): Wettbewerbsstrategie. Methoden zur Analyse von Branchen und Konkurrenten, Frankfurt a.M. 1983.

Porter, M.E. (1985): Competitive Advantage - Creating and Sustaining Superior Performance, New York 1985.

Porter, M.E. (1987): Diversifikation - Konzerne ohne Konzept, in: Harvard Manager, 9. Jg., 1987, H. 4, S. 30-49.

Porter, M.E. (1989): Wettbewerbsvorteile (Competitive Advantage) - Spitzen-leistungen erreichen und behaupten, Frankfurt a.M. 1989.

Prahalad, C.K./Hamel, G. (1991): Nur Kernkompetenzen sichern das Überleben, in: Harvard Manager, 13. Jg., 1991, H. 2, S. 66-78.

Raffée, H./Fritz, W. (1992): Dimensionen und Konsistenz der Führungskonzep-tionen von Industrieunternehmen - Ergebnisse einer empirischen Untersuchung, in: ZfbF, 44. Jg., 1992, H. 4, S. 303-322.

Ramanujam, V./Varadarajan, P. (1989): Research on Corporate Diversification: A Synthesis, in: Strategic Management Journal, 10. Jg., 1989, H. 6, S. 523-551.

Remmerbach, K.-U. (1988): Markteintrittsentscheidungen - Eine Untersuchung im Rahmen der strategischen Marketingplanung unter besonderer Berücksichtigung des Zeitaspektes, Wiesbaden 1988.

Remmerbach, K.-U. (1990): Integrierte Markteintrittsplanung, in: Marketing ZFP, H. 3, 1989, S. 173-178.

Richter, R. (1990): Sichtweise und Fragestellungen der Neuen Institutionenöko-nomik, in: Zeitschrift für Wirtschafts- und Sozialwissenschaften, 110. Jg., 1990, H. 4, S. 571-591.

Richter, R. (1991): Institutionenökonomische Aspekte der Theorie der Unter-nehmung, in: Ordelheide, D./Rudolph, B./Büsselmann, E. (Hrsg.) Betriebswirt-schaftslehre und ökonomische Theorie, Stuttgart 1991, S. 395-429.

Roberts, E.B. (1982): New Ventures for Corporate Growth; in: Tushman, M.L./Moore, W.L. (Hrsg.), Readings in the Management of Innovation, Boston u.a. 1982, S. 582-592.

Roberts, E.B./Berry, C.A. (1985): Entering New Business: Selecting Strategies for Success, in: Sloan Management Review, Spring 1985, S. 3-17.

Roll, R. (1986): The Hubris Hypothesis of Corporate Takeovers, in: Journal of Business, 59. Jg., 1986, S. 197-216.

Rominski, D. (1993): Synergieeffekte durch Internationalität?, in: Absatzwirtschaft, 36. Jg., 1993, H. 8, S. 14-17.

Ropella, W. (1989): Synergie als strategisches Ziel der Unternehmung, Berlin/New York 1989.

Ruback, R.S. (1983): Assessing Competition in the Market for Corporate Control, in: Journal of Financial Economics, Vol. 11, 1983, S. 141-153.

Rühle, A.-S. (1991): Aktienindizes in Deutschland - Entstehung, Anwendungs-bereiche, Indexhandel, Wiesbaden 1991.

Rumelt, P. (1982): Diversification Strategy and Profitability, in: Strategic Management Journal, 3. Jg., 1982, H. 4, S. 359-369.

Rumelt, R.P. (1986): Strategy, Structure, and Economic Performance, Cambridge/ Mass. 1986.

Salter, M.S./Weinhold, W.A. (1979): Diversification through Acquisition: Strategies for Creating Economic Value, New York 1979.

Sandler, G.G.R. (1991): Synergie: Konzept, Messung und Realisation - Verdeutlicht am Beispiel der horizontalen Diversifikation durch Akquisition, Dissertation, St. Gallen 1991.

Sautter, M.T. (1988): Strategische Analyse von Unternehmensakquisitionen, Dissertation, Frankfurt a.M. et al. 1988.

Scherer, F.M. (1980): Industrial Market Structure and Economic Performance, 2. Aufl., Boston 1980.

Schaich, E./Köhle, D./Schweitzer, W./Wegner, F. (1982): Statistik für Volkswirte, Betriebswirte und Soziologen, 2. Aufl., München 1982.

Schipper, K./Thompson, R. (1983): Evidence on the Capitalized Value of Merger Activities for Acquiring Firms, in: Journal of Financial Economics, 11. Jg., 1983, S. 85-119.

Schmacke, E. (1993): Die großen 500. Deutschlands führende Unternehmen und ihr Management 1993/94, Neuwied 1993.

Schneider, D. (1985): Die Unhaltbarkeit des Transaktionskostenansatzes für die "Markt oder Unternehmung"-Diskussion, in: ZfB, 55. Jg., 1985, H. 12, S. 1237-1254.

Schneider, D. (1987): Agency Costs and Transaction Costs: Flops in the Principal-Agent-Theory of Financial Markets, in: Bamberg, G./Spremann, K. (Hrsg.): Agency Theory, Information, and Incentives, Heidelberg/Berlin/New York et al. 1987, S. 481-494.

Schneider, D. (1991): Unternehmerfunktionen oder Transaktionskostenökonomie als Grundlage für die Erklärung von Institutionen, in: ZfB, 61. Jg., 1991, H. 3., S. 371-377.

Schneider, G. (1989): Finanzdienstleistungen als Service?, in: Bank und Markt, 18. Jg., 1989, H. 9, S. 5-13.

Schuchardt, R./Köhler, L. (1994): Synergiepotential einer Dachmarke, in: Marktforschung und Management, 38. Jg., 1994, H. 2, S. 58-60.

Schüle, F.M. (1992): Diversifikation und Unternehmenserfolg - Eine Analyse empirischer Forschungsergebnisse, Wiesbaden 1992.

Schumann, J. (1992): Grundzüge der mikroökonomischen Theorie, 6. Aufl., Berlin/Heidelberg 1992.

Schwalbach, J. (1985): Diversifizierung von Unternehmen und Betrieben im verarbeitenden Gewerbe, in: ZfbF, 37. Jg., 1985, S. 567-578.

Schwalbach, J. (1987): Diversifizierung, Risiko und Erfolg industrieller Unternehmen, Habilitationsschrift, Koblenz 1987.

Schwalbach, J. (1988): Marktanteil und Unternehmensgewinn, in: ZfB, 58. Jg., 1988, H. 4, S. 535-549.

Servatius, H.-G. (1988): New Venture Management: Erfolgsreiche Lösung von Innovationsproblemen für Technologie-Unternehmen, Wiesbaden 1988.

Seth, A. (1990): Value Creation in Acquisitions: A Reexamination of Performance Issues, in: Strategic Management Journal, 11. Jg., 1990, S. 99-115.

Seyffert, R. (1972): Wirtschaftslehre des Handels, 5. Aufl., Opladen 1971.

Sharpe, W.F. (1963): A Simplified Model for Portfolio Analysis, in: Management Science, 9. Jg., 1963, S. 277-293.

Sharpe, W.F. (1964): Capital Asset Prices: A Theory of Market Equilibrium under Conditions of Risk, in: The Journal of Finance, 19. Jg., 1964, S. 425-442.

Shelton, L.M. (1988): Strategic Business Fits and Corporate Acquisition: Empirical Evidence, in: Strategic Management Journal, 9. Jg., 1988, S. 279-287.

Sieben, G./Diedrich, R. (1990): Aspekte der Wertfindung bei strategisch motivierten Unternehmensakquisitionen, in: ZfbF, 42. Jg., 1990, S. 794-809.

Simmonds, P.G. (1990): The Combined Diversification Breadth and Mode Dimensions and the Performance of Large Diversified Firms, in: Strategic Management Journal, 11. Jg., 1990, S. 399-410.

Singh, H./Montgomery, C. (1987): Corporate Acquisition Strategies and Economic Performance, in: Strategic Management Journal, 8. Jg., 1987, S. 377-386.

Smith, K.V./Weston, J.F. (1977): Further Evaluation of Conglomerate Performance, in: Journal of Business Research, 5. Jg., 1977, S. 5-14.

Söhnholz, D. (1992): Diversifikation in Finanzdienstleistungsmärkte - Marktpotential und Erfolgsfaktoren, Wiesbaden 1992.

Sontheimer, B. (1989): Die Marktanalyse als Basis der externen Diversifikationsentscheidung, München 1989.

Specht, G. (1992): Distributionsmanagement, 2. Aufl., Stuttgart/Berlin/Köln 1992.

Spindler, H. (1988): Risiko- und Renditeeffekte der Diversifikation in Konjunktur-krisen, in: ZfB, 58. Jg., 1988, S. 858-875.

Staudt, Th.A. (1954): Program for Product Diversification, in: Harvard Business Review, 32. Jg., 1954, H. 6, S. 121-131.

Stein, I. (1992): Motive für internationale Unternehmensakquisitionen, Wiesbaden 1992.

Steiner, M./Bauer, C. (1992): Die fundamentale Analyse und Prognose des Markt-risikos deutscher Aktien, in: ZfB, 44. Jg., 1992, S. 347-368.

Steiner, M./Kleeberg, J. (1991): Zum Problem der Indexauswahl im Rahmen der wissenschaftlichen-empirischen Anwendung des Capital Asset Pricing Model, in: DBW, 51. Jg., 1991, H. 2, S. 171-182.

Steiner, P.O. (1975): Mergers, Motives, Effects, Policies, Ann Arbor 1975.

Stigler, G.J. (1950): Monopoly and Oligopoly by Merger, in: American Economic Review, 40. Jg., 1950, H. 5, S. 23 ff.

Stigler, G.J. (1964): A Theory of Oligopoly, in: Journal of Political Economy, 72. Jg., 1964, H. 1, S. 44 ff.

Suzuki, Y. (1980): The Strategy and Structure of Top 100 Japanese Industrial Enterprises 1950-1970, in: Strategic Management Journal, 1. Jg., 1980, S. 265-291.

Teece, D.J. (1980): Economies of Scope and the Scope of the Enterprise, in: Journal of Economic Behavior and Organization, 1. Jg., 1980, H. 2, S. 223-247.

Teece, D.J. (1982): Towards an Economic Theory of the Multiproduct Firm, in: Journal of Economic Behavior and Organization, 3. Jg., 1982, H. 1, S. 39-63.

Thorp, W.L. (1924): The Integration of Industrial Operations, U.S. Bureau of the Census, o.O. 1924.

Tietz, B. (1994): Systemdynamik und Konzentration im Handel, Vortrag anläßlich der wissenschaftlichen Jahrestagung 1994 des Verbandes der Hochschullehrer für Betriebswirtschaftslehre e.V. an der Universität in Passau am 27. Mai 1994, Saarbrücken 1994.

Varadarajan, P.R./Ramanujam, V. (1987): Diversification and Performance: A Re-examination Using a New Two-Dimensional Conceptualization of Diversity in Firms, in: Academy of Management Journal, 30. Jg., 1987, S. 380-393.

Vierbuchen, R. (1994): Warenhauskonzerne - Karstadt und Kaufhof mit den besseren Startbedingungen, in: Handelsblatt, Nr. 68, 8/9.4.94, S. 30.

Wahle, P. (1991): Erfolgsdeterminanten im Einzelhandel. Eine theoriegestützte, empirische Analyse strategischer Erfolgsdeterminanten - unter besonderer Berücksichtigung des Radio- und Fernsehfacheinzelhandels, Frankfurt a.M. u.a. 1991.

Wells, J.R.(1984): In Search of Synergy: Strategies for Related Diversification, Dissertation, Boston 1984.

Wernerfeld, B./Montgomery, C. (1986): What is an Attractive Industry?, in: Management Science, 32. Jg., 1986, H. 10, S. 1223-1230.

Weston, F.J./Mansinghka, S.K. (1971): Tests of the Efficiency Performance of Conglomerate Firms, in: Journal of Finance, 26. Jg., 1971, H. 4, S. 919-936.

Weyand, R. (1975): Diversifikation - unternehmenspolitische Aspekte, Baden-Baden/Bad Homburg 1975.

White, A.P. (1991): The Dominant Firm, 3. Aufl., Ann Arbor 1991.

Williamson, O.E. (1985): The Economic Institutions of Capitalism, Firms, Markets, Relational Contracting, New York 1985.

Williamson, O.E. (1989): Transaction Cost Economics, in: Schmalensee, R./Willig, R.D. (Hrsg.): Handbook of Industrial Organization, Amsterdam 1989, S. 135-182.

Williamson, O.E. (1990): Die ökonomischen Institutionen des Kapitalismus - Unternehmen, Märkte, Kooperationen, Tübingen 1990.

Williamson, Oliver E. (1991): Comparative Economic Organization, in: Ordelheide, D./Rudolph, B./Büsselmann, E. (Hrsg.): Betriebswirtschaftslehre und ökonomische Theorie, Stuttgart 1991, S. 13-49.

Willig, R.D. (1979): Multiproduct Technology and Market Structure, in: American Economic Review, 69. Jg., 1979, H. 2, S. 346-351.

Windsperger, J. (1987): Zur Methode des Transaktionskostenansatzes, in: ZfB, 57. Jg., 1987, H. 1, S. 59-76.

Witte, E.H. (1985): Zur Entwicklung der Entscheidungsforschung in der Betriebswirtschaftslehre, in: Wunderer, R. (Hrsg.): Betriebswirtschaftslehre als Management- und Führungslehre, Stuttgart 1985, Sp. 614-623.

Wittek, B.F. (1980): Strategische Unternehmensführung bei Diversifikation, Berlin/New York 1980.

Woratschek, H. (1992): Betriebsform, Markt und Strategie, Wiesbaden 1992.

Wrigley, L. (1970): Divisional Autonomy and Diversification, unveröffentlichte Dissertation, Harvard Business School, Boston 1970.

Yip, G.S. (1982a): Barriers to Entry - A Corporate-Strategy Perspective, Lexington (Mass.), Toronto 1982.

Yip, G.S. (1982b): Gateways to Entry, in: Harvard Business Review, 1982, H. 9/10, S. 85-92.

Zumbusch, J./Schweer, D. (1994): Pharmahandel - Rund um die Uhr, in: Wirtschaftswoche, Nr. 32 v. 5.8.1994, S. 45-46.

Geschäftsberichte:

Hertie Waren- und Kaufhaus GmbH (verschiedene Jahre): Geschäftsbericht der Hertie Waren- und Kaufhaus GmbH, Frankfurt a.M./Berlin, verschiedene Jahre.

Karstadt AG (verschiedene Jahre): Geschäftsbericht der Karstadt AG, Essen, verschiedene Jahre.

Kaufhof (Holding) AG (verschiedene Jahre): Geschäftsbericht der Kaufhof (Holding) AG, Köln, verschiedene Jahre.

Massa AG (1990): Geschäftsbericht der Massa AG, Alzey 1990.

Wünsche AG (1991, 1992). Geschäftsberichte der Wünsche AG, Hamburg, verschiedene Jahre.

Printed in Poland
by Amazon Fulfillment
Poland Sp. z o.o., Wrocław

16385071R00161